普通高等教育“十四五”规划教材

BANGONG ZIDONGHUA SHIYONG JIAOCHENG

办公自动化实用教程

主　编　周　娟　王玉玺

西北工業大學出版社

【内容简介】 本书共分为10个项目，分别为办公自动化概述，Windows 7办公基础，Word 2010办公应用，Excel 2010办公应用，PowerPoint 2010办公应用，常用工具软件应用，网络办公应用，网络通信应用，办公设备应用，以及办公安全与系统优化。

本书可作为高等院校计算机应用、电子商务、工商管理等专业的办公自动化高级应用教材，也可作为机能型紧缺人才培养、计算机等级考试培训用书，同时也是广大有志于掌握现代化办公技术、提高办公效率的读者不可多得的自学或参考用书。

图书在版编目（CIP）数据

办公自动化实用教程/周娟，王玉玺主编. —西安：西北工业大学出版社，2017.7（2021年修订）

普通高等教育“十三五”规划教材

ISBN 978-7-5612-5463-9

Ⅰ. ①办… Ⅱ. ①周… ②王… Ⅲ. ①办公室自动化—应用软件—教材 Ⅳ. ①TP317.1

中国版本图书馆CIP数据核字（2017）第165814号

策划编辑： 刘庆保
责任编辑： 季 强

出版发行： 西北工业大学出版社
通信地址： 西安市友谊西路127号 邮编：710072
电 话：（029）88493844 88491757
网 址： www.nwpup.com
印 刷 者： 北京艺辉伊航图文有限公司
开 本： 787 mm×1 092 mm 1/16
印 张： 16
字 数： 380千字
版 次： 2021年1月第1版 2021年1月第1次印刷
定 价： 46.00元

前　　言

随着数字化技术的发展，计算机、通信和办公自动化工具进一步融合，计算机已经成为办公自动化的基本工具。本书正是结合当前职业需求，从现代办公自动化技术的应用及发展需要等建设方向出发，充分考虑办公自动化课程的综合性、实用性和时效性等特点，在系统地介绍办公通信设备和应用软件的同时，侧重于实用案例的应用和技能的训练，以期达到任务驱动和案例教学的目的。

全书共分为10个项目，各个项目内容安排如下：

项目一　办公自动化概述，介绍办公自动化的基本概念、办公自动化的发展与趋势、办公自动化的功能及特点、办公自动化应用平台。

项目二　Windows 7办公基础，介绍设置办公环境、管理文件与文件夹、创建多用户操作系统、设置输入法、使用汉字输入法。

项目三　Word 2010办公应用，介绍制作招聘启事、制作公司制度、制作格式合同、制作调研报告、制作促销海报。

项目四　Excel 2010办公应用，介绍制作报销单、制作员工档案、制作员工工资表、制作销售图表、制作收入报表、制作客户信息表。

项目五　PowerPoint 2010办公应用，介绍制作公司宣传片、制作产品宣传广告。

项目六　常用工具软件应用，介绍使用常见阅读器、使用压缩软件、使用图片处理软件ACDSee、使用媒体播放器和下载软件。

项目七　网络办公应用，介绍组建办公网络、设置文件共享、设置打印机共享、使用网络会议软件NetMeeting。

项目八　网络通信应用，介绍使用电子邮件、使用Internet搜索引擎、移动网络办公。

项目九　办公设备应用，介绍打印机、复印机、扫描仪、光盘刻录机、存储设备、投影仪。

项目十　办公安全与系统优化，介绍办公信息系统的安全与保密、使用杀毒软件、使用优化软件提升系统性能、使用与配置防火墙。

全书内容由浅入深，不同层次的读者可以根据教学要求进行选择或自学。通过本书的学习，读者能够迅速、熟练地掌握办公自动化相关应用软件和设备的实用技术。

在编写本书的过程中，曾参考了大量相关文献，在此谨向其作者深表谢意。

在写作过程中，尽管我们力求精益求精、严谨细致，但由于水平有限，书中难免存在不足之处，希望广大读者批评指正。

编　者

前 言

编 者

目　录

项目一

办公自动化概述

学习目标

1. 了解办公自动化的基本概念。
2. 了解办公自动化的发展与趋势。
3. 了解办公自动化的功能及特点。
4. 了解办公自动化应用平台。

任务一　办公自动化的基本概念

任务要求

通过下面知识的学习，了解办公自动化的含义、层次以及办公自动化的两种模式和系统组成。

任务实施

一、办公自动化的含义

办公自动化（Office Automation，OA）是20世纪70年代中期发达国家在办公业务量急剧增加的背景下，发展起来的一门综合性技术。它的基本任务是利用先进的科学技术，使人们借助各种设备解决对一部分办公业务的处理，达到提高生产率、工作效率和质量的目的，以方便管理和决策。到目前为止，人们对办公自动化还没有一个严格统一的认识，下面是三种比较有代表性的定义。

20世纪70年代美国麻省理工学院季斯曼教授对办公自动化的定义：办公自动化就是将计算机技术、通信技术、系统科学与行为科学应用于传统的数据处理技术难以处理且量非常大而结构又不明确的那些业务上的一项综合技术。季斯曼教授的说法在一定程度上反映了办公自动化本质性的东西，已为许多学者所接受。

日本的人工智能专家渡部和先生对办公自动化的概念做出了具有哲理性的解释，他对办公自动化的定义如下：凡能够消楚地设置其指标的业务属于工厂型的事务，将来应由办公室机器人来处理。办公自动化的目标应是提高人们在办公室中的工作效率，使办公活动更加人性化。这就意味着在办公系统中，人的活动集中于办公业务的核心部分，而这些活动无论科学多发达都不能完全由机器来取代。这样，人的精力将只用于创造性的智力工作，办公自动化将对智能型业务提供强有力的支持，办公室将真正成为智力活动的场所。

1985 年，我国的专家学者在全国第一次办公自动化规划会议上，综合了国内外的各种意见，将办公自动化定义为：办公自动化就是将计算机技术、通信技术、信息技术和软科学等先进技术及设备运用于各类办公人员的各种办公活动中，从而实现办公活动的科学化、自动化，最大限度地提高工作质量、工作效率和改善工作环境。其目的是尽可能充分地利用信息资源，提高生产率、工作效率和质量，辅助决策，以取得更好的效果，从而达到既定（即经济、军事或者其他方面的）目标。一个完整的办公自动化系统包括信息采集、信息加工、信息传递、信息保存四个基本环节。其核心任务是为各领域各层次的办公人员提供所需的信息。

综上所述，办公自动化就是应用计算机技术、通信技术、网络技术、系统科学、管理科学、行为科学等先进科学技术，不断使人们的部分办公业务借助于各种办公设备来完成，并由这些办公设备与办公人员构成服务于某种办公目标的人—机信息系统。

二、办公自动化的层次

办公自动化系统从功能上一般可分为三个层次，或者三个子系统，即事务型办公自动化系统、管理型办公自动化系统和决策型办公自动化系统。面向不同层次的使用者，办公自动化会有不同的功能表现和结构组成。

1. 事务型办公自动化系统

办公自动化技术的第一个层次只限于单机或简单的小型局域网上的文字处理、电子表格、数据库等辅助工具的应用，一般称之为事务型办公自动化系统。办公事务 OA 中，最为普遍的应用有文字处理、电子排版、电子表格处理、文件收发登录、电子文档管理、办公日程管理、人事管理、财务统计、报表处理、个人数据库等。这些常用的办公事务处理的应用可做成应用软件包，应用软件包内的不同应用程序之间可以互相调用或共享数据，以便提高办公事务处理的效率。这种办公事务处理软件包应具有通用性，以便扩大应用范围，提高其利用价值。此外，在办公事务处理级上可以使用多种 OA 子系统，如电子出版系统、电子文档管理系统、智能化的中文检索系统（如全文检索系统）、光学汉字识别系统、汉语语音识别系统等。在公用服务业、公司等经营业务方面，使用计算机替代人工处理的工作日益增多，如订票、售票系统，柜台或窗口系统，银行业的储蓄业务系统等。事务型或业务型的 OA 系统其功能都是处理日常的办公操作，是直接面向办公人员的。为了提高办公效率，改进办公质量，适应人们的办公习惯，需要提供良好的办公操作环境。

2. 管理型办公自动化系统

信息管理型 OA 系统是第二个层次。随着信息利用重要性的不断增加，在办公系统中对和本单位的运营目标关系密切的综合信息的需求日益增加。信息管理型的办公系统，是把事务型（或业务型）办公系统和综合信息（数据库）紧密结合的一种一体化的办公信息处理系统。综合数据库存放有关单位的日常工作所必需的信息。例如，在政府机关，这些综合信息包括政策、法令、法规，有关上级政府和下属机构的公文、信函等的政务信息；一些公用服务事业单位的综合数据库包括和服务项目有关的所有综合信息；公司企业单位的综合数据库包括工商法规、经营计划、市场动态、供销业务、库存统计、用户信息等。作为一个现代化的政府机关或企、事业单位，为了优化日常的工作，提高办公效率和质量，必须具备供本单位的各个部门共享的综合数据库。这个数据库建立在事务级 OA 系统基础之上，构成信息管理型的 OA 系统。

3. 决策型办公自动化系统

决策型办公自动化系统是在事务处理系统和信息管理系统的基础上增加了决策或辅助决策功能的高级的办公自动化系统，主要建立在信息管理级 OA 系统的基础之上。它使用由结合数据库系统所提供的信息，针对所需要做出决策的课题，构造或选用决策数字模型，结合有关内部和外部的条件，由计算机执行决策程序，做出相应的决策。随着三大核心支柱技术——网络通信技术、计算机技术和数据库技术的成熟，世界上的 OA 已进入到新的层次，在新的层次中系统有 4 个新的特点。

(1) 集成化。软硬件及网络产品的集成，人与系统的集成，单一办公系统同社会公众信息系统的集成，组成了“无缝集成”的开放式系统。

(2) 智能化。面向日常事务处理，辅助人们完成智能性劳动，如汉字识别、对公文内容的理解和深层处理、辅助决策及处理意外等。

(3) 多媒体化。包括对数字、文字、图像、声音和动画的综合处理。

(4) 运用电子数据交换（EDI），通过数据通信网，在计算机间进行交换和自动化处理。

OA 系统、信息管理级 OA 系统和决策支持级 OA 系统是广义的或完整的 OA 系统构成中的 3 个功能层次，3 个功能层次间的相互联系可以由程序模块的调用和计算机数据网络通信手段做出。

办公自动化就是用信息技术把办公过程电子化、数字化，就是要创造一个集成的办公环境，使所有的办公人员都在同一个桌面环境下一起工作。具体来说，主要实现下面 7 个方面的功能。

(1) 建立内部的通信平台。建立组织内部的邮件系统，使组织内部的通信和信息交流快捷通畅。

(2) 建立信息发布的平台。在内部建立一个有效的信息发布和交流的场所，例如电子公告、电子论坛、电子刊物，使内部的规章制度、新闻简报、技术交流、公告事项等能够在企业或机关内部员工之间得到广泛的传播，使员工能够了解单位的发展动态。

(3) 实现工作流程的自动化。这牵涉到流转过程的实时监控、跟踪，解决多岗位、多部门之间的协同工作问题，实现高效率的协作。

(4) 实现文档管理的自动化。可使各类文档（包括各种文件、知识、信息）能够按权限进行保存、共享和使用，并有一个方便的查找手段。每个单位都会有大量的文档，在手工办公的情况下这些文档都保存在每个人的文件柜里。

(5) 辅助办公。它牵涉的内容比较多，像会议管理、车辆管理、物品管理、图书管理等与人们日常事务性的办公工作相结合的各种辅助办公，实现了这些辅助办公的自动化。

(6) 信息集成。每一个单位都存在大量的业务系统，如购销存、ERP 等各种业务系统，企业的信息源往往都在这些业务系统里，办公自动化系统应该跟这些业务系统实现很好的集成，使相关的人员能够有效地获得整体的信息，提高整体的反应速度和决策能力。

(7) 实现分布式办公。这就是要支持多分支机构、跨地域的办公模式以及移动办公。随着地域办公分布越来越广，移动办公和跨地域办公成为很迫切的一种需求。

三、办公自动化的两种模式

办公自动化技术分为个人办公自动化技术与群体办公自动化技术两大部分。其中，个人技术部分偏重应用软件的基本概念与操作，群体部分偏重系统方面的知识内容。

1. 个人办公的自动化

个人办公自动化主要指支持个人办公的计算机应用技术，这些技术包括文字处理、数据处理、电子报表处理、多媒体技术等内容。

(1) 数据处理技术。从应用软件的角度来看，在一般办公室环境下，数据处理是通过数据库软件、电子报表软件以及应用数据库软件建立的各类管理信息系统或其他应用程序来实现的。它们包括了对办公中所需信息的存储、计算、查询、汇总、制表、编排等内容。

(2) 文字处理技术。文字处理是指应用计算机完成文字工作，其核心部件是文字处理软件。文字处理技术包括文字的输入、编辑排版以及存储打印等基本功能。

(3) 语音处理技术。语音处理技术指计算机对人的语言声音的处理，从应用角度来看，主要包括语音合成和语音识别技术。

(4) 图形图像处理技术。就办公室环境的计算机应用而言，是指包括图形（像）的生成（绘制）、编辑和修改，图形（像）与文字的混合排版、定位与输出等。汉字的自动识别技术也可以被看做一种对图形的智能化处理技术。

2. 群体办公的自动化

群体办公自动化是支持群体间动态办公的综合自动化系统，为了区别于传统意义上的办公自动化系统，特指针对越来越频繁出现的跨单位、跨专业和超地理界限的信息交流和业务交汇的协同化自动办公的技术和系统。其极端形式是不以行政的或地理的界限为基础的动态的电信社会单位，社会信息化进程正越来越多地创建出各种大大小小的电信单位。不论其组织形式如何，协同交互的电子办公能力是新时代环境下组织生存和发展的技术基础。

支撑群体办公的自动化技术具有网络化和智能化的特征。

(1) 网络化（Internet/Intranet）。系统从一开始就是建立在网络上，依靠网络和网络信息的支持而运转，信息系统支持组织的动态变化和任何形式的协同交互业务。

(2) 智能化（Intelligence）。具有人工智能和多媒体等技术的支持，实施知识管理的组织机制，能够挖掘隐性知识，揭示信息的价值和意义，达到组织内知识共享的目的，使之成为组织运用信息进行创造性智能活动的技术基础。

四、办公自动化的系统组成

办公自动化系统综合体现了人、机器和信息三者之间的关系。信息是被加工的对象，是加工信息的工具，人是加工过程中的设计者、实施者和成果的享用者。

办公自动化系统涉及办公人员、办公信息、办公软件和办公设备四方面的因素。

1. 办公人员

人是办公的决定因素。办公人员分为上、中、下三个层次，相应的是决策领导、中层管理者、普通工作人员和辅助人员（如秘书、录入员、通信员、系统管理员和软硬件维护人员等）。

办公人员必须具备现代化的思想，掌握一定的现代科学知识、现代管理知识和相关的专业知识；必须具备办公的基本技能、一定的理论修养和良好的工作作风；还必须具有较强的事业心、责任感和敬业精神。

2. 办公信息

办公信息是OA系统的处理对象，它所处理的数据已从单一的文本数据发展到包括文本、图形、图像、语音、动画、视频等的多媒体数据。

原始的办公信息经办公人员处理后增加了附加值，成为有实用意义的信息，提供给管理层作为管理的依据，或提供给决策层作为决策的依据。

3. 办公软件

办公软件指安装在计算机中的办公程序，它分为通用的办公软件和专用的办公软件。通用的办公软件有操作系统、文字处理程序、电子表格程序等；专用的办公软件是模拟办公的整个流程而设计的软件，它能够极大地提高办公的质量和效率。

4. 办公设备

办公设备是办公活动的物质基础。古代的办公设备是文房四宝：笔、墨、纸、砚；传统的办公设备有笔记本、钢笔、电话、蜡纸、油印机等；现代的办公设备有计算机、打印机、扫描仪、传真机、复印机、数码照相机、摄像机和一体化数码复合机等。

办公设备的水平将影响到办公的质量和效率。

五、办公自动化的意义

办公自动化的实现，使企业内部人员方便快捷地共享信息，高效地协同工作；改变过去复杂、低效的手工办公方式，减少不必要的重复环节，实现迅速、全方位的信息采集、信息处理，为企业的管理和决策提供科学的依据。

任务二　办公自动化的发展与趋势

任务要求

通过下面内容的学习，了解办公自动化的起源、发展以及未来的发展趋势。

任务实施

一、办公自动化的起源

办公自动化于20世纪50年代在美国和日本首先兴起，最初只是具有电子数据处理（EDP）的簿记功能，60年代被管理信息系统（MIS）取代，到了70年代初，微型计算机的出现为办公自动化的发展创造了较为理想的物质基础，直到20世纪70年代后期才形成涉及多种技术的新型综合学科——办公自动化。20世纪80年代，国外办公自动化得到了飞速发展，许多著名的计算机软硬件公司都跻身于这一巨大的市场。作为办公管理方式的一次变革，办公自动化不仅已形成相当大的产业规模，而且从各个方面促进了计算机及信息产业的发展。

进入20世纪90年代，办公自动化在世界主要发达国家得到蓬勃发展。国外许多大公司投入了大量人力物力，在语言、数字、文字图像、网络技术、人机工程等方面进行了深入细致的研究，并推出了影像处理设备、文字处理机、办公室助理机、袖珍组织机、笔记本计算机等现代办公设备。

二、办公自动化的发展

自产生以来，在经济发达国家，如美国、日本，办公自动化得到了迅猛的发展，已进入办公业务综合管理自动化的应用阶段。在我国，随着经济的腾飞，办公自动化越来越受到重视，正处于发展时期。

1. 国外办公自动化的发展

国外办公自动化的发展首推美国和日本，其次是欧洲。美国是推行办公自动化最早的国家，自20世纪70年代初期便开始研究办公自动化系统。1978年卡特政府就筹建了白宫办公业务信息系统。迄今为止，办公自动化在发达国家从理论到实践都取得了长足的发展。

在美国，办公自动化发展大致经历了4个阶段，见表1-1。

表 1－1　美国办公自动化发展的 4 个阶段

阶段	发展情况
第一阶段（1975 年前）：以数据处理为中心的传统办公系统阶段	表现为单机设备应用，主要采用基本通信设备和办公用单机设备（如文字处理机、复印机、传真机等），实现单项办公业务的自动化
第二阶段（1975—1982 年）：以工作流为中心的办公自动化系统阶段	表现为办公局城网的应用，主要以计算机和程控交换机为核心，利用局域网将各种单体设备连接起来，实现部分业务处理的自动化
第三阶段（1983—1990 年）：办公业务综合管理一体化阶段	随着局城网络技术和远程通信网络技术的发展，综合利用各种技术及设备建立集成的、一体化的办公自动化网络，实现办公业务综合管理的自动化
第四阶段（20 世纪 90 年代以后）：以知识管理为核心的办公自动化系统阶段	利用多媒体技术和 Internet 技术将办公自动化系统与其他信息系统结合在一起形成一个高度自动化、综合化、智能化的办公信息系统，以知识管理为核心，以达到辅助决策的目的

日本办公自动化的起步稍晚于美国。日本东京京都政府办公大楼是一座综合利用了各种先进技术的智能大厦，是当代办公自动化先进水平的代表。英国的办公自动化开展得也比较早，目前，英国的各级政府机构中几乎都建立了较为完善的办公自动化系统。

2. 国内办公自动化的发展

我国办公自动化起步较晚，20 世纪 80 年代才开始发展。国务院为了统一指导我国的办公自动化事业的发展，于 1985 年 6 月成立了“办公自动化专业领导小组”，统一研究并专门指定专家编写我国 OA 设计指导书，从宏观和整体上确定了我国 OA 的发展战略和总体部署，使我国的 OA 建设能够沿着我国国情的健康道路发展。

我国办公自动化的应用和发展历程，大体上可以分为 3 个阶段，见表 1－2。

表 1－2　我国办公自动化发展的 3 个阶段

阶段	发展情况
第一阶段：从 20 世纪 80 年代中期到 90 年代中期	以数据和文档处理为中心，以个人电脑、办公套件为主要标志。该阶段实现了数据统计和文档写作的电子化，即将办公信息裁体从纸介质方式转向数字方式
第二阶段：20 世纪 90 年代中期开始	以工作流为中心，以网络技术和协同工作技术为主要特征。该阶段实现了工作流程自动化，即将收发文件从传统的手工方式转向工作流自动化方式。同时，也实现了不同职能部门间的工作流程自动化，不同部门及其工作人员工作间的协作加强，从而使政府、企业的办公效率得到较大的提高
第三阶段：进入 21 世纪	以知识管理为核心，是融信息处理、业务流程和知识管理于一体的应用系统。它以知识管理为核心，提供丰富的学习功能与知识共享机制

我国办公自动化发展起步晚，但发展迅猛，各地区、各企事业单位、各机构和政府各部门的办公自动化发展并不平衡。目前，整体上还是多个发展阶段并存。

三、办公自动化的发展趋势

无论是国外还是国内，办公自动化的发展方向都是全社会的数字化办公。随着互联网技术、安全技术和软件技术的发展，全面实现数字化办公是办公自动化发展的必然趋势。具体来说，办公自动化的发展趋表现在如下几个方面。

（1）办公自动化设备向高性能、多功能、复合化和系统化发展。

（2）办公用计算机向小型化、智能化、多媒体化、网络化发展。

（3）办公自动化系统向数字化、智能化、无纸化、综合化发展。

（4）门户导向。未来 OA 更加强调人性化，强调易用性、稳定性、开放性。

（5）业务导向。加强与业务系统的关联，在基于企业战略和流程的大前提下，通过类似“门户”的技术对业务系统进行整合，使得 ERP（Enterprise Resource Planning，企业资源计划）、CRM（Customer Relationship Management，客户关系管理）等系统中的结构化的数据通过门户能够在管理支撑系统中展现出来，使得业务流程和管理流程逐步整合，实现企业数字化、知识化、虚拟化。

（6）知识驱动。以知识管理为核心理念，建立知识和角色的关联通道，让合适的角色在合适的场景、合适的时间里获取合适的知识，充分发掘和释放人的潜能，并真正让企业的数据、信息转变为一种能够指导人行为的能力。

（7）移动办公。移动办公是当今高速发展的通信业与企业融合的产物，通信业在沟通上的便捷与企业完美结合到一起，使之成为继互联网远程办公之后的新一代办公模式。这种办公模式，为政府和商务人士提供了极大便利，为企业和政府的信息化建设提供了全新的思路和方向，使使用者无论身处何种情况，都能高效、迅速地开展工作。

任务三　办公自动化的功能及特点

任务要求

通过下面内容的学习，了解办公自动化的功能及其特点。

任务实施

一、办公自动化的功能

1. 办公自动化的基本功能

办公自动化的基本功能，见表 1－3。

表 1-3　办公自动化的基本功能

基本功能	具体内容
公文管理	包括公文的收发、起草、传阅、批办、签批、会签、下发、催办、归档、查询、统计等基本功能，初步实现公文处理的网络化、自动化和无纸化
会议管理	包括会议计划、通知、组织、纪要、归档、查询、统计等功能和会议室管理功能，使会议通知、协调、安排等都能在网络环境下实现
部门事务处理	包括部门值班、休假安排、工作计划、工作总结、部门活动等
个人办公管理	包括通信录、日程、个人文件及物品管理等
领导日程管理	包括为领导提供的日程和活动的设计、安排等
文档资料管理	包括文档资料的立卷、借阅、统计等
人员权限管理	包括人员的权限、角色、口令、授权等
业务信息管理	人事、财务、销售、库存、供应以及其他业务信息管理

2. 集成办公环境下的办公自动化功能

在目前的技术条件支持下，办公自动化系统建设就是要创造一个集成的办公环境，使所有的办公人员都在同一桌面环境下一起工作。具体来说，一个完整的办公自动化系统有7个方面的功能。

（1）建立内部的通信平台。建立组织内部的邮件系统，使组织内部的通信和信息交流快捷通畅。

（2）建立信息发布的平台。在内部建立一个有效的信息发布和交流的场所，如电子公告、电子论坛、电子刊物，使内部的规章制度、新闻简报、技术交流、公告事项等，能够在企业或机关内部员工之间得到广泛的传播，以便员工能够了解单位的发展动态。

（3）实现工作流程的自动化。这牵涉到流转过程的实时监控、跟踪，解决多岗位、多部门之间的协同工作问题，实现高效率的协作。各个单位都存在着大量流程化的工作，如公文的处理、收发文、各种审批、请示、汇报等，都是一些流程化的工作，通过实现工作流程的自动化，就可以规范各项工作，提高单位协同工作的效率。

（4）实现文档管理的自动化。可使各类文档（包括各种文件、知识、信息）能够按权限进行保存、共享和使用，并有一个方便的查找手段，每个单位都会有大量的文档，在手工办公的情况下这些文档都保存在每个人的文件柜里。因此，文档的保存、共享、使用和再利用是十分困难的。另外，在手工办公的情况下文档的检索存在非常大的难度。文档多了，需要的文档不能及时找到，甚至找不到。办公自动化使各种文档实现电子化，通过电子文件柜的形式实现文档的保管，按权限进行使用和共享。实现办公自动化以后，比如说，某个单位来了一个新员工，只要管理员给他注册一个身份文件，给他一个口令，自己上网就可以看到这个单位积累下来的资料，如规章制度、各种技术文件等，只要身份符合权限可以阅览的范围，他自然而然都能看到，这样就减少了很多培训环节。

（5）辅助办公。牵涉的内容比较多，如会议管理、车辆管理、物品管理、图书管理等与日常事务性的办公工作相结合的各种辅助办公，实现了这些辅助办公的自动化。

（6）信息集成。每一个单位，都存在大量的业务系统，如购销存、ERP 等各种业务系统，企业的信息源往往都在这些业务系统里，办公自动化系统应该与这些业务系统实现很好的集成，使相关的人员能够有效地获得整体的信息，提高整体的反应速度和决策能力。

（7）实现分布式办公。这就是要支持多分支机构、跨地域的办公模式及移动办公。目前，地域分布越来越广，移动办公和跨地域办公成为很迫切的一种需求。

二、办公自动化的特点

办公自动化已经成为信息化社会最重要的标志之一。办公自动化的发展，必将对办公理念、办公方式产生深刻的影响，从而对信息社会产生积极的影响。办公自动化主要表现出如下 5 种特点。

（1）办公自动化是一门综合性新学科。办公自动化以计算机技术、通信技术、系统科学、行为科学为支柱，形成了具有自身特点的综合性技术。

（2）办公自动化是一个一体化系统。办公自公化将人、机器、信息融合为一个一体化系统。在系统中，人是决定因素，机器是指系统设备，是信息加工的工具和手段；信息则是办公自动化中被加工的对象。办公自动化实质上体现了人、机器和信息融合一体的关系。

（3）多媒体信息的一体化处理。办公自动化具有文字、数据、语音、图形、图像、视频等多媒体信息的一体化处理功能。这些信息可以用基于不同技术的办公设备进行处理。

（4）优质、高效、智能化办公目标。办公自动化发展的目标就是能够优质、高效、智能化地进行办公事务处理和决策。

（5）运用电子数据交换（EDI）。电子数据交换是将商业或行政事务处理按照一个公认的标准，形成结构化的事务处理或报文数据格式，在计算机之间进行电子传输和自动处理。办公自动化中信息的传送是利用电子数据交换来实现的。

任务四　办公自动化应用平台

办公自动化应用平台是以办公业务为核心的信息集成系统的工作流开发平台，该平台能将用户日常办公、通信交流、文档、业务流程管理和数据处理统一实现。

下面分别以国家党政机关办公应用平台、集团公司应用平台和企业应用平台三种平台为例加以介绍。

任务要求

通过下面内容的学习，了解国家党政机关办公应用平台、集团公司应用平台和企业应用平台。

任务实施

一、国家党政机关办公应用平台

1. 国家党政机关管理的传统特点

为了提高国家各级党政职能机构办公的效率和管理水平，通过办公自动化系统的建设，增强各级党政机构的透明度，向社会提供优质和全方位的、规范而透明的、符合国际水准的管理和服务，从而以办公自动化系统建设为平台推进国家经济持续快速健康发展。

党政各级机关传统办公模式存在着两个问题：一是领导层决策所需要的数据分散在各个部门，需要时难以快速收集、汇总，领导出差在外时无法正常处理单位事务；二是机关办公人员奔波于各个部门与科室之间，造成办公效率低下，成本较高，有时不能马上找到领导，事情就无法正常处理。

2. 党政办公自动化的实现目标

可以将领导班子、相关部门及办公人员相联，实现信息的上传下达，实现基层数据的采集与汇总，可以帮助领导层轻松管理、有效监督。可以形成一个涵盖数据采集、信息保存、信息处理及传输控制的信息系统，逐步将党政机关的日常办公管理规范化、标准化、科学化，提高信息的即时性和共享性，加强各部门之间的交流，保障组织系统的稳定运行和数据的安全传递。

二、集团公司应用平台

1. 集团公司管理的传统特点

一般情况下，综合性集团公司或跨国集团公司，业务范围往往涉及多个行业，下属单位众多，地理位置分布较广。市场业务范围的不断拓展和业务量的不断增长，对集团公司的运作和管理提出了更高的要求。

如下属子（分）公司涉及多个行业，各子（分）公司的经营行为一般由子（分）公司自行确定，母公司基本只负责确定分配各子（分）公司的主营业务和财务核算。这样虽然控制了集团的财物风险，但对各子（分）公司的实际经营过程无法有效控制。子（分）公司的多数还未实现信息化管理，而已经进行信息化管理的少部分子公司所应用的信息化系统各自独立，不能实现集团公司信息的共享，由此产生了信息孤岛现象。原有信息化工作主要是事后核算，仅做到了对所发生经营业务的真实反映，不能进行事前预测、事中的控制和监督以及事后分析，缺少一套完善的内部管理机制和有序的监管措施。集团内部存在“信息不对称”的问题，也就是“分散经营与集中管理”这对矛盾体的融合问题，因而不能很好地适应总体经营的需要。

综上所述，借助先进的技术手段及先进的管理方法，建设一套分级管理、实时监控、功能完善、技术先进的信息化管理系统，改革与完善原有部分子公司已有的信息化系统独立运行、信息不能实时共享的状况，全面把握集团全局信息，实现科学决策，提升企业竞争力，降低经营风险，就成了集团公司共同的最佳选择。

2. 集团公司办公自动化的实现目标

集团公司办公自动化的实现目标主要有6个。

(1) 实现集团公司全面计划管理，整体控制，从集团到各子（分）公司，到各部门，再到每一位员工，全部按工作计划进行，并且实现对过程的控制与管理。

(2) 增强集团公司内部沟通交流，业务调研论证有依据，决策靠数据。

(3) 规范集团公司上下业务管理流程，实现以工作流为主线的一体化管理。

(4) 搭建集团公司之间信息共享平台，提高整个集团计算机管理系统和软件应用系统的集成度，彻底解决信息弧岛问题，企业内外信息资源充分共享，整体上提高集团对市场迅速作出反应的能力。

(5) 降低集团公司运营管理成本，提高工作效率及质量。

(6) 建立科学的管理体系，推动整个业务流程、管理流程的精确化、规范化和制度化。

三、企业应用平台

1. 企业管理的传统特点

企业不断发展壮大，费用随之攀升；缺乏有效手段加以控制，企业内部交流渠道模糊，导致问题矛盾不断产生，企业内部信息沟通不畅，形成信息弧岛，全员无法实现信息共享；企业的分支组织众多，相互缺少协同管理，基层执行力下降，工作效率与质量下滑等。无论是大企业还是小企业，无论是国有企业还是私有企业，无论是合资企业还是独资企业，都共同存在这样的问题。

2. 企业办公自动化的实现目标

尽量减少手工办公方式产生的误差与信息不准确；消除信息孤岛，提高企业资源的利用率；支撑企业的一体化管理和业务流程的运作，提升工作效率；方便获取企业的多种数据，为领导层决策提供参考；任务分工及时提醒，做到事中指导与纠正、事后及时评估；提醒员工重视工作日志、计划执行情况；领导随时随地掌握企业的各种信息，为工作决策提供参考，有效防范可能存在的各种风险；提供整体的解决方案，实现企业内部各种信息共享，各种流程完全可以根据企业需要进行自定义，真正实现企业的业务与管理无缝结合。

项目二

Windows 7 办公基础

学习目标

1. 学会设置桌面背景、屏幕保护及系统外观，设置属于自己的个性化办公环境。

2. 会创建与操作文件夹，会隐藏文件或显示文件夹，会自定义文件夹图标，会搜索文件或文件夹。

3. 会创建、管理用户账户，会更改用户账户的登录方式，会切换账户。

4. 会添加、删除、切换输入法，了解常用的输入法。

Windows 7 是微软公司推出的一款操作系统，至今应用广泛。该操作系统具有界面友好、屏幕美观、菜单简化、设计清新等特点，同时在系统安全性和稳定性方面也有很大提高。本项目通过几个实例讲解 Windows 7 的实际办公应用。

任务一　设置办公环境

任务要求

设置桌面所显示的背景图案、屏幕保护、系统外观等。

任务实施

一、设置桌面背景

设置桌面背景一般按如下步骤进行。

(1) 在桌面空白处单击鼠标右键，在弹出的快捷菜单中选择“个性化”选项，如图 2-1所示，弹出“个性化”对话框，选择“桌面背景”选项卡，如图 2-2 所示。在“Windows 桌面背景”下拉菜单选择背景图案后，单击“保存修改”按钮，显示背景如图 2-3 所示。

(2) 如果自定义桌面背景，单击图 2-2 中的“浏览”按钮，弹出“浏览”对话框，如图 2-4 所示。找到图片所在位置，并选择图片，单击“确定”按钮，在“选择桌面背景”的背景图片中便多了一张刚刚打开的图片，在“图片位置”下拉列表中选择“拉伸”，单击“保存修改”按钮，即可完成桌面背景更改。

小提示：在“图片位置”下拉列表框中有“填充”“适应”“拉伸”“平铺”和“居中”5个选项。用户可根据图片大小和喜好，自行设置图片放置于桌面的方式。

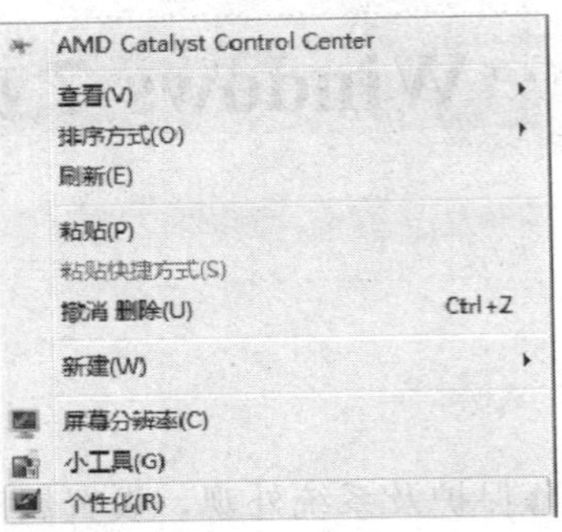

图 2-1　选择“属性”选项

图 2-2　设置桌面背景

图 2-3 桌面背景设置效果

二、设置屏幕保护

在桌面空白处单击鼠标右键，在弹出的快捷菜单中选择“个性化”选项，弹出“个性化”对话框，单击“屏幕保护程序设置”，弹出“屏幕保护程序”选项卡，选择需要的“屏幕保护程序”，点击“确定”按钮，如图 2-5 所示。

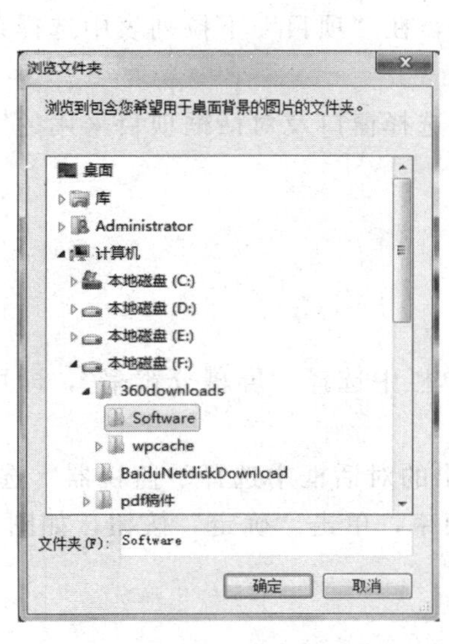

图 2-4 “浏览”窗口

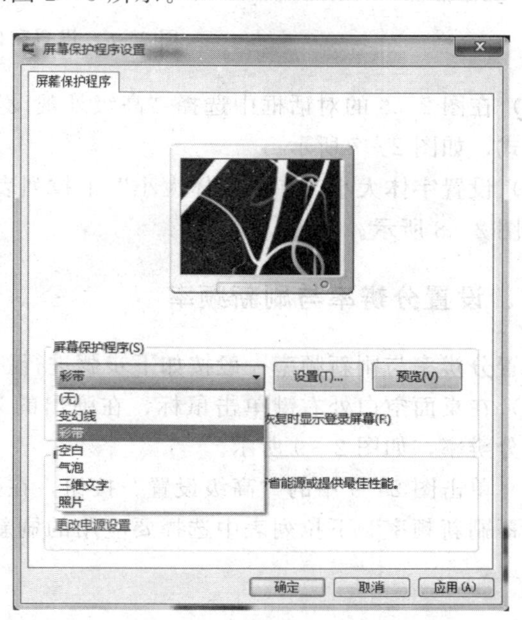

图 2-5 “屏幕保护程序”选项卡

三、设置窗口颜色和外观

设置窗口颜色和外观一般分三个步骤进行。

(1) 设置外观颜色。打开“个性化”对话框，选择“窗口颜色”选项卡，在弹出的对话框中可直接更改窗口边框、开始菜单和任务栏的颜色，如图 2-6 所示。

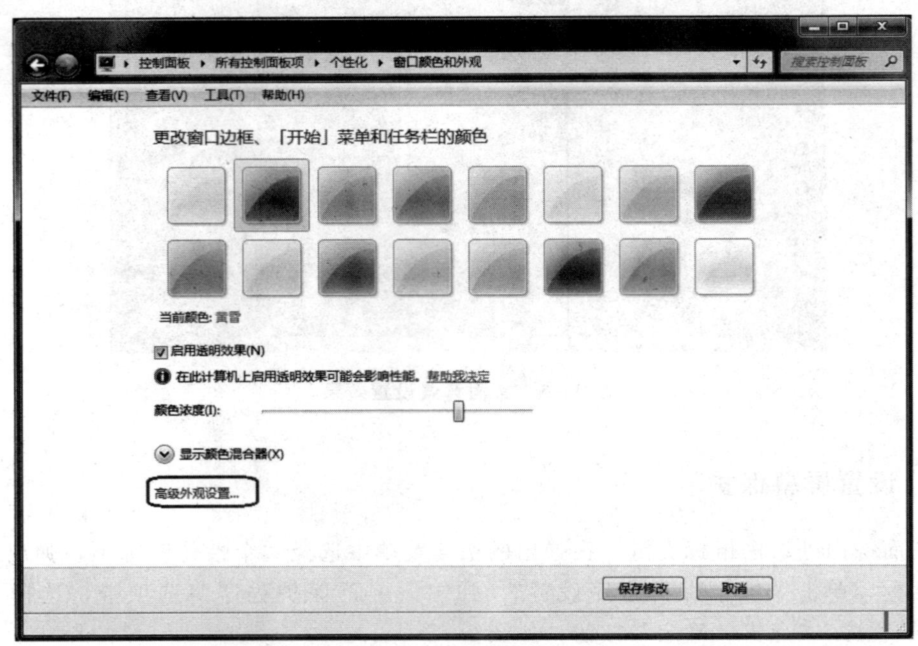

图 2-6　设置窗口颜色

(2) 在图 2-6 的对话框中选择“高级外观设置”，在“项目”下拉列表中选择系统的外观样式，如图 2-7 所示。

(3) 设置字体大小。在“字体大小”下拉列表中选择窗口及对话框项目采用的字体大小，如图 2-8 所示。

四、设置分辨率与刷新频率

设置分辨率与刷新频率一般按如下步骤进行。

(1) 在桌面空白处右键单击鼠标，在弹出的菜单栏中选择“屏幕分辨率”，即可调整屏幕的分辨率，如图 2-9 所示。

(2) 单击图 2-9 中的“高级设置”按钮，在弹出的对话框中选择“监视器”选项卡，在“屏幕刷新频率”下拉列表中选择要应用的刷新频率，单击“确定”按钮，如图 2-10 所示。

图 2－7 设置外观

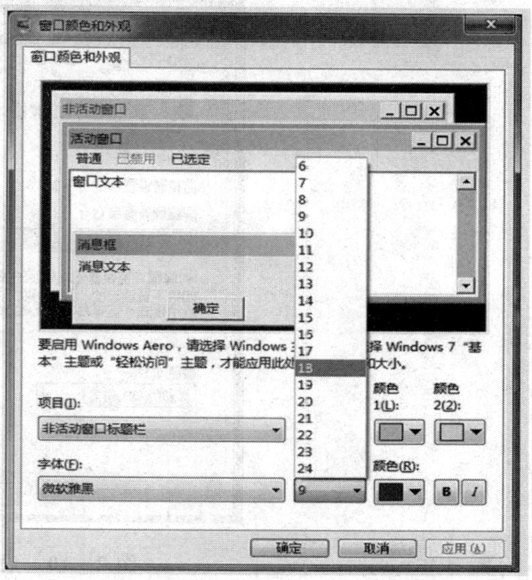

图 2－8 设置字体大小

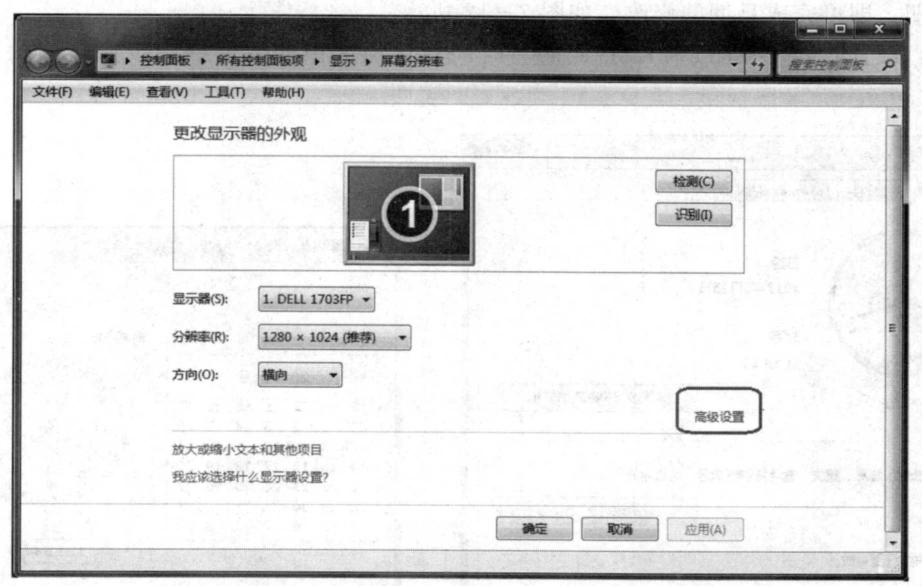

图 2－9 设置屏幕分辨率

五、设置日期和时间

日期和时间的设置分 2 个步骤进行。

(1) 在任务栏的时间显示区域单击，在弹出时间显示的窗口中选择“更改日期和时间设置”，弹出“日期和时间”对话框，如图 2－11 所示。

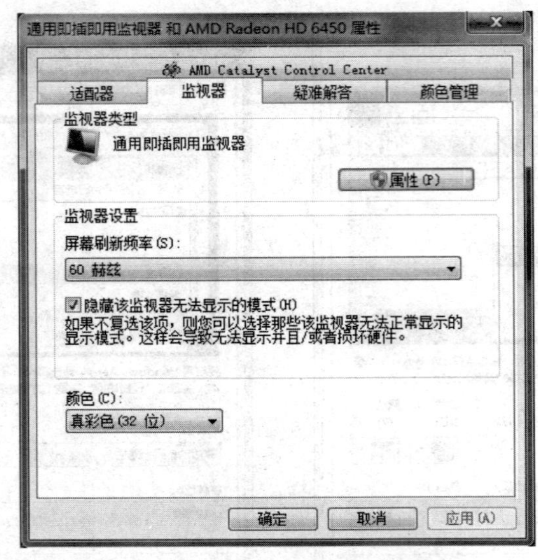

图 2-10　设置屏幕刷新频率

(2) 设置日期。在图 2-11 中选择“更改日期和时间”，在弹出的对话框左侧选择正确的日期，即可完成日期的修改，如图 2-12 所示。

(3) 设置时间。在图 2-12 右侧的“时间”选项区中的数值框中按照格式输入时间即可。

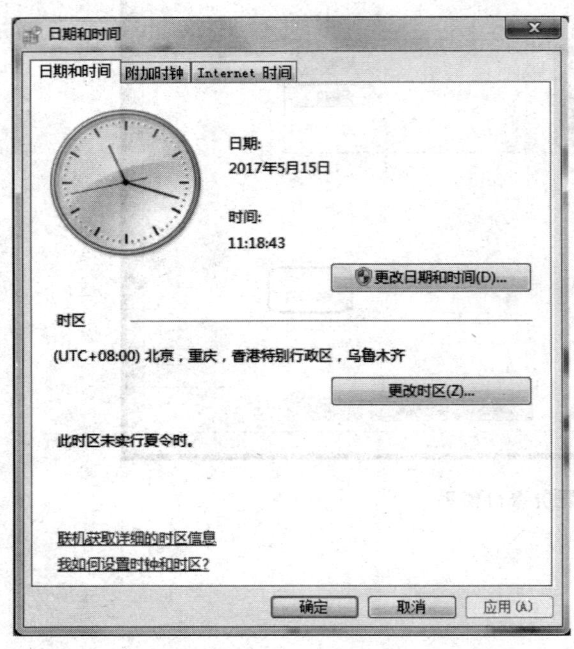

图 2-11　设置日期和时间

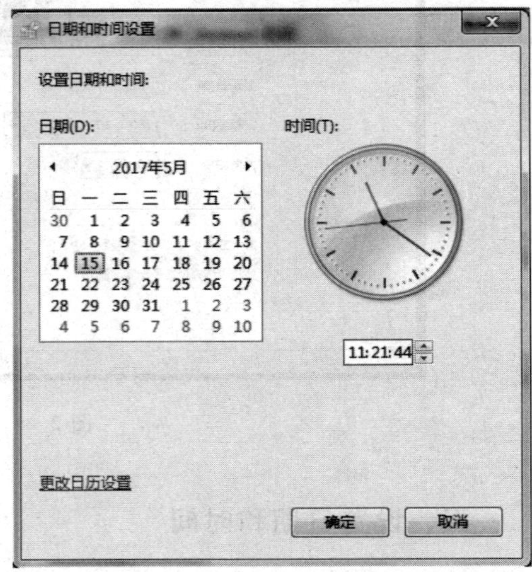

图 2-12　设置日期

任务二 管理文件与文件夹

任务要求

在计算机上新建文件或文件夹，删除、移动、复制文件或文件夹，查看隐藏或显示文件或文件夹，自定义文件夹图标，搜索文件或文件夹。

任务实施

一、创建文件夹

在桌面点击鼠标右键，在弹出的快捷菜单中选择“新建”选项，再选择“文件夹”选项，如图 2－13 所示，桌面弹出以“新建文件夹”为名的文件夹，选择后便生成如图 2－14所示的新建文件夹，更改名字即可。

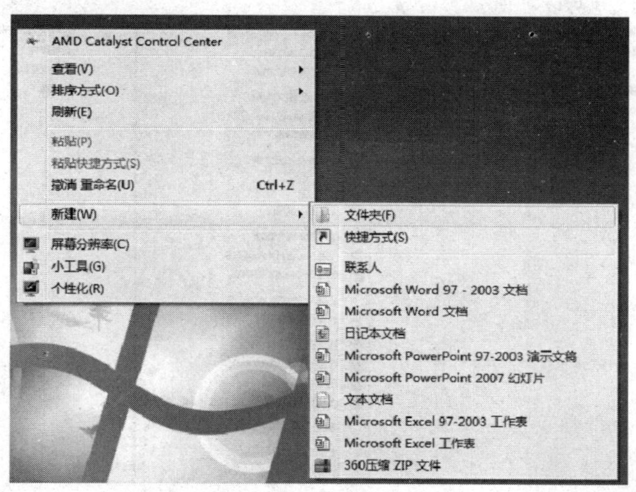

图 2－13 新建文件夹

二、操作文件夹

1. 复制文件或文件夹

在要复制的文件夹上单击鼠标右键，选择“复制”命令（或按 Ctrl＋C），如图 2－15 所示，在要放置的位置上再单击鼠标右键，选择“粘贴”命令（或按 Ctrl＋V），如图 2－16所示，即可实现文件或文件夹的复制。注意：同时选择多个文件或文件夹时，按住 Ctrl 键不动，依次选中要复制的文件（若选择多个相连的文件或文件夹，可用 Shift 键，点击第一和最后一个文件或文件夹），再进行相关操作。

图 2－14　新建的文件夹样图

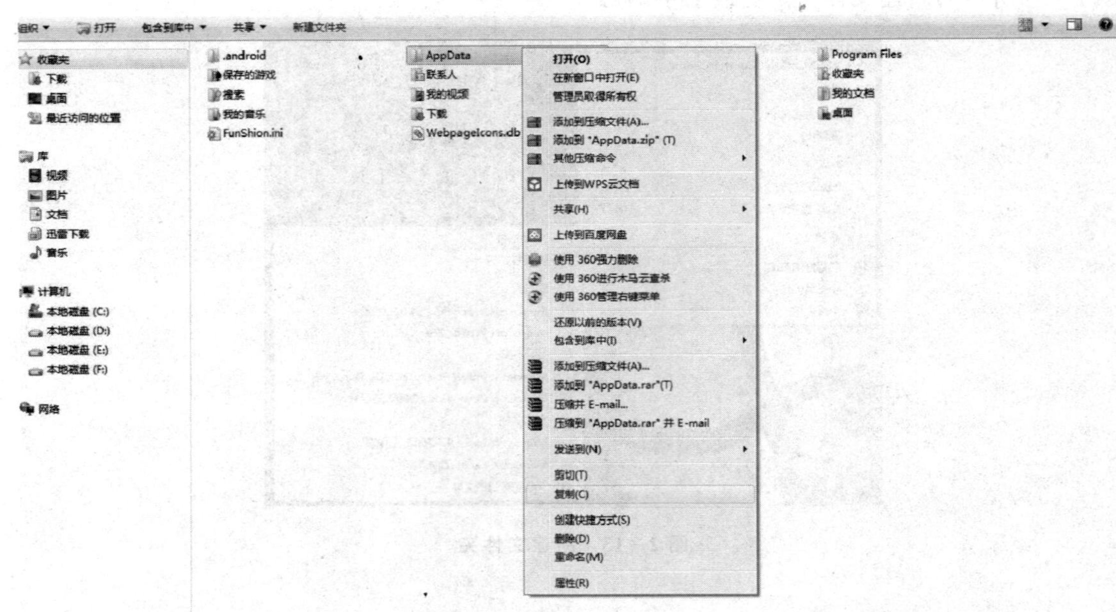

图 2－15　复制文件或文件夹

2. 移动文件或文件夹

在要移动的文件或文件夹上单击鼠标右键，选择“剪切”命令（或按 Ctrl＋X），如图 2－17 所示，在要放置的位置上单击鼠标右键，选择“粘贴”命令，即可实现文件或文件夹的移动。

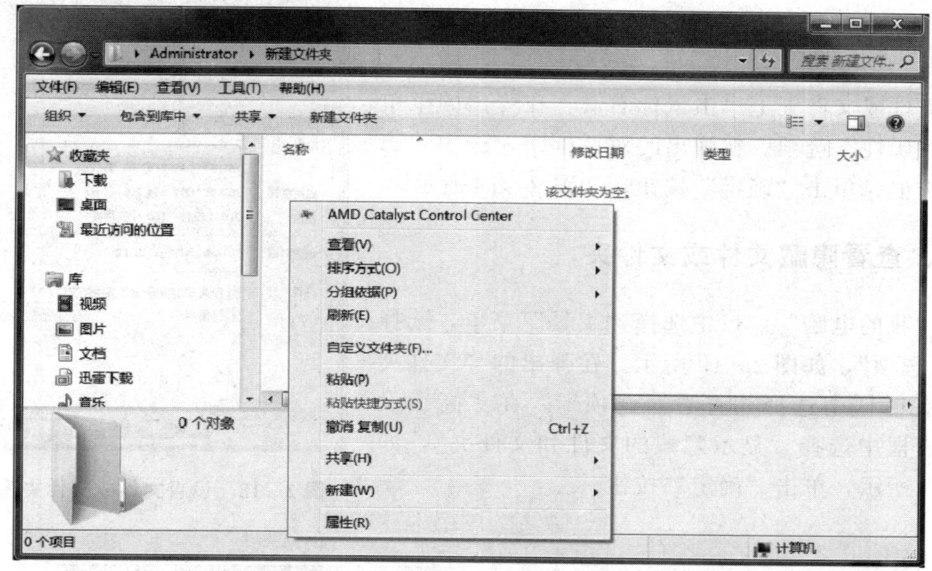

图 2－16　粘贴文件或文件夹

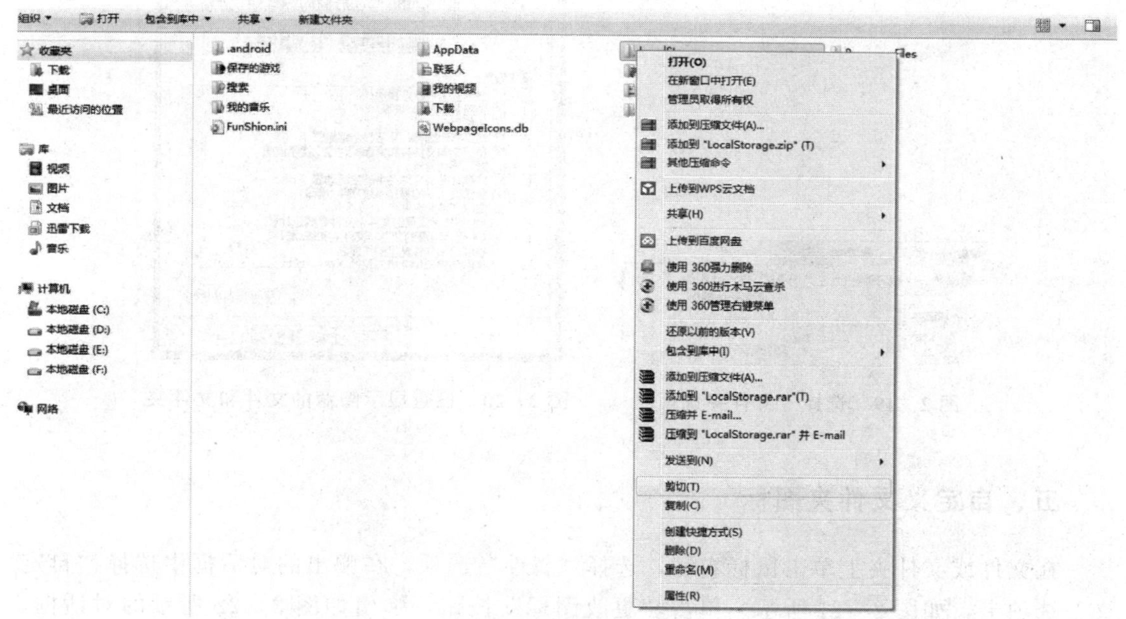

图 2－17　移动文件或文件夹

3. 修改文件名

在文件或文件夹上单击鼠标右键，选择“重命名”命令（也可在文件或文件夹名上单击一下，搁一秒后再单击一下），删除原来的文字，输入要更改的名字，按回车键修改完成。

三、隐藏文件或显示文件夹

在文件或文件夹上单击鼠标右键，在弹出的菜单中选择“属性”选项。在弹出的对话框中，选中“隐藏”复选框，单击“确定”按钮，如图 2－18 所示。

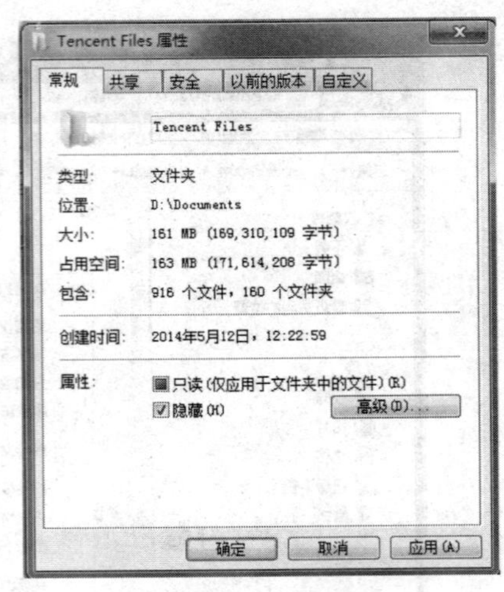

图 2－18　设置文件或文件夹隐藏

四、查看隐藏文件或文件夹

在“我的电脑”窗口中选择“工具”菜单，选择“文件夹选项”，如图 2－19 所示。在弹出的“文件夹选项”对话框中选择“查看”选项卡，在“高级设置”列表框中选择“显示隐藏的文件和文件夹”，如图 2－20 所示，单击“确定”按钮。

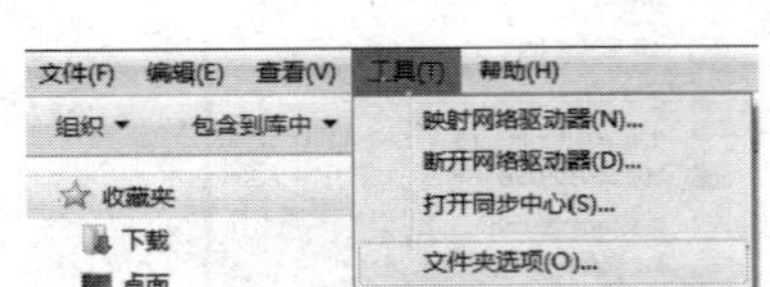

图 2－19　选择“文件夹选项”

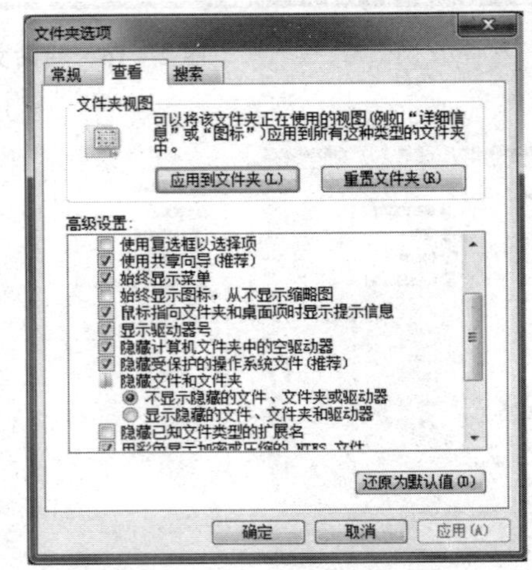

图 2－20　设置显示隐藏的文件和文件夹

五、自定义文件夹图标

在文件或文件夹上单击鼠标右键，选择“属性”选项，在弹出的对话框中选择“自定义”选项卡，如图 2－21 所示。单击“更改图标”按钮，弹出如图 2－22 所示的对话框，在其中选择需要的图标，更改完成后，单击“确定”按钮。

六、搜索文件或文件夹

单击“开始”菜单中的“搜索”选项，打开“搜索结果”窗口，在文本框中输入文件名或文件包含的文字并指定搜索范围，如图 2－23 所示，单击“搜索”按钮，系统会自行进行搜索。

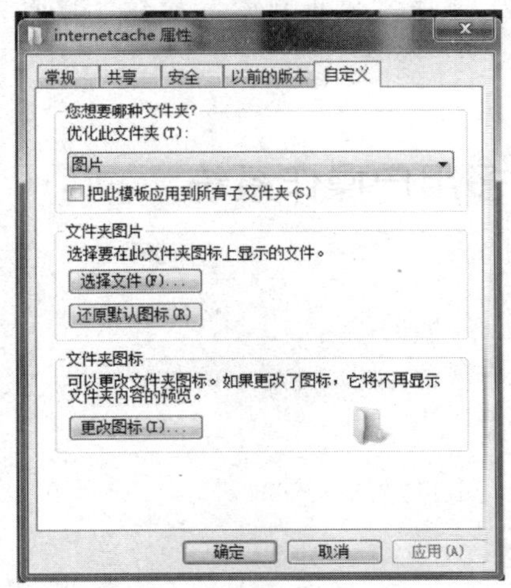

图 2－21 自定义文件或文件夹属性

图 2－22 更改文件或文件夹图标

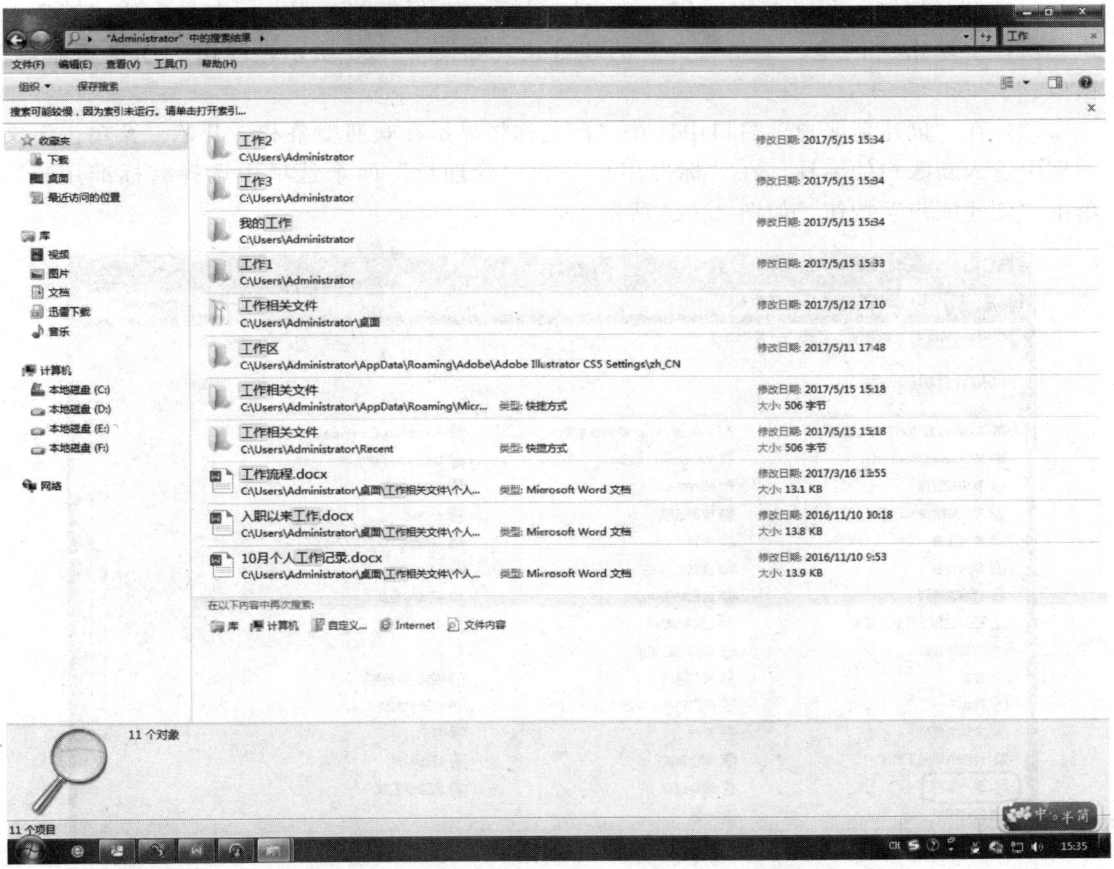

图 2－23 搜索文件或文件夹示例

小知识：在搜索过程中，若要停止搜索，单击“停止搜索”按钮，搜索完成后，右边窗口内显示搜索的结果。

任务三　创建多用户操作系统

任务要求

在计算机上创建和管理用户账户。

任务实施

一、创建、管理用户账户

（1）打开控制面板，双击“用户账户”图标，如图 2－24 所示，在弹出的“管理账户”窗口中单击“创建一个新账户”的超链接，如图 2－25 所示，弹出“创建新账户”窗口。

（2）在“创建新账户”窗口中，在“该名称将显示在欢迎屏幕和［开始］菜单上”文本框中输入新账户的名称，在“标准用户”和“管理员”两个选项中选择“标准用户”，单击“创建账户”按钮，如图 2－26 所示。

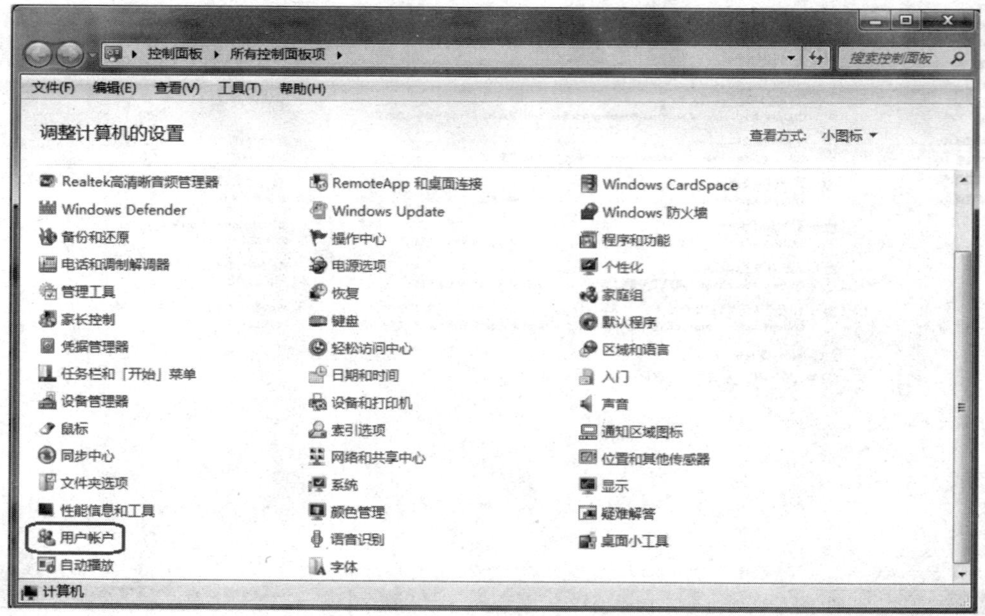

图 2－24　设置控制面板中的用户账户

图 2-25　创建用户账户

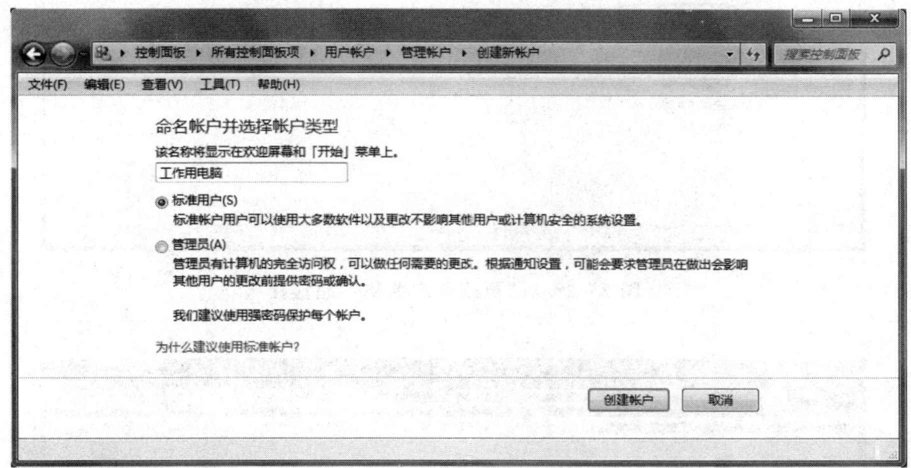

图 2-26　设置新账户

(3) 在弹出的窗口中，显示出刚刚创建的新账户，如图 2-27 所示。

(4) 单击新账户的超链接，如图 2-28 所示，在弹出的窗口中选择“更改账户名称”，输入新账户名称，单击“更改名称”按钮，如图 2-29 所示。

(5) 单击“创建密码”超链接（见图 2-28），在弹出的窗口中输入新密码并确认输入，单击“创建密码”按钮，如图 2-30 所示。

(6) 单击“更改图片”超链接，在弹出的窗口中选择图片，单击“更改图片”按钮，如图 2-31 所示。

图 2－27　显示新建账户

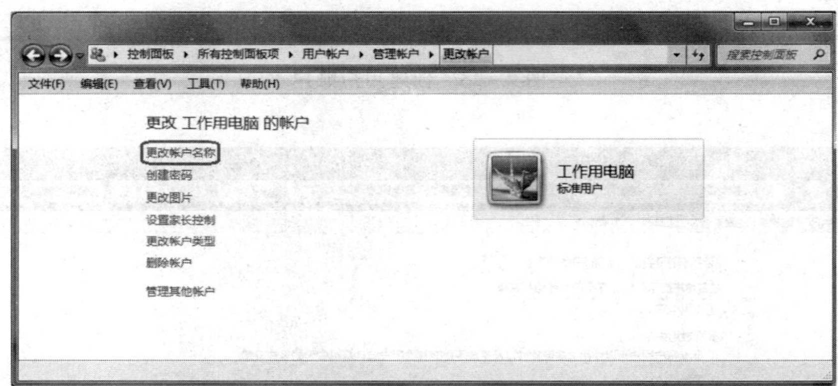

图 2－28　“更改账户名称”超链接

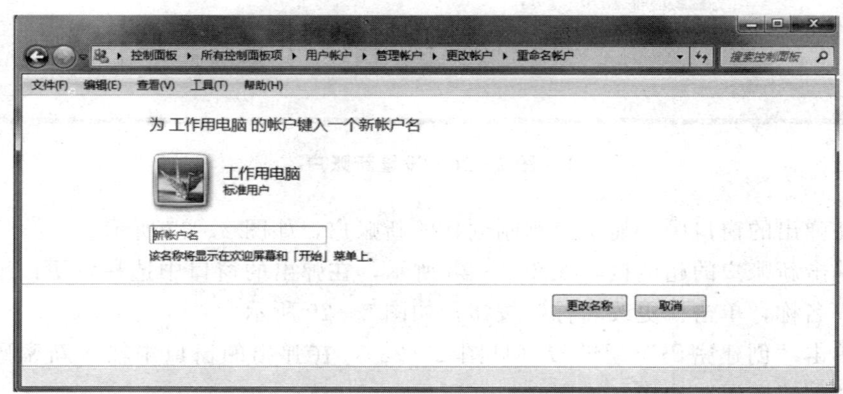

图 2－29　更改账户名称

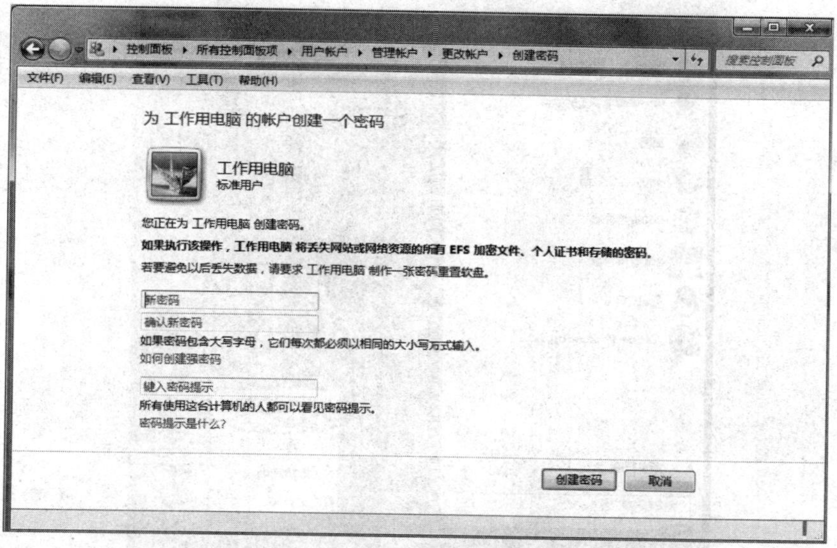

图 2－30　为账户创建密码

图 2－31　更改图片

二、切换账户

单击“开始”→“注销”按钮（或 +L 组合键），如图 2－32 所示。选择后返回到欢迎界面，如图 2－33 所示。在欢迎界面中，点击要登录的用户账户。

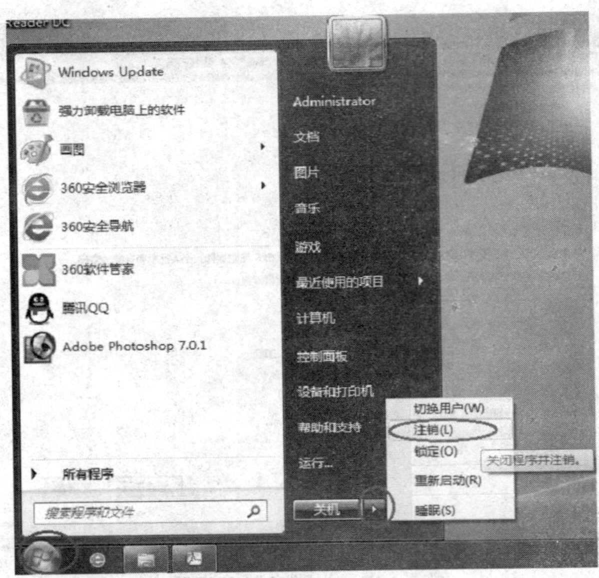

图 2－32　注销用户

图 2－33　切换用户账户界面

任务四　设置输入法

任务要求

在计算机上添加与删除输入法，并设置高级键。

任务实施

一、添加与删除输入法

1. 添加系统内输入法

(1) 在输入法处单击鼠标右键，点击“设置”选项，打开“文本服务和输入语言”对话框，如图 2－34 所示。单击“添加”按钮，弹出“添加输入语言”对话框。

(2) 在“输入语言”下拉列表中选择“中文（简体，中国)”选项，在“键盘布局/输入法”下拉列表中选择要添加的输入法，如图 2－35 所示，单击“确定”按钮。

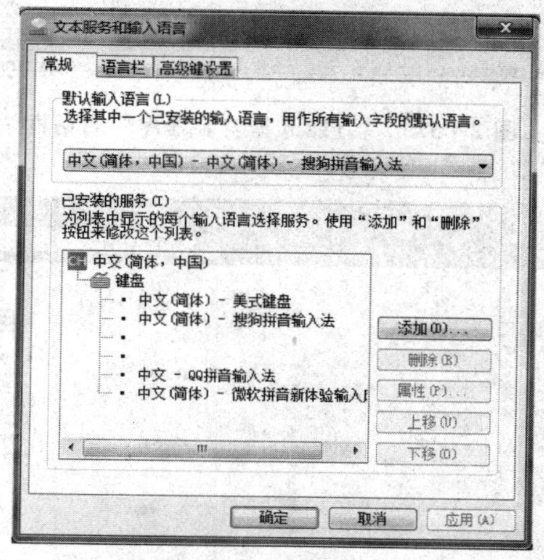

图 2－34　“文本服务和输入语言”对话框

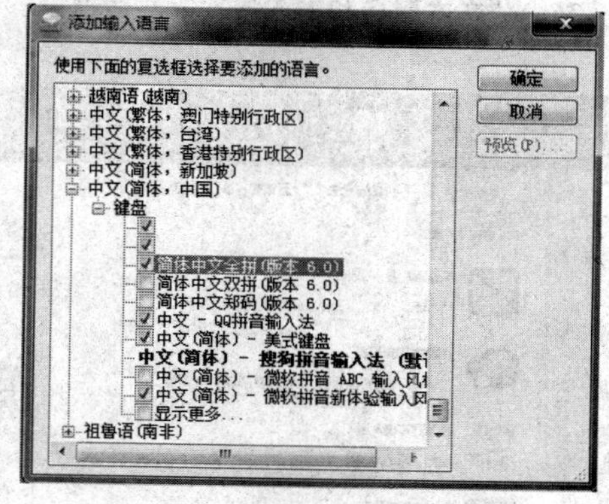

图 2－35　“添加输入语言”对话框

(3) 返回“文本服务和输入语言”对话框，在对话框中显示可添加的输入法，如图 2－36所示，单击“确定”按钮。

(4) 打开输入法列表，即可看到添加的输入法。

2. 添加系统外输入法

添加系统外输入法，传统的方法是先下载需要安装的输入法软件，这里以万能五笔输入法的安装为例，双击“万能五笔”图标，弹出“万能五笔安装程序”对话框，如图 2－37所示，然后根据提示进行安装。

目前比较常用的是利用“360 软件管家”进行安装。打开“360 软件管家”，在软件列表中点击“输入法”，展开系统可以安装的多款输入法软件，如图 2－38 所示。选择所需要的输入法，点击“一键安装”，计算机会自动完成输入法的安装。

3. 删除输入法

在输入法处单击鼠标右键，点击“设置”选项，打开“文本服务和输入语言”对话框。选中要删除的输入法，单击“删除”按钮即可删去不需要的输入法。

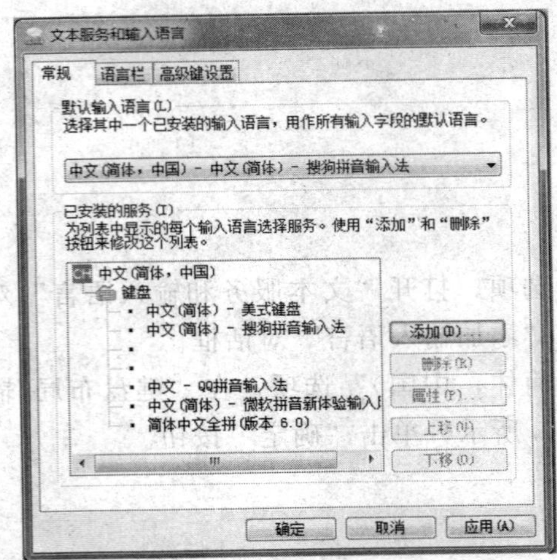

图 2－36 “文本服务和输入语言”对话框

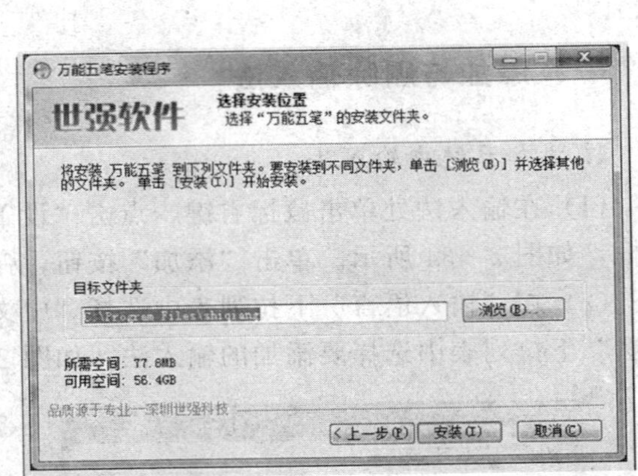

图 2－37 “万能五笔安装程序”对话框

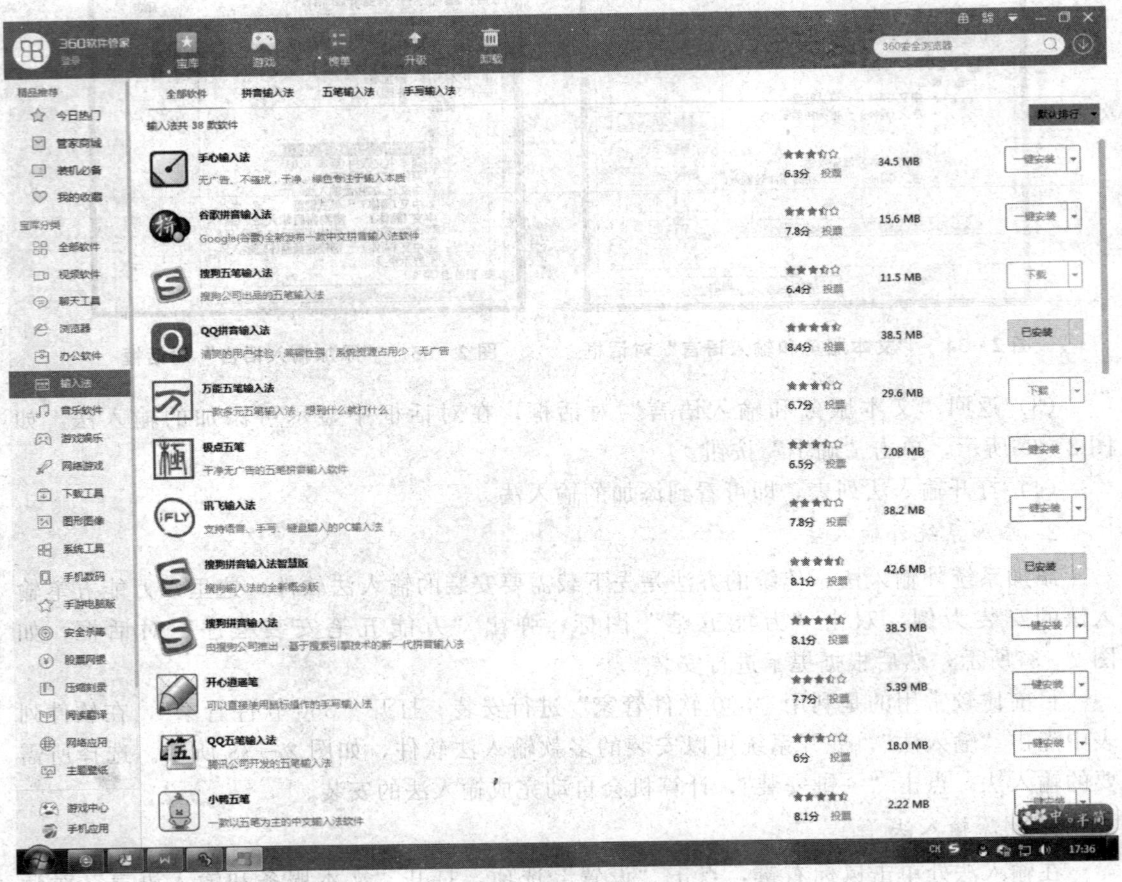

图 2－38 利用“360 软件管家”安装输入法

二、设置高级键

打开“文字服务和输入语言”对话框，选择“设置”选项卡，单击“高级键设置”标签，打开“高级键设置”选项卡，在列表框中选择“在输入语言之间”选项，单击“更改按键顺序”按钮，如图 2－39 所示。

弹出“更改按键顺序”对话框，在“切换输入语言”单选框中选择输入法的切换组合键单选按钮，如图 2－40 所示，单击“确定”按钮。

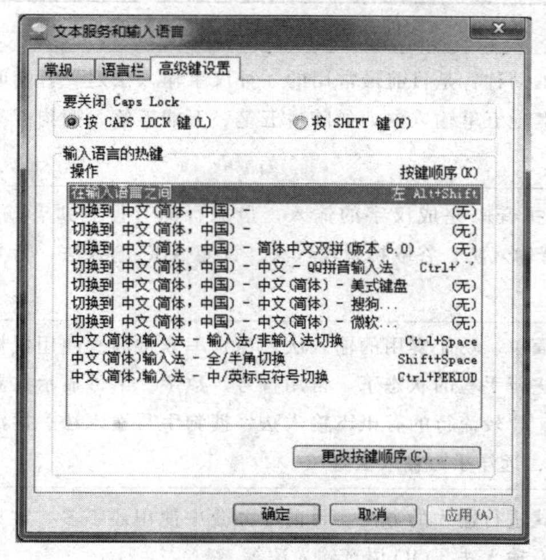

图 2－39 高级键设置

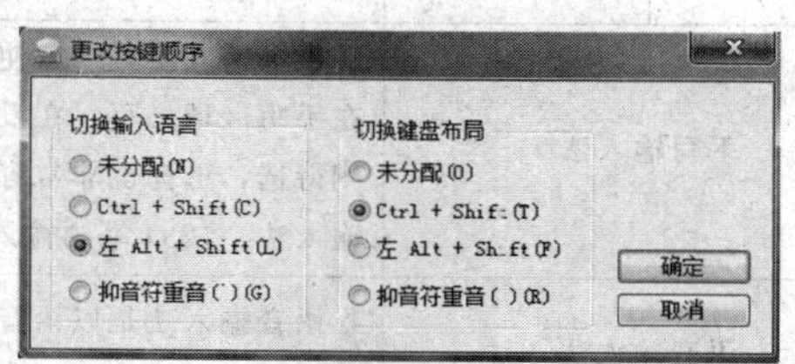

图 2－40 更改按键顺序

返回“高级键设置”对话框，选择要切换按键的输入法，单击“更改按钮顺序”按钮，弹出“更改按钮顺序”对话框，选中“启用按键顺序”复选框，并选择组合键，如图 2－41 所示，单击“确定”按钮。

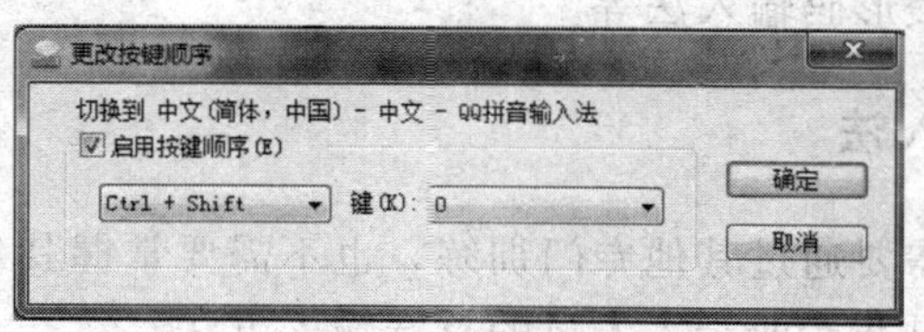

图 2－41 启用按键顺序

任务五 使用汉字输入法

任务要求

在计算机上使用常见的汉字输入法输入文本。

任务实施

输入法是指为了将各种符号输入计算机或其他设备而采用的编码方法。汉字输入的编码方法，基本上都是采用将音、形、义与特定的键相组合，再根据不同汉字进行组合来完成汉字的输入。汉字的输入方法很多，可以归纳为三类：键盘输入法、手写输入法和语音输入法，常用的汉字输入法见表 2－1。

表 2－1　汉字常用输入法

输入法种类		软件介绍
键盘输入法	五笔输入法	五笔是五笔字型输入法的简称，是目前最常用的一种汉字输入法之一，发明人王永民。后来也衍生出多种其他五笔输入法，如陈桥五笔、万能五笔、搜狗五笔、极品五笔等
	拼音输入法	拼音输入法主要是通过拼音来完成汉字的输入，最流行的有搜狗拼音输入法、QQ 拼音输入法、微软拼音输入法、谷歌拼音输入法、智能 ABC 输入法、紫光华宇输入法等
手写输入法		手写输入法是一款使用简单、功能实用的输入法，识别率非常高。使用鼠标左键在手写区域书写。在没有进行手写的状态下，常用符号、数字、字母显示在界面右侧待选，选择也非常容易。比较流行的有讯飞输入法、搜狗手写输入法、德深鼠标输入法、1234 笔画输入法、远洋手写输入法等
语音输入法		语音输入法是以语音方式进行输入的方法。目前在办公中使用还不多，常见的有讯飞语音输入法、百度语音输入法、QQ 语音输入法等

这里仅讨论键盘输入法。键盘输入法的种类繁多，目前最常使用的键盘输入法有两类：一类是拼音输入法，即利用汉语拼音直接输入汉字；另一类是笔画输入法，即利用笔画或笔画组合（称为字根或部件）所对应的计算机键盘上的字母或数字键进行文字输入，例如五笔字型输入法和表形码输入法等。

一、使用拼音输入法

汉字拼音输入法不需要通过其他专门训练，也不需要掌握其他知识，只要会汉字拼音就能够进行汉字输入，是非专业录入人员的首选输入方法。

Windows 7 支持的拼音输入法包括全拼输入法、简拼输入法、智能 ABC 输入法等。此外，还可以下载其他输入方法（如搜狗输入法、百度输入法等），用户可根据自己熟悉的输入方法进行选择。

实现汉字输入，首先要了解常用的拼音输入方法。可以利用“金山打字通”2010 软件进行练习，包括音节练习、词汇练习、文章练习等，达到熟练掌握用拼音输入汉字的目的。

这里介绍几种常见的拼音输入法。

1. 全拼输入法

全拼输入法是以汉字的拼音作为编码，完全按照汉语拼音方法输入，只要用户会汉语拼音，则可输入汉字，因而也是最简单的输入方法。这种输入法带有联想功能且词库量大，输入一个词语的第一个汉字，即可显示出该词语的后续汉字。全拼输入法具有一定的智能特性，当输入拼音声母和韵母时，不必输入完整的汉字拼音，即可自动给出可选的汉字或词语供用户选择。但由于该输入法重码率高，所以录入效率不高，不能作为专业输入法使用。

全拼输入法的编码字母是英文字母 a～z，由于键盘上没有汉语拼音中的韵母“ü”，通常用“v”来代替。用全拼输入法输入汉字时，完全可以按照标准的汉语拼音规则，逐个输入字词的汉语拼音，最多允许一次输入 12 个拼音字母。在输入过程中，计算机会把输入的拼音所对应的所有汉字显示出来，用户可从中选择需要的汉字。

几乎所有的中文输入法，都要求在输入汉字时将键盘锁定在小写字母状态。当选择了一种中文输入法后，就能在各种文字处理程序的文本编辑窗口或文本框中输入汉字。

2. 智能 ABC 输入法

智能 ABC 输入法是一种输入方便、提供动态词汇库系统及使用规范汉字的输入方法。智能 ABC 输入法以拼音输入为主，允许音形组合操作。由于具有一定的智能特性，输入效率较高。智能 ABC 输入法可进行全拼输入、简拼输入、混拼输入、笔形输入、音形混合输入和双拼输入。下面简要介绍智能全拼、简拼、混拼和双拼 4 种基本输入方法。

(1) 智能全拼输入。智能 ABC 中的全拼输入与前面介绍的全拼输入法很相似，适合对汉语拼音比较熟悉的用户。输入时，按规范的汉语拼音书写形式（不带四声）连续输入，按空格键作为输入的结束，并显示汉字或词。弹出显示汉字和词后，通过 1～9 键选择输入。例如：

Wo hen xiang wei qin’aide mama chang yi zhi haotingde gequ

“’”为隔音符，防止出现拼音中的二义现象。

(2) 智能简拼输入。如果对汉语拼音把握不太准确，或想减少击键次数以加快输入速度，则可使用简拼输入。输入规则是输入每个汉字的声母（各个音节的第一个字母），然后按空挡键，此时显示出所输入拼音字母相对应的汉字。对于 zh，ch，sh，既可以用 zh，ch，sh 输入，也可以用 z，c，s 输入，见表 2-2。

表 2-2 全拼与智能简拼的比较示例

汉字或词	全拼	简拼
计算机	jisuanji	jsj
教育部	jiaoyubu	jyb
长城	changcheng	cc，cch，chc，chch
综上所述	zongshangsuoshu	zshssh，asss，zsssh，zshss

(3) 智能混拼输入。就是将全拼和简拼结合起来输入。规则是对于两个音节以上的词语，允许有的音节采用全拼，有的音节采用简拼。因此，它具有全拼和简拼的特点，见表 2-3。

表 2-3　智能混拼与全拼和简拼的比较示例

汉字或词	全拼	简拼	混拼
自动化	zidonghHua	zdh	zdhua
金沙江	jinshajiang	jsj	jinshj，jshj
操作系统	caozuoxitong	czxt	czxitong，caozuoxt

(4) 智能双拼输入。是为专业人员提供的一种快速输入方法。规则是每一个汉字在双拼输入方式下只需要击键两次，奇次键为声母，偶次键为韵母。虽击键两次，但是在输入的外码框中，显示的仍然是一个汉字的完整拼音。

3. 搜狗拼音输入法

搜狗拼音输入法是当前网络中最流行、用户好评率较高、功能强大的拼音输入法。搜狗拼音输入法与传统输入法不同的是，它采用了搜索引擎技术，是第二代的输入法，输入速度有了质的飞跃。在词库的广度和词语的准确度上，搜狗拼音输入法都远远领先于其他输入法。搜狗拼音输入法支持的是声母简拼和声母的首字母简拼，例如，如果想输入“张学科”，只要输入 zhxk 或 zxk，就可以输入“张学科”。同时，搜狗拼音输入法支持简拼、全拼的混合输入，例如输入 srf，sruf 或 shrfa 都是可以输入“输入法”的。

搜狗拼音输入法默认的翻页键是“,”（逗号）和“。”（句号）。即输入拼音后，按“。”（相当于 Page Down 键）进行向下翻页选字，找到所选的字后，按其对应的数字键即可输入。推荐使用这两个键进行翻页，因为用“,”和“。”时不用移开键盘主操作区，效率最高，不易出错。输入法默认的翻页键还有“－”（减号），“＝”（等号）和“[”（左方括号），“]”（右方括号），可以通过“设置属性”→“按键”→“翻页键”命令来进行设定。

4. 使用拼音输入法

(1) 启用输入法。系统默认的输入法状态为英文，使用时用户可随意选用 Windows 7 系统已安装的各种中文输入法。启用输入法，只要点击屏幕底部任务栏右侧的CH，调出输入法菜单（见图 2-42），然后选择所需的输入法即可。

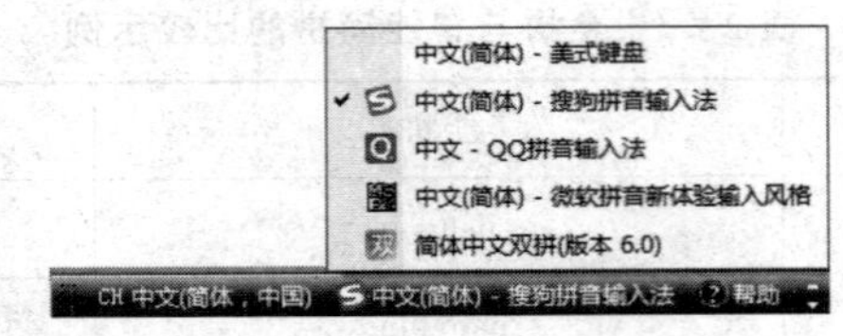

图 2-42　输入法菜单

(2) 切换输入法。用鼠标在要输入的地方单击，使系统进入输入状态，然后按“Shift＋Ctrl”组合键切换输入法，找到所需输入法。若系统只有一个输入法或所需输入法是默认输入法，按下“Ctrl＋空格”键即可切换出所需输入法。

(3) 切换中英文。输入法默认是按下“Shift”键就切换到英文输入状态，再按下“Shift”键就会返回中文状态。单击状态栏上的“**中**”图标也可以进行切换。除了 Shift

键切换以外，有些输入法（如搜狗）也支持回车输入英文和 V 模式输入英文，在输入较短英文时使用，能省去切换到英文状态下的麻烦。具体操作为：①输入英文，直接按回车键即可；②先输入“V”，然后输入英文，可以包含“@”“+”“×”“/”“—”等符号，然后按空格键即可。

（4）设置候选词个数。为了适应各类用户的习惯，大多拼音输入法允许用户修改候选词个数。以搜狗输入法为例，单击状态栏上“菜单”中的“属性设置”命令，如图 2－43 所示。弹出“按狗拼音输入法设置”对话框，选择“外观”选项卡，如图 2－44 所示。然后就可以通过“显示模式”中的“候选项数”来修改显示的候选词个数，候选范围是 3～9 个。输入法默认的是 5 个候选词。搜狗的首询命中率和传统的输入法相比，已经有很大提高，第一页的 5 个候选词通常能够满足绝大多数时的输入。推荐选用默认的 5 个候选词；如果候选词太多，会造成查找时的困难，导致输入效率下降。

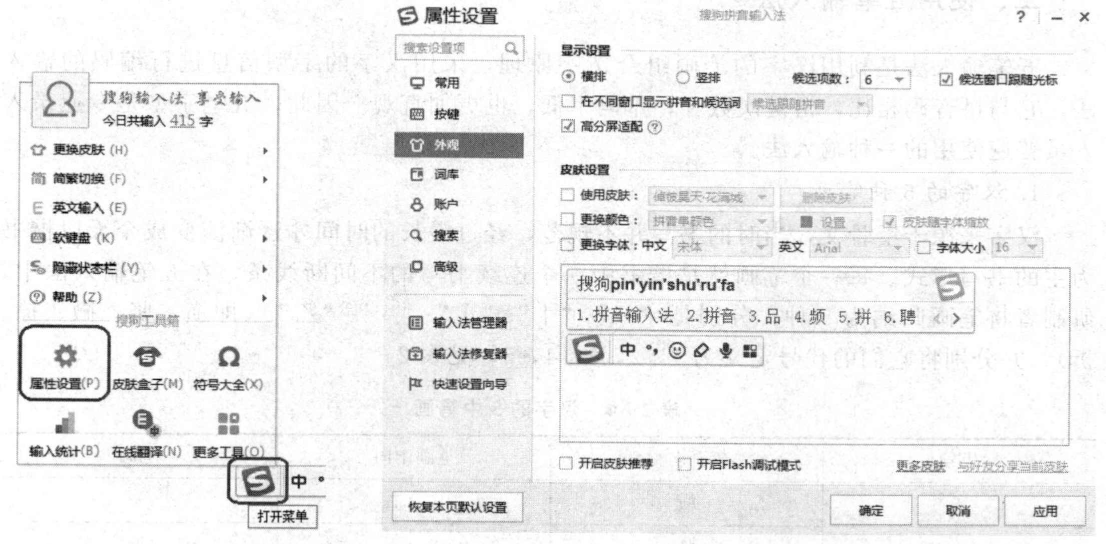

图 2－43　“菜单”中的“属性设置”

图 2－44　属性设置

（5）切换全角和半角符号。在输入过程中常常遇见全角符号和半角符号，这时需要用鼠标单击输入法状态栏中的半角/全角符号进行转换，如图 2－45 所示。

（6）使用自定义短语。自定义短语是通过特定字符串来输入自定义的文本。可以通过输入框内拼音串上的“添加短语”或者候选项中的短语项的“编辑短语”来进行短语的添加、编辑和删除，如图 2－46 所示。设置自己常用的自定义短语可以提高输入效率。例如，定义“bg，1＝办公自动化”，只要输入“bg”，然后按空格键，就可以输入“办公自动化”。自定义短语在设置选项的“高级”选项卡中默认开启，单击“自定义短语设置”即可。

（7）快速搜索关键字。拼音输入法的候选悬浮菜单上一般都会提供搜索选项，输入关键字后，按上下键选择想要搜索的词条之后，就会显示搜索结果。

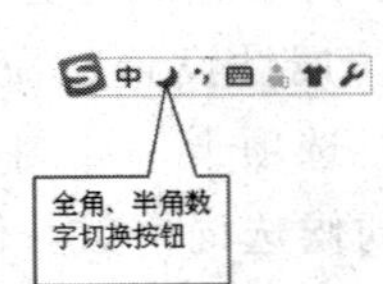

图 2-45　半角、全角切换按钮

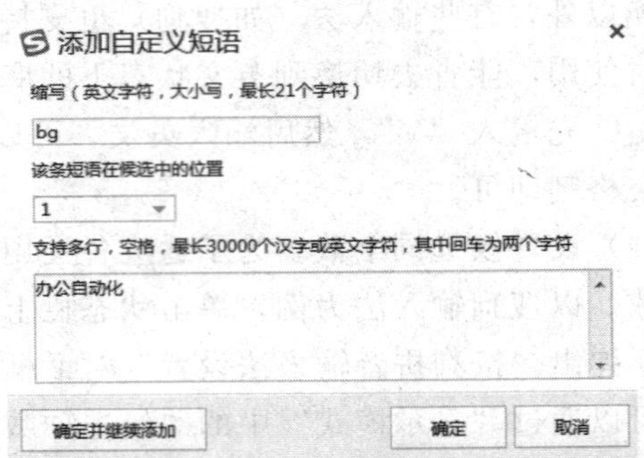

图 2-46　添加自定义短语

二、使用五笔输入法

五笔输入法是利用汉字的笔画组合文字原理，采用汉字的字型信息进行编码的输入法，它与拼音码相比，击键次数少，重码率低，也更加直观。因此，五笔字型是专业录入人员普遍使用的一种输入法。

1. 汉字的 5 种笔画

汉字来源于甲骨文，当时的书写并不规范，经过漫长的时间才逐渐演变成今天以楷书为主的书写形式。每一个笔画就是楷书中一个连续书写的不间断线条。在五笔输入法中，研制者将笔画归纳为 5 种，分别是“一”“丨”“丿”“丶”“乙”（即横、竖、撇、捺、折），并分别将它们的代号定义为 1，2，3，4，5，见表 2-4。

表 2-4　汉字的 5 中笔画

代号	笔画名称	笔画走向	笔画
1	横	左→右	一
2	竖	上→下	丨
3	撇	右上→左下	丿
4	捺	左上→右下	丶
5	折	带转折	乙

2. 汉字的字型

汉字的字型是指构成汉字的各个基本字根在整字中所处的位置关系。汉字是一种平面文字，同样的字根，如果摆放的位置不同（即字型不同），就是不同的字，如“吧”和“邑”“岂”和“屺”等。由此可见，字型是汉字的一种重要特征信息。在五笔输入法中，根据构成汉字的各字根之间的位置关系，将所有的汉字分为 3 种字型：左右型、上下型和杂合型。

3. 汉字的结构

汉字都是由字根和笔画组成的，或者说是拼合而成的，学习五笔输入法的过程，就是学习将汉字拆分为基本字根的过程，而要正确地判断汉字字型和拆分，就必须要了解汉字的结构。字根由笔画组成，它是构成汉字最基本、最重要的单位。由于汉字是由字根组合而成的，所以研究汉字的结构必须从字根之间的结构关系开始。

在五笔字型编码方案中，汉字的构成主要有以下 3 种情况：笔画、字根和整字同一体，如“一”等；字根本身也是整字，这类字根叫做成字字根，如“巴”“白”等；每个字可拆分成几个字根（独体字除外），既可以把汉字拆到字根级，也可以拆到笔画级。

正确地将汉字分解成字根是五笔字根输入法的关键。基本字根在组成汉字时，按照它们之间的位置关系可以分成单、散、连和交 4 种结构。

（1）单。字根本身就是一个独立的汉字，如“马”“牛”“田”“车”等。它们被称为成字字根，其编码有专门规定，不需要判别字型。

（2）散。几个字根共同组成一个汉字时，字根间保持了一定的距离，既不相连也不相交，上下型、左右型和杂合型的汉字都可以是“散”的结构，如“功”“字”“皇”等。

（3）连。连指构成汉字的字根间有相连关系。“连”主要分成两种情况：一是单笔画与字根相连，如“自”“千”等；二是带点结构均认为相连，如“勺”“主”“头”等。

（4）交。交指两个或两个以上字根交叉，套叠后构成汉字的结构，如“里”“夷”“丰”等。

4. 拆字规则

在五笔输入法中，拆分汉字的规则为：书写顺序、取大优先、兼顾直观、能连不交和能散不连。

（1）书写顺序。拆分汉字时，一定要按照正确的汉字书写顺序进行。

（2）取大优先。按照书写顺序拆分汉字时，应以再添一个笔画便不能成为字根为限，每次都拆取一个尽可能笔画多的字根。

（3）兼顾直观。在拆分汉字时，为了照顾汉字字根的完整性，有时不得不放弃“书写顺序”和“取大优先”两个规则，形成个别例外情况。

（4）能连不交。当一个汉字既可以拆分成相连的几个部分，也可以拆分成相交的几个部分时，相连的拆字法是正确的。

（5）能散不连。当汉字被拆分的几个部分都是复笔字根（不是笔画），它们之间的关系既可以为“散”，也可以为“连”时，按“散”拆分。

5. 汉字的字根

汉字的五种笔画交叉连接而形成的相对不变的结构称为字根。在五笔输入法中，归纳了 130 个基本字根，结合使用这些字根可以组合出全部的汉字。

字根的选择主要遵循如下规则：①能组成很多的汉字，如“王”“土”“大”“木”“工”“目”“日”“口”“田”“山”等；②组字能力不强，但组成的字特别常用，如“白”（组成“的”）、“西”（组成“要”）等；③绝大多数的字根都是汉字的偏旁部首，如“人”“口”“手”“金”“木”“水”“火”“土”等；④在五笔输入法中，有的字根还包括几个近似字根，主要有以下几种情况：字源相同的字根，如“心”“忄”和“水”“氵”等；形态相近的字根，如“艹”“廾”“廿”和“已”“己”“巳”等；便于联想的字根，如“耳”“卩”“阝”等。

6. 字根的分布

在五笔输入法中，将所有字根按照起笔的类型分为 5 个区，每一个区又分为 5 组，共计 25 组，分布在 25 个英文字母键（不含 z 键）上（见图 2－47）。其中，每个区包括 5 个英文字母键，每一个键称为一个位。为区和位设置 1～5 的编号，分别称为区号和位号。每个区的位号都是从键盘中间向外侧顺序排列。每个键都有唯一的两位数的编号，区号作为十位数字，位号作为个位数字。

记住这些字根及其键位就是学习五笔的基本功和首要步骤。由于字根较多，为了便于记忆，研究者编写了一首“助记歌”，帮助初学者记忆。“助记歌”按照字根的区进行划分，如图 2－47 所示。

图 2－47　字根分布及助记歌

7. 使用五笔输入法输入汉字

在对字根有了基本的了解后，即可使用五笔输入法输入汉字。目前，常用的五笔输入法包括万能五笔输入法、智能五笔输入法、极品五笔输入法等。下面介绍如何使用万能五笔输入法在记事本中输入汉字。

打开“附件”中的“记事本”，单击任务栏中的输入法图标，在弹出的菜单中选择“万能五笔输入法”，如图 2－48 所示，在“记事本”程序中使用万能五笔输入法输入所需汉字的字根，然后根据弹出的选择列表，通过按下相应的数字选择汉字，如输入 JNEY，在记事本中就会出现“电脑”两个字，如图 2－49 所示。

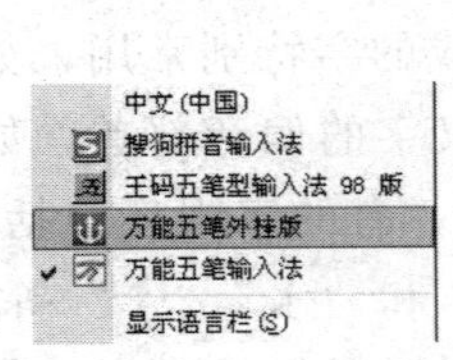

图 2－48　选择“输入法”

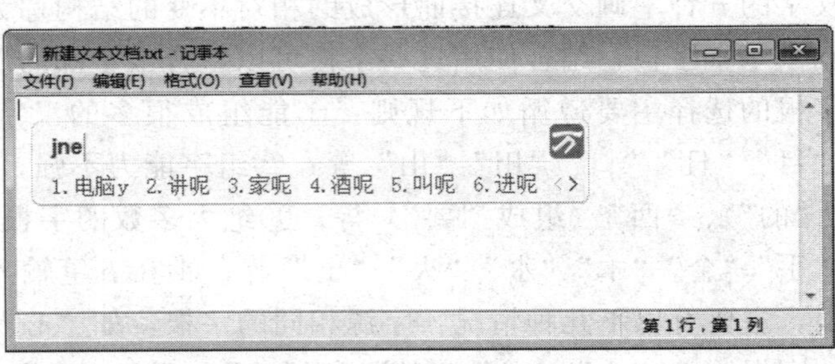

图 2－49　输入汉字

项目三

Word 2010 办公应用

学习目标

1. 学会文档内容的录入、编辑与保存，学会设置字体、段落格式、项目符号、编号以及页面，学会在文档中插入图片和艺术字，学会打印输出与网上发布。

2. 了解办公公文的行文规范，掌握利用公文向导制作公文的方法，掌握制作常用公文模板和公文正文的排版方法。

3. 了解调研报告文档的一般格式、分页符的使用方法、水印的添加方法、Word 文档权限密码的设置方法，掌握 Word 样式的使用方法以及页码的添加方法。

4. 学会创建和编辑自选图形，学会在自选图形中插入文本，学会组合、调整自选图形和文本框，学会使用文本框功能。

Word 2010 是微软公司推出的 Microsoft Cffice 套装软件中的一个组件。它利用 Windows 良好的图形用户界面，将文字处理和图表处理结合起来，实现了“所见即所得”，易学易用，并设置 Web 工具等。Word 2010 与以往的老版本相比，文字和表格处理功能更强大，外观界面设计更为美观，功能按钮的布局也更合理。

Word 2010 广泛应用于日常办公、商务活动及教学管理等领域，如公司制度的制定、格式合同的签订、求职简历的设计以及学位论文的撰写等。下面就用实际操作过程来介绍如何完成这些文档。

任务一　制作招聘启事

招聘启事是用人单位因工作和业务发展的需求而拟定的面向社会公开招聘有关工作人员时使用的一种应用文书。

实例要求

某公司因业务的进一步扩大，需要招聘 Java 软件开发工程师/程序员及 Android 软件开发工程师/程序员若干名，为吸引更多的有志青年，公司准备在网上发布招聘启事。本实例要求运用 Word 2010 软件来制作招聘启事，内容包括公司简介及公司相关图片，并对岗位进行相关说明，还要交代应聘方式和联系方法，最后再添加一个招聘口号。

实例实施

一、录入、编辑与保存招聘启事内容

1. 启动 Word 2010

执行“开始”→“所有程序”→“Microsoft Office”→“Microsoft Office Word 2010”命令（或双击桌面上的 Microsoft Word 2010 图标），即可启动 Word 2010。

2. 录入招聘启事内容

在打开的名为“文档 1”的空白文档中，有一条闪烁的竖线，称为“插入点”，它指示文本的输入位置，在此输入招聘启事内容。

3. 保存文档

选择“文件”→“保存”命令（或者单击“常用”工具栏中的“保存”按钮），弹出“另存为”对话框，如图 3-1 所示。在“保存位置”下拉列表中选择文档的保存位置，在“文件名”文本框中输入文件名“招聘启事”，“保存类型”使用默认值 Word 文档。单击“保存”按钮即可完成对招聘启事文档的保存。

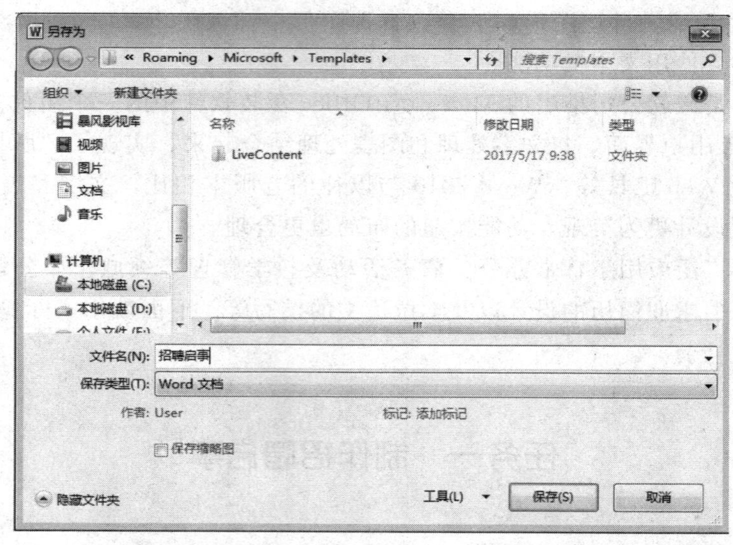

图 3-1 “另存为”对话框

二、设置招聘启事字体和段落格式

如果这份“招聘启事”整篇采用一种文字效果，不进行任何修饰，没有重点和非重点之分，那就很难引起应聘者的兴趣，达不到预期的效果，这就需要对招聘启事的字体和段落进行设置。

1. 使用菜单命令设置字体

字体的格式可以使用“开始”菜单中的字体命令进行调整。具体步骤如下：

（1）用鼠标选中第一自然段，在“开始”菜单中的字体命令中进行字体格式设置，设置为“宋体”“四号”，如图 3－2 所示。

（2）选中第 2 段文字“Java 软件开发工程师/程序员”，按照步骤一的方法设置字体格式为“楷体”“加粗倾斜”“四号”“红色”，在“着重号”下拉列表中选择“.”选项。

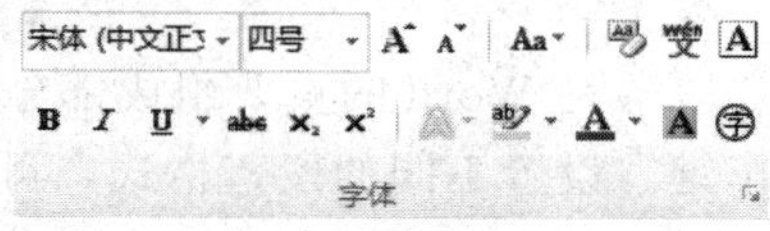

图 3－2 设置字体

（3）选中第 3 段“职位要求”，点击右键，在弹出菜单中选择“字体”，打开“字体”对话框，如图 3－3 所示。设置字体格式为“宋体”“常规”“小四”；点击“高级”选项卡，选择“字符间距”，设置“间距”选项为“加宽”“2 磅”，如图 3－4 所示。

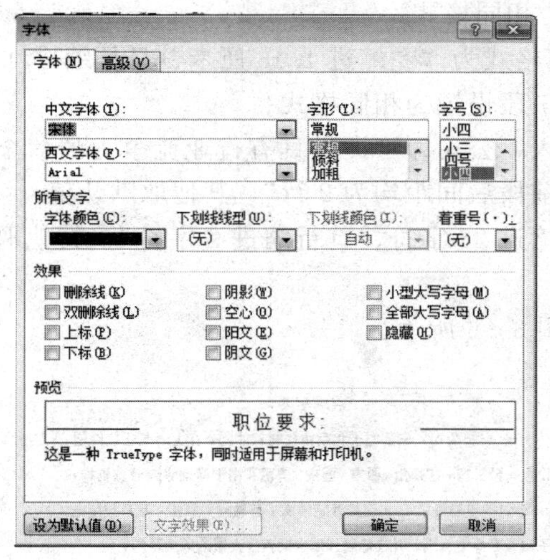

图 3－3 “字体”对话框

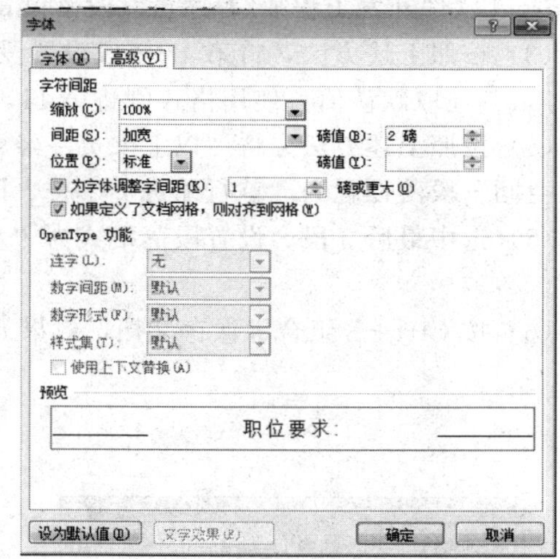

图 3－4 设置字符间距

（4）选中第 4～8 段文字，设置字体格式为“楷体_GB2312”“常规”“小五”。

（5）选中“以上人员一经录入，公司即可提供具有行业竞争力的薪金及发展空间”文本，设置字体格式为“宋体”“加粗”“五号”。

（6）选中最后 3 段文本，设置字体格式为“宋体”“常规”“小五”。

（7）按 Ctrl＋S 组合键（或点击“保存”按钮）保存文档。

2. 使用“格式刷”设置相同字体格式

格式刷是实现快速格式化的重要工具。格式刷可以将字符和段落的格式复制到其他文本上。它的使用方法如下：

（1）选中已处理好的“Java 软件开发工程师/程序员”文本，点击“格式刷”按钮 格式刷。

（2）按住鼠标左键刷过要修改格式的文本，所刷过的文本就变为与“Java 软件开发工程师/程序员”相同的格式。

(3) 使用格式刷，将第 10 段文字“职位要求：”的字体设置为与第 3 段文字相同的格式，将第 11～17 段的文字字体设置为与第 4～8 段文字相同的格式。

(4) 按 Ctrl＋S 组合键保存文档。

3. 设置段落

段落是 Word 的重要组成部分，是指文档中两次回车键之间的所有字符，包括段后的回车键。设置不同的段落格式，可以使文档布局合理、层次分明。

(1) 单击将插入点定位于第一自然段，单击右键选择“段落”命令，弹出如图 3-5 所示的“段落”对话框。选择“缩进”选项卡，设置“特殊格式”为“首行缩进”“2 字符”，其他取默认值。使用格式刷将另两处“职位要求：”文本所在段落设置为相同格式。

(2) 按照上述方法，将“Java 软件开发工程师/程序员”段落的格式设置为“左缩进 0.74 厘米、悬挂缩进 0.74 厘米、段前段后间距均为 1 行”，其他取默认值。使用格式刷将“Android 软件开发工程师/程序员”段落设置为相同格式。

(3) 按照上述方法，将第 4～8 段设置段落格式为“左缩进 1.48 厘米、悬挂缩进 0.74 厘米”，其他取默认值。使用格式刷将第 11～17 段设置为相同格式。

(4) 按照上述方法，将“以上人员一经录入，公司即可提供具有行业竞争力的薪金及发展空间”段落设置为“首行缩进 2 字符、段前段后间距均为 2 行”，其他取默认值。

(5) 选中最后 3 段，设置段落格式为“左缩进 22 字符、首行缩进 2 字符”，其他取默认认值。

(6) 按 Ctrl＋S 组合键保存文档，效果如图 3-6 所示。

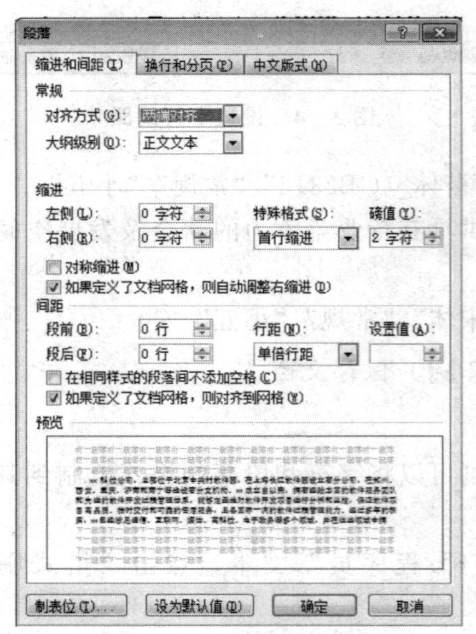

图 3-5 设置段落格式

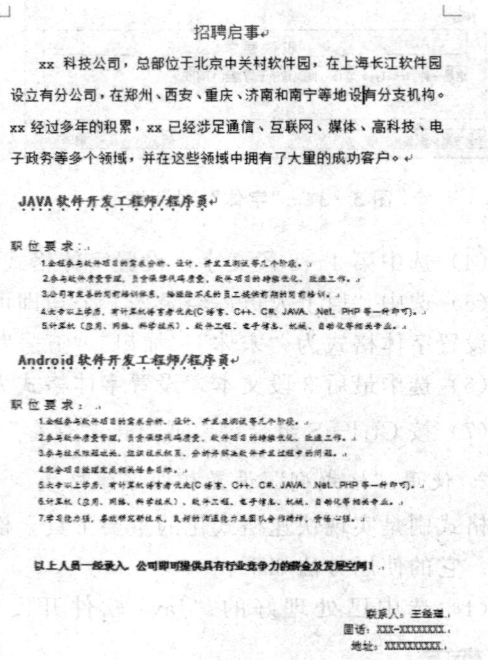

招聘启事

xx 科技公司，总部位于北京中关村软件园，在上海长江软件园设立有分公司，在郑州、西安、重庆、济南和南宁等地设有分支机构。xx 经过多年的积累，xx 已经涉足通信、互联网、媒体、高科技、电子政务等多个领域，并在这些领域中拥有了大量的成功客户。

JAVA 软件开发工程师/程序员

职位要求：

Android 软件开发工程师/程序员

职位要求：

以上人员一经录入，公司即可提供具有行业竞争力的薪金及发展空间！

联系人：王经理
电话：XXX-XXXXXXXX
地址：XXXXXXXXXX

图 3-6 段落设置效果

三、美化和组合调整招聘启事

通过上述过程的实现，招聘启事的轮廓已经初具规模，还需要对其中的元素进行美化和位置上的组合调整。

1. 美化标题“招聘启事”

下面介绍美化标题“招聘启事”的方法，操作步骤如下：

(1) 选中“招聘启事”4个字。选择“插入”菜单中“文本”中的“艺术字”命令，在弹出的“艺术字库”对话框中选择一种艺术字样式，如图3-7所示，单击“确定”按钮。

(2) 在弹出的“编辑艺术字文字”对话框中，选择字体为“隶书”“40”“加粗”，如图3-8所示，单击“确定”按钮完成文字编辑。

(3) 按Ctrl+S组合键保存文档。

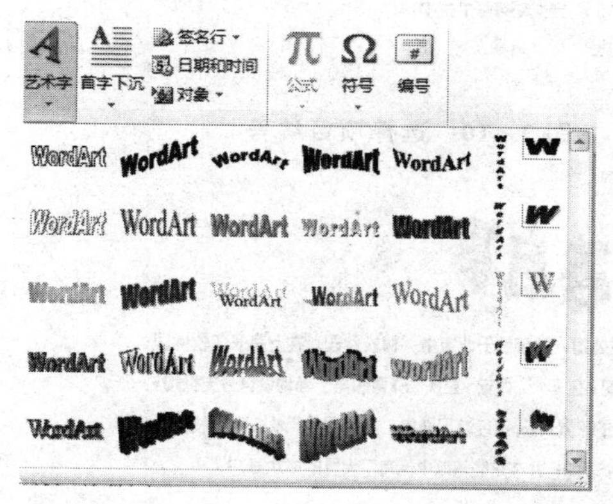

图3-7 “艺术字库”对话框

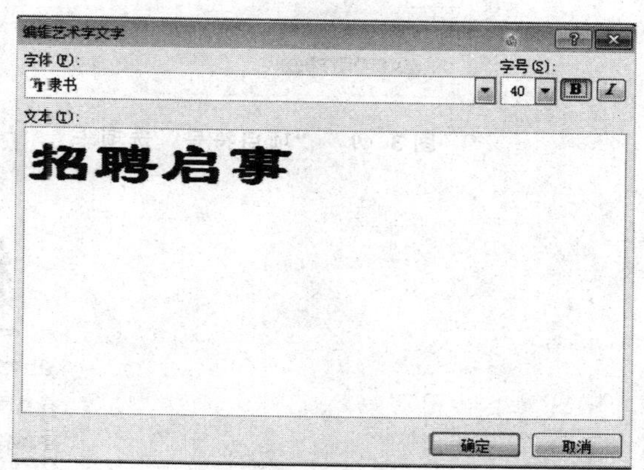

图3-8 编辑艺术字文字

2. 插入项目符号和编号

项目符号使用的是符号，而编号使用的是一组连续的数字或字母，出现在段落前。对于写好的招聘启事，使用项目符号和编号，可以使文档有条理、层次清晰、可读性强。操作步骤如下：

(1) 将插入点定位于“Java软件开发工程师/程序员”段落中，单击开始菜单下段落中的“项目符号” ☰▾ 对话框，选择如图3-9所示的符号选项，完成设置。

(2) 选中第4～8段，按照(1)进行操作，选择“编号”右侧三角，如图3-10所示，单击“定义新编号格式”，设置各参数，如图3-11所示，单击“确定”按钮，返回“项目符号和编号”对话框，单击“确定”按钮完成项目编号的设置。

(3) 用同样的方法为第11～17段添加项目编号。

(4) 按Ctrl+S组合键保存文档，效果如图3-12所示。

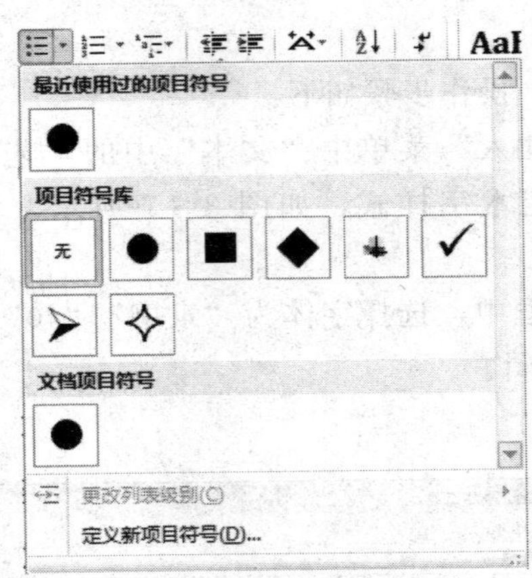

最近使用过的项目符号
项目符号库
无
文档项目符号
更改列表级别(C)
定义新项目符号(D)...

图 3－9 “项目符号”选项卡

最近使用过的编号格式
编号库
无
更改列表级别(C)
定义新编号格式(D)...
设置编号值(V)...

图 3－10 选择项目编号

定义新编号格式
编号格式
编号样式(N):
1, 2, 3, …
字体(F)...
编号格式(O):
对齐方式(M):
左对齐
预览
确定
取消

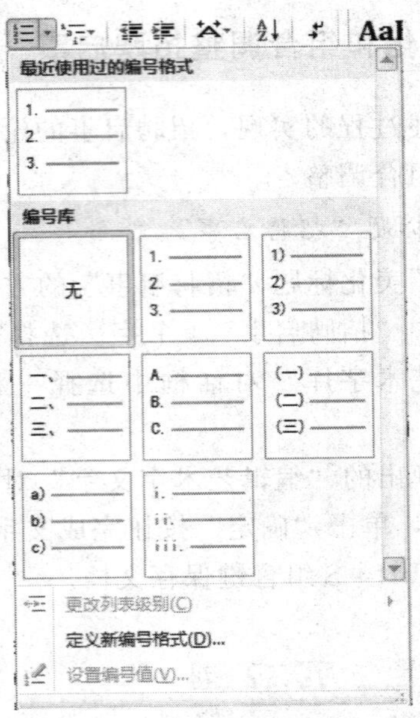

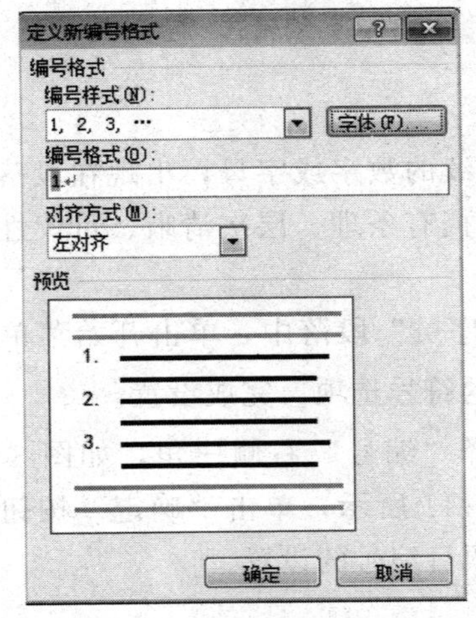

图 3－11 定义新编号格式

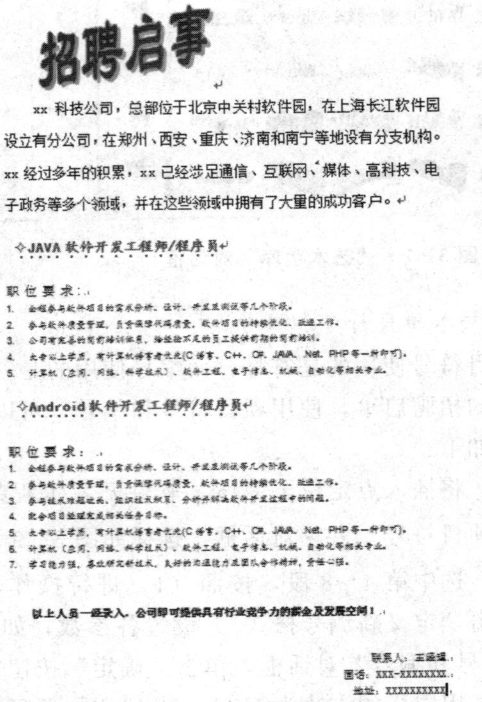

招聘启事
xx 科技公司，总部位于北京中关村软件园，在上海长江软件园设立有分公司，在郑州、西安、重庆、济南和南宁等地设有分支机构。
xx 经过多年的积累，xx 已经涉足通信、互联网、媒体、高科技、电子政务等多个领域，并在这些领域中拥有了大量的成功客户。
◇JAVA 软件开发工程师/程序员
职位要求：
1. 全程参与软件项目的需求分析、设计、开发及测试等几个阶段。
2. 参与软件质量管理，负责保障代码质量，软件项目的持续优化、改进工作。
3. 公司有完善的职前培训体系，给经验不足的员工提供前期的职前培训。
4. 大专以上学历，有计算机语言者优先(C 语言、C++、C#、JAVA、.Net、PHP 等一种即可)。
5. 计算机（应用、网络、科学技术）、软件工程、电子信息、机械、自动化等相关专业。
◇Android 软件开发工程师/程序员
职位要求：
1. 全程参与软件项目的需求分析、设计、开发及测试等几个阶段。
2. 参与软件质量管理，负责保障代码质量，软件项目的持续优化、改进工作。
3. 参与技术难题攻关，组织技术积累、分析并解决软件开发过程中的问题。
4. 配合项目经理完成相关任务目标。
5. 大专以上学历，有计算机语言者优先(C 语言、C++、C#、JAVA、.Net、PHP 等一种即可)。
6. 计算机（应用、网络、科学技术）、软件工程、电子信息、机械、自动化等相关专业。
7. 学习能力强，喜欢研究新技术，良好的沟通能力及团队合作精神，责任心强。
以上人员一经录入，公司即可提供具有行业竞争力的薪金及发展空间！
联系人：王经理
电话：XXX-XXXXXXXX
地址：XXXXXXXXXX

图 3－12 添加艺术字和项目符号和编号效果图

3. 插入图片

对于写好的招聘启事，用户还可以把已经编辑好的图片文件（如从网上、数码相机或扫描仪中得到的图片）插入其中，进一步美化文档，以达到吸引应聘者的目的。插入图片文件的方法如下：

（1）选择“插入”菜单，在插图菜单栏中点击图片，在弹出的“插入图片”对话框中，选中图片，将图片插入到文档中。

（2）右键单击图片，打开“设置图片格式”对话框，点击“板式选项卡”，选择“衬于文字下方”如图 3－13 所示。

（3）选中插入的图片，在图片四周会出现“控制点”，其中绿色的为“旋转控制点”。拖动控制点，可调整图片的大小；将鼠标指针移向“旋转控制点”，指针形状变成一个绿色的带箭头的圆环，按下鼠标左键旋转，可以将图片旋转至合适的位置。在图片被选中的状态下，按下键盘上的光标移动键，可以使图片上下左右移动。调整图片的位置，效果如图 3－14 所示。

（4）按 Ctrl＋S 组合键保存文档。

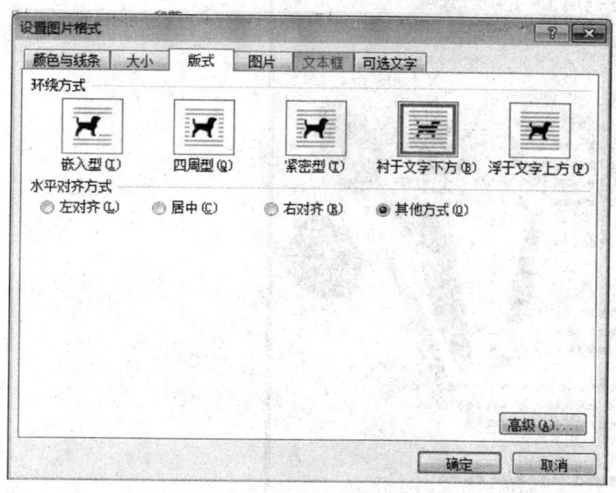

图 3－13 设置图片格式

招聘启事

xx 科技公司，总部位于北京中关村软件园，在上海长江软件园设立有分公司，在郑州、西安、重庆、济南和南宁等地设有分支机构。xx 经过多年的积累，xx 已经涉足通信、互联网、媒体、高科技、电子政务等多个领域，并在这些领域中拥有了大量的成功客户。

◇JAVA 软件开发工程师/程序员

职位要求：

◇Android 软件开发工程师/程序员

职位要求：

以上人员一经录入，公司即可提供具有行业竞争力的薪金及发展空间！

联系人：王经理

电话：XXX-XXXXXXXX

地址：XXXXXXXXXX

图 3－14 插入图片效果

4. 添加页面边框

为了给设置好字体和段落格式的文档增添一些修饰，可以为其添加页面边框，方法如下：

依次选择“页面布局”→“页面背景”→“页面边框”，弹出“边框与底纹”对话框，如图 3－15 所示。选择“页面边框”选项卡，在“线型”下拉列表中选择一种线型，单击“确定”按钮完成设置，效果如图 3－16 所示。

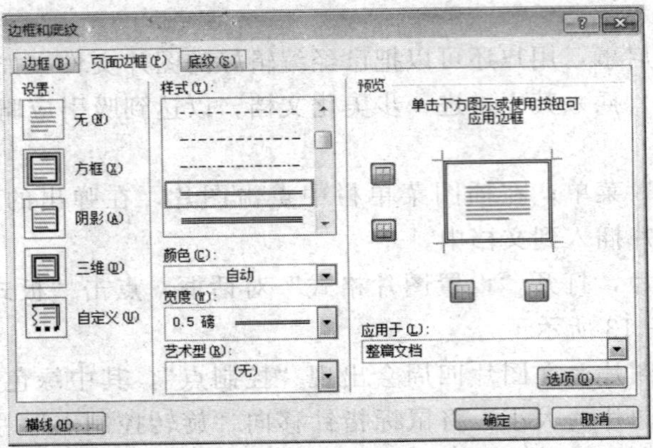

图 3-15　设置“页面边框”

招聘启事

xx 科技公司，总部位于北京中关村软件园，在上海长江软件园设立有分公司，在郑州、西安、重庆、济南和南宁等地设有分支机构。xx 经过多年的积累，xx 已经涉足通信、互联网、媒体、高科技、电子政务等多个领域，并在这些领域中拥有了大量的成功客户。

◇JAVA 软件开发工程师/程序员

职位要求：

1. 全程参与软件项目的需求分析、设计、开发及测试等几个阶段。
2. 参与软件展示管理，负责代码审查，软件项目的持续优化、改进工作。
3. 公司有完善的有效培训体系，给经验不足的员工提供内部的有效培训。
4. 本专科以上学历，有计算机语言基础优先(C语言、C++、C#、JAVA、.Net、PHP等一种即可)。
5. 计算机（应用、网络、科学技术）、软件工程、电子信息、机械、自动化等相关专业。

◇Android 软件开发工程师/程序员

职位要求：

1. 全程参与软件项目的需求分析、设计、开发及测试等几个阶段。
2. 参与软件展示管理，负责代码审查，软件项目的持续优化、改进工作。
3. 参与技术难题攻关、组织技术研究，分析并解决软件开发过程中的问题。
4. 配合项目经理完成相关任务目标。
5. 本专科以上学历，有计算机语言基础优先(C语言、C++、C#、JAVA、.Net、PHP等一种即可)。
6. 计算机（应用、网络、科学技术）、软件工程、电子信息、机械、自动化等相关专业。
7. 学习能力强，喜欢研究新技术，良好的沟通能力及团队合作精神，责任心强。

以上人员一经录入，公司即可提供具有行业竞争力的薪金及发展空间！

联系人：王经理

电话：xxx-xxxxxxxx

地址：xxxxxxxxxx

图 3-16　添加页面边框效果

四、打印输出招聘启事

1. 页面设置

编辑好招聘启事后，一般都需要打印出来。为了打印出效果更直观、实用的页面，在打印前需要对页面进行设置。页面设置步骤如下：

（1）单击选择“页面布局”→“页面设置”→“页边距”，弹出“页边距”对话框，如图 3－17 所示。选择“自定义边距”，弹出“页面设置”对话框，如图 3－18 所示。设置上、下、左、右页边距均为“3 厘米”，选用“宽 22 厘米”“高 30 厘米”的自定义纸张，单击“确定”按钮完成页面设置。

（2）按 Ctrl＋S 组合键保存文档。

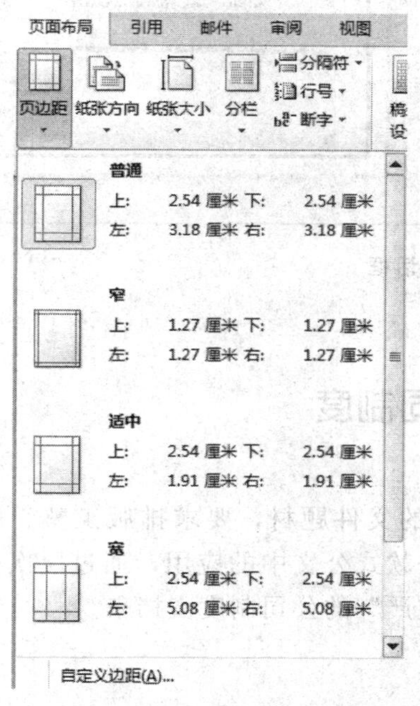

图 3－17 “页边距”对话框

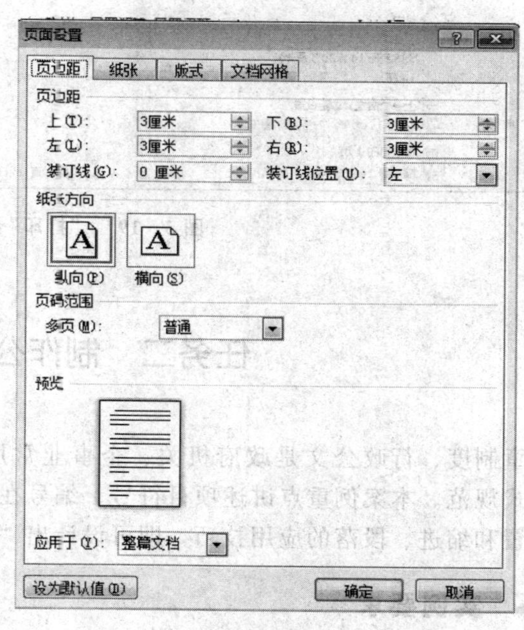

图 3－18 “页面设置”对话框

2. 打印输出

Word 2010 采用了“所见即所得”的字处理方式，在页面视图下，窗口中的页面与实际打印的页面是一样的。当编辑、排版好后，就可以将它打印出来了。

在打印之前，如果想了解一下“招聘启事”的整体打印效果，选择“文件”→“打印”命令，或单击“常用”工具栏上的“打印”按钮，即可进入“打印”对话框进行打印设置，如图 3－19 所示。设置好后，点击“打印”，即可将招聘启事打印出来。

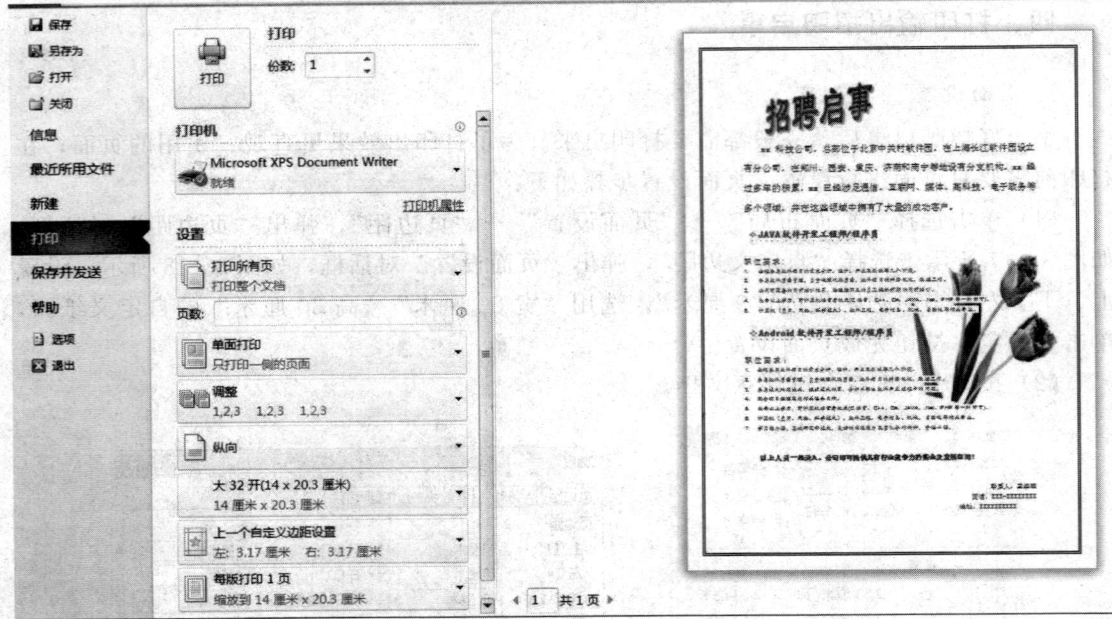

图 3-19 "打印"对话框

任务二 制作公司制度

规章制度、行政公文是政府机关、企事业常用的文件题材，要求排版工整、序号明确、形式规范。本案例重点讲述项目符号、编号在条款式公文中的应用，通过层次分明的编号设置和缩进、段落的应用技巧，即可设计出"威严"的公司制度文档来。

实例要求

某公司要制订一套管理制度，请利用 Word 2010 制作一份行政公文。

实例实施

如何用 Word 设计出一份格式工整、严谨，体现出白纸黑字的威严的制度文档呢？忽略内容看形式，不难发现企业规章制度有很多条文，条文又分许多层次，这些就构成了管理制度文档的基本形式和框架。因此，在设计公司制度文件中，可能会用到的知识点有文字内容的格式设置、公司制度条文编号和项目符号设置等。在制度文本中，借鉴法律条文的编制规则，使用"第一条""第一款"之类的非数字序列，使文档显得规范。

综合以上分析和借鉴众家所长，设计的编号及层次如下：用"一、二、三……"来表示第一层次；借鉴法律条文，用"第一条、第二条、第三条……"来表示第二层次；用"(一)(二)(三)……"来表示第三层次。

一、技术要点

1. 格式化文本

格式化文本不仅使文档更加美观、漂亮，还可增加文档的可读性。格式化文本包括设置字符和段落。设置字符包括设置字体、字号和字形，设置字符颜色，设置字符边框和底纹、上标和下标、带圈字符和添加删除线。设置段落包括设置段落对齐、段落缩进、行距、段落间距、段落边框和底纹。当然，添加项目符号和编号也是设置段落格式的内容，因为它是本实例的重点应用，所以较为详细地单列出来，其他比较简单，在此不一一叙述。

2. 项目符号

项目符号就是放在文本或列表前用来添加强调效果的符号。使用项目符号的列表可将一系列重要的条目或论点与文档中其余的文本区分开。

(1) 将光标定位在希望列表开始的位置。

(2) 在“开始”选项卡“段落”选项区中单击“项目符号”按钮 ☰ ▾ 右侧的下拉按钮，弹出“项目符号库”下拉菜单。

(3) 在此菜单中可以选择自己喜欢的项目符号，也可以继续单击“定义新的项目符号”按钮，自定义项目符号。

3. 编号

编号列表是在实际应用中最常见的一种列表，它和项目符号列表类似，只是编号列表用数字替换了项目符号。在文档中应用编号列表，可以增强文档的顺序感。

(1) 将光标定位在希望列表开始的位置。

(2) 在“开始”选项卡“段落”选项区中单击“编号”按钮右侧的下拉按钮，弹出“编号库”下拉菜单。

(3) 在此菜单中可以选择自己喜欢的编号，也可以继续单击“定义新编号格式”按钮，自定义编号。

4. 格式刷

格式刷可以复制文本或段落的格式，使用它可以快速地设置文字的格式。其使用方法如下：

(1) 设定好文本 1 的格式。

(2) 将光标放在文本 1 处。

(3) 单击格式刷按钮。

(4) 选定其他文字（文本 2），则文本 2 的格式与文本 1 一样。

若在第 (3) 步中单击改为双击，则格式刷可无限次使用，直到再次单击格式刷（或按 Esc 键）为止。

二、操作步骤

一般一篇文字在没有任何修饰的情况下只有这样几种默认格式：字体是“宋体”，字号是“五号”，行距是“单倍行距”，此时文字如图 3－20 所示。下面以公司考勤管理制度为例，以“编号”设置为重点，详细说明其操作步骤。

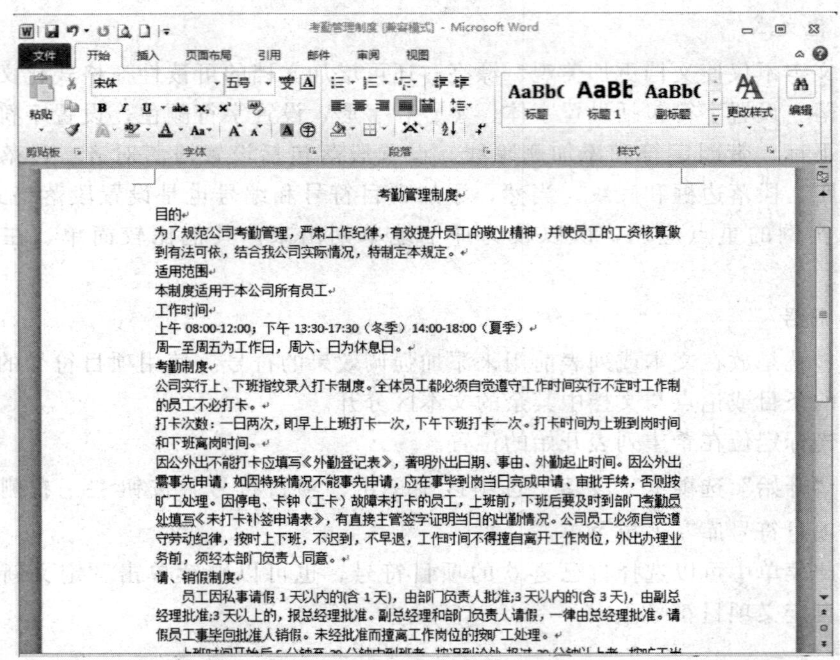

考勤管理制度

目的

为了规范公司考勤管理，严肃工作纪律，有效提升员工的敬业精神，并使员工的工资核算做到有法可依，结合我公司实际情况，特制定本规定。

适用范围

本制度适用于本公司所有员工

工作时间

上午 08:00-12:00；下午 13:30-17:30（冬季）14:00-18:00（夏季）

周一至周五为工作日，周六、日为休息日。

考勤制度

公司实行上、下班指纹录入打卡制度。全体员工都必须自觉遵守工作时间实行不定时工作制的员工不必打卡。

打卡次数：一日两次，即早上上班打卡一次，下午下班打卡一次。打卡时间为上班到岗时间和下班离岗时间。

因公外出不能打卡应填写《外勤登记表》，著明外出日期、事由、外勤起止时间。因公外出需事先申请，如因特殊情况不能事先申请，应在事毕到岗当日完成申请、审批手续，否则按旷工处理。因停电、卡钟（工卡）故障未打卡的员工，上班前，下班后要及时到部门考勤员处填写《未打卡补签申请表》，有直接主管签字证明当日的出勤情况。公司员工必须自觉遵守劳动纪律，按时上下班，不迟到，不早退，工作时间不得擅自离开工作岗位，外出办理业务前，须经本部门负责人同意。

请、销假制度

员工因私事请假 1 天以内的(含 1 天)，由部门负责人批准;3 天以内的(含 3 天)，由副总经理批准;3 天以上的，报总经理批准。副总经理和部门负责人请假，一律由总经理批准。请假员工事毕向批准人销假。未经批准而擅离工作岗位的按旷工处理。

图 3－20　默认时的文字格式

1. 设置标题

选中“考勤管理制度”，选择字体为“宋体”，字号为“三号”，居中对齐。

2. 设置编号

（1）设置第一层次编号。根据前面的设计思路，第一层次标题是用“一、二、三……”来表示。这里很多读者可能会立即想到通过输入法输入，在第一层次标题前分别加上“一、二、三、四”的编号，严格来讲，编号应该通过“格式”中的“项目符号和编号”来实现，而不是通过输入法。

选中第一层次标题，即图 3－20 中的“目的”这行，在“开始”选项卡“段落”选项区中单击“编号” 按钮右侧的下拉按钮，弹出“编号库”下拉菜单，可以看到这里有各种样式的编号，本例中选择“一、二、三”这个样式即可。

这样就把“目的”的编号设置好了，然后选择字体为“宋体”，字号为“四号”。点击“开始”菜单栏中的“格式刷”按钮，将其他几个第一层次标题也设置成同样的编号和文字格式。

（2）设置第二层次编号。根据前面的设计思路，用“第一条、第二条、第三条……”来表示第二层次。这一步就是要自动产生“第一条、第二条、第三条……”这样的序列，但是 Word 里并没有这样现成的样式，因此我们只能进行自定义。

选中“四、考勤制度”中的文字“公司实行上、下班指纹录…员工不必打卡。”在

“开始”选项卡“段落”选项区中单击“编号”按钮右侧的下拉按钮，弹出“编号库”下拉菜单，选择第六种编号样式，然后再单击“编号”按钮右侧的下拉按钮，弹出“编号库”下拉菜单，再单击“定义新编号格式”按钮，弹出“定义新编号格式”对话框，如图3－21所示。然后对所选用编号进行改造。把默认格式“(　)”两边的括号去掉，换成“第”和“条”，这样编号格式就变成了“第X条”，X是可以自动变化的。无须改变其他位置，直接单击“确定”按钮。同样用格式刷的技巧将格式应用到其他条款。

（3）设置第三层次编号。同样，根据前面的设计思路，用“(一)(二)(三)……”来表示第三层次。选择相应的编号样式，并对这些内容进行缩进，以体现出层次感。完成后使用格式刷将格式应用到其他条款，各条款下的编号是顺延的，从（一）到（N）。但是根据惯例每个条款下的编号应该是从（一）开始的，所以单击右键菜单选择“重新开始于一”按钮，如图3－22所示。

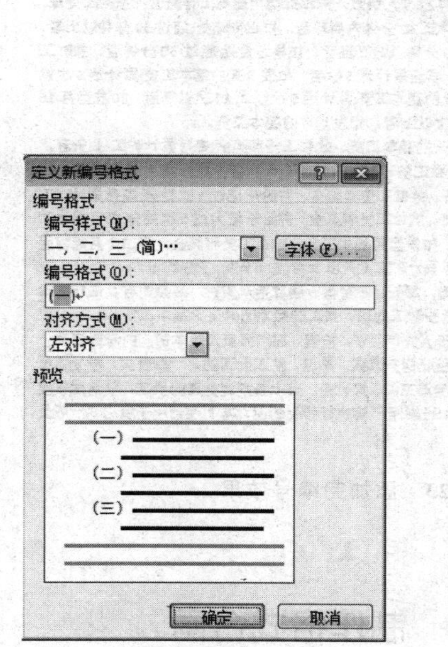

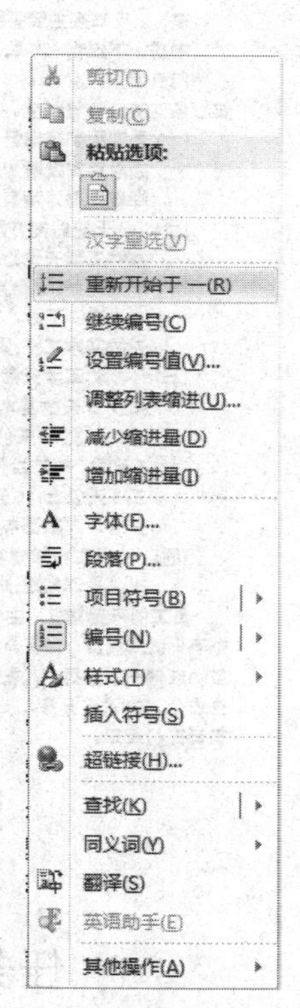

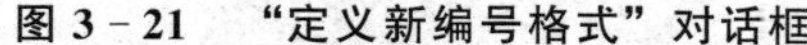

图3－21　“定义新编号格式”对话框　　　**图3－22　右键快捷菜单**

至此，整个文档项目编号的添加就基本结束了，效果如图3－23所示。

格式化文本是Word排版中频繁使用的操作。项目符号和编号是其中的难点，前文对编号进行了详细介绍，项目符号与之是相类似的，读者在使用中可以借鉴。在Word的使用实践中，理解概念是很重要的，否则应用时就会犯错误。掌握一些技巧也是必要的，否则就会忙中出错。想提高Word办事效率，符号和编号是必须熟练掌握的。

考勤管理制度

一、　目的

为了规范公司考勤管理，严肃工作纪律，有效提升员工的敬业精神，并使员工的工资核算做到有法可依，结合我公司实际情况，特制定本规定。

二、　适用范围

本制度适用于本公司所有员工

三、　工作时间

上午 08:00-12:00；下午 13:30-17:30（冬季）14:00-18:00（夏季）

周一至周五为工作日，周六、日为休息日。

四、　考勤制度

第一条　公司实行上、下班指纹录入打卡制度。全体员工都必须自觉遵守工作时间实行不定时工作制的员工不必打卡。打卡次数：一日两次，即早上上班打卡一次，下午下班打卡一次。打卡时间为上班到岗时间和下班离岗时间。因公外出不能打卡应填写《外勤登记表》，注明外出日期、事由、外勤起止时间。因公外出需事先申请，如因特殊情况不能事先申请，应在事毕到岗当日完成申请、审批手续，否则按旷工处理。因停电、卡钟（工卡）故障未打卡的员工，上班前，下班后要及时到部门考勤员处填写《未打卡补签申请表》，有直接主管签字证明当日的出勤情况。公司员工必须自觉遵守劳动纪律，按时上下班，不迟到，不早退，工作时间不得擅自离开工作岗位，外出办理业务前，须经本部门负责人同意。

第二条　请、销假制度

(一) 员工因私事请假 1 天以内的(含 1 天)，由部门负责人批准;3 天以内的(含 3 天)，由副总经理批准;3 天以上的，报总经理批准。副总经理和部门负责人请假，一律由总经理批准。请假员工事毕向批准人销假。未经批准而擅离工作岗位的按旷工处理。

(二)　上班时间开始后 5 分钟至 30 分钟内到班者，按迟到论处;超过 30 分钟以上者，按旷工半天论处。提前 30 分钟以内下班者，按早退论处;超过 30 分钟者，按旷工半天论处。1 个月内迟到、早退累计达 3 次者，扣发 5 天的基本工资;累计达 3 次以上 5 次以下者，扣发 10 天的基本工资;累计达 5 次以上 10 次以下者，扣发当月 15 天的基本工资;累计达 10 次以上者，扣发当月的基本工资。

(三)　旷工半天者，扣发当天的基本工资、效益工资和奖金;每月累计旷工 1 天者，扣发 5 天的基本工资、效益工资和奖金，并给予一次警告处分;每月累计旷工 2 天者，扣发 10 天的基本工资、效益工资和奖金，并给予记过 1 次处分;每月累计旷工 3 天者，扣发当月基本工资、效益工资和奖金，并给予记大过 1 次处分;每月累计旷工 3 天以上，6 天以下者，扣发当月基本工资、效益工资和奖金，第二个月起留用察看，发放基本工资;每月累计旷工 6 天以上者(含 6 天)，予以辞退。

(四)　员工按规定享受探亲假、婚假、产育假、结育手术假时，必须凭有关证明资料报总经理批准;未经批准者按旷工处理。员工病假期间只发给基本工资。

员工的考勤情况，由各部门负责人进行监督、检查，部门负责人对本部门的考勤要秉公办事，认真负责。如有弄虚作假、包庇袒护迟到、早退、旷工员工的，一经查实，按处罚员工的双倍予以处罚。凡是受到本制度第五条、第六条、第七条规定处理的员工，取消本年度先进个人的评比资格。公司员工上班期间严格执行考勤制度，本制度适用于我公司一般员工至部门经理。

图 3－23　添加完编号效果

任务三　制作格式合同

格式合同又称标准合同、定型化合同、制式合同，是指当事人一方预先拟定合同条款，对方只能表示全部同意或者不同意的合同。因此，对于格式合同的非拟定条款的一方当事人而言，要订立格式合同，就必须全部接受合同条件；否则就不订立合同。现实生活中的车票、船票、飞机票、保险单、提单及出版合同等都是制式合同、格式合同。

实例要求

某公司需要一份采购的格式合同，请利用 Word 完成合同的制作。

实例实施

关于格式合同的条款等内容不是讨论的重点。我们这里主要讨论的是格式合同在使用Word编辑过程中，有些内容是能够填写或者选择改动的，有些内容是固定不变的，尤其是一些格式是不能够变化的，这样就能有效地保证无论是谁签订合同都能保证格式的一致性。

一、技术要点

1. 格式化文本

格式化文本一般是编辑文档所必不可少的内容，在此不是主要内容，不再赘述。

2. 窗体控件

窗体是一种结构化的文档，其中留有可以输入信息的空间。窗体可用于设计和填写履历表、合同、发票、课表及订单等。在Word中可以创建以下3种类型的窗体：①在纸上打印并书面填写的窗体，需要预留出来供用户填写的空白区域，或列出各选项的复选框让用户选择；②在Word中查看和填写的窗体，它通过网络和电子邮件等方式来发布和收集，可以在窗体中加入文字域、复选框及下拉列表等各种窗体域；③联机窗体，它通过Web来发布和收集。

Word 2010的窗体控件如图3-24所示，旧式窗体控件如图3-25所示。

图3-24 Word 2010的窗体控件

图3-25 旧式窗体控件

(1) Word 2010中，除旧式工具外，还有8个控件类型。

①格式文本内容控件：提供一个区域，用户可以在其中键入格式文本。

②纯文本内容控件：提供一个纯文本区域，不包含格式。

③图片内容控件：用户可以在此控件中插入或粘贴图片。

④构建基块库内容控件：提供可选择的文档构建基块。

⑤组合框内容控件：组合了文本型和下拉列表型控件功能，可单击向下箭头显示项目列表，也可以填写列表以外的项目。

⑥下拉列表内容控件：提供一个预设选项列表，用户可以从列表框中选择。

⑦日期选择器内容控件：提供一个下拉菜单，可以使用日历选取日期。

⑧复选框内容控件：创建可单击的复选框，允许用户在一组选项中选择或取消选择一个或多个值。

(2) 旧式窗体工具主要包括Word 2003及更低版本的窗体类型，具体分为18个类型。

①文本域：插入文本窗体域。

②复选框：创建可单击的复选框，允许用户在一组选项中选择或取消选择一个或多个值。

③组合框：提供一个预设选项列表，用户可以从列表框中选择。

④横排图文框：插入旧式的 Word 图文框，作为操作窗体域的容器。

⑤域底纹：切换窗体域的底纹，快速识别窗体域在文档中的位置。

⑥重设窗体域：将窗体文档中的所有窗体域还原为它们的默认条目设置。

⑦ActiveX 控件：由软件提供商开发的可重用的软件组件。

⑧复选框：创建可单击的复选框，允许用户在一组选项中选择或取消选择一个或多个值。

⑨文本框：文本框是一个矩形框，在其中可以查看、输入或编辑文本。

⑩标签：提供说明性文本。

⑪选项按钮：提供选项按钮，允许从一组有限的互斥选项中选择一个选项。

⑫图像：通过使用图像控件嵌入图片。

⑬数值调节钮：提供一对箭头键，用户可以单击它们来调整数值。

⑭组合框：将文本框和列表框的功能融合在一起的一种控件，可单击向下箭头显示项目列表，也可以选择允许用户填写列表以外的项目。

⑮命令按钮：插入按钮，用户单击时执行某个操作。

⑯列表框：可以从列表中选择一个或多个文本项。

⑰滚动条：插入滚动条，当单击滚动箭头或拖曳滚动块时，可滚动浏览一系列值。

⑱切换按钮：指示一种状态（如是/否）或者一个模式（如打开/关闭）。单击时，该按钮在启用和禁用状态之间交替。

二、操作步骤

在进行操作之前，先把格式合同中不能修改或更改的内容完成，再按照要求进行格式化。下面以制作某公司采购格式合同的封面为例，介绍如何创建 Word 中查看和填写的窗体。

1. 添加“开发工具”选项卡

在初始状态下，菜单栏中是没有“开发工具”这个选项的。因为它是实现后期添加窗体控件的必要条件，所以就要为 Word 添加“开发工具”选项卡。首先，单击“文件”菜单，其次选择“选项”（也可在菜单栏空白处单击右键，点击“自定义功能区”），打开如图 3 - 26 所示的对话框，在自定义功能区左侧的“主选项卡”栏目中勾选“开发工具”，再次单击“确定”按钮。此时菜单栏显示“开发工具”选项卡，就可使用“窗体域”了，如图 3 - 27 所示。

2. 添加控件

最常见的是文本内容的输入，它对应于控件窗口中的前两个，分别叫做“格式文本”和“纯文本”。回到合同封面界面，在“采购合同”的后面应该有一个合同编号，它显然是一个文本输入。由于在合同封面，所以还要有一定的格式要求，这就要插入一个“格式文本”控件，这也是它与“纯文本”控件的区别。具体操作为：打开“开发工具”选项卡，点击“格式文本内容控件”，即可插入“咯式文本”控件。插入格式文本后，单击“属性”按钮，打开“内容控件属性”对话框，具体设置如图 3－28 所示。完成后，单击“新建样式”按钮，打开“根据格式设置创建新样式”对话框，具体设置如图 3－29 所示。

运用同样的方法，完成下方甲乙双方后文本控件的添加。在“签订日期”后需要插入一个日期选择器，它的属性这里不再详述，主要是格式问题，这很好地解决了不统一的问题。与上面两项内容操作有些不同的是对于“下拉菜单”的设置。

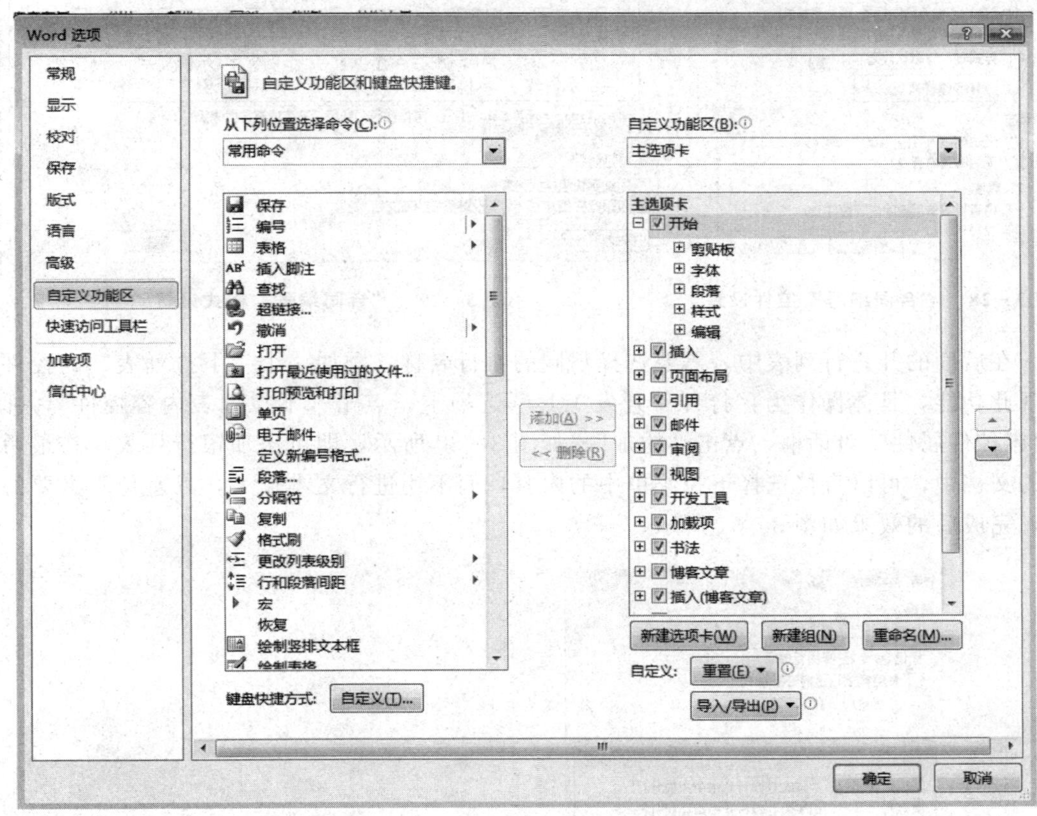

图 3－26 “Word 选项”对话框

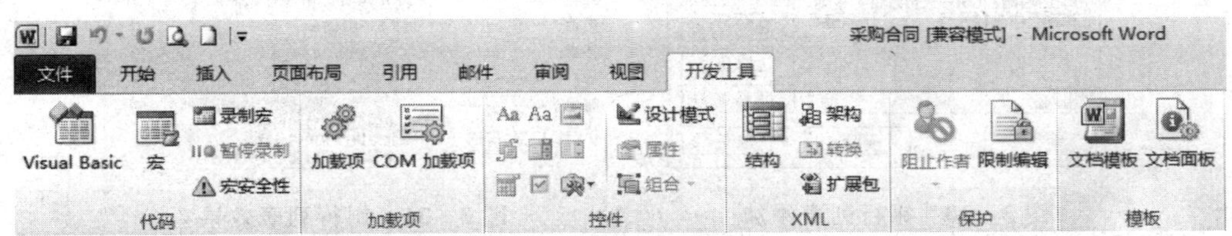

图 3－27 添加后显示的“开发工具”选项卡

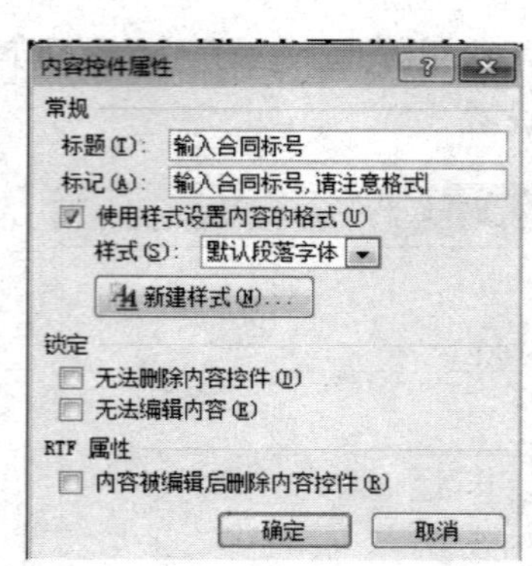

图 3-28 “合同编号”控件设置

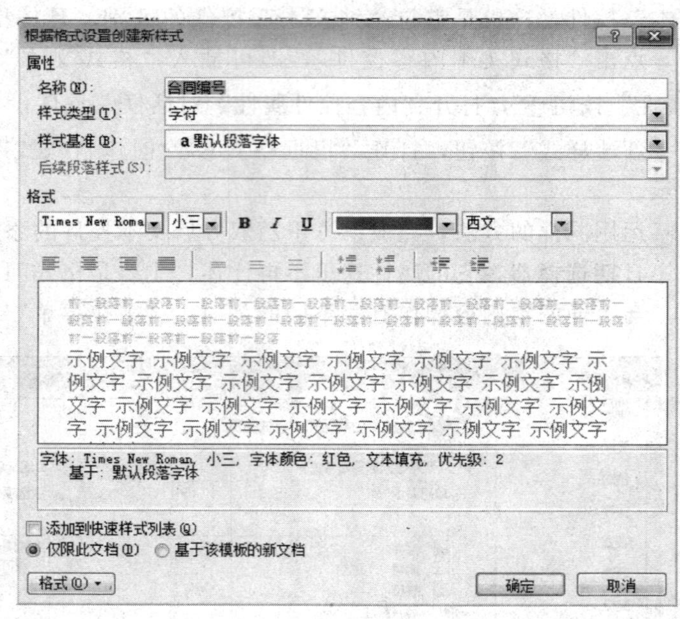

图 3-29 “合同编号”样式设置

在后面的开户行列表中，需要选择不同的银行名称，添加一个“下拉列表”的控件来实现此功能，具体操作为：打开“开发工具”选项卡，点击“下拉列表内容控件”，弹出“内容控件属性”对话框，点击“添加”，如图 3-30 所示，即可添加银行列表。在最后生成的文档中，可以直接选择下拉菜单中的内容，而不用进行文本输入，以避免不必要的错误，完成后的效果如图 3-31 所示。

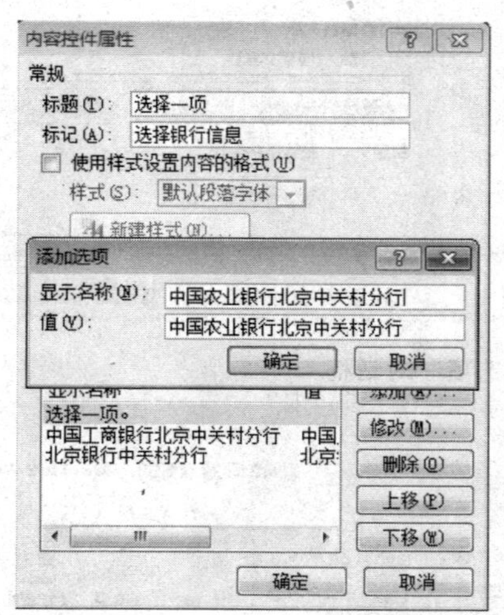

图 3-30 银行列表添加

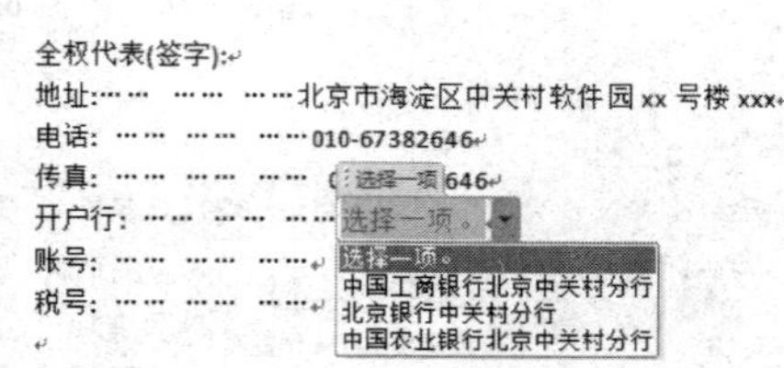

图 3-31 银行列表效果

3. 文档保护和分发

所有的区域设置完成后，文档的基本操作完成，但这还不是最终版。送到客户手中的文本应该是部分锁定的，只能在窗体中添加内容。如何避免非正常的内容变更，这就需要对文档进行保护。在“开发工具”选项卡的“保护”组中单击“限制编辑”按钮，在弹出的“限制格式和编辑”窗格中进行设置，如图 3－32 所示，这样就完成了文档的加密，防止恶意篡改。至此，就完成了所有合同书内容的制作。

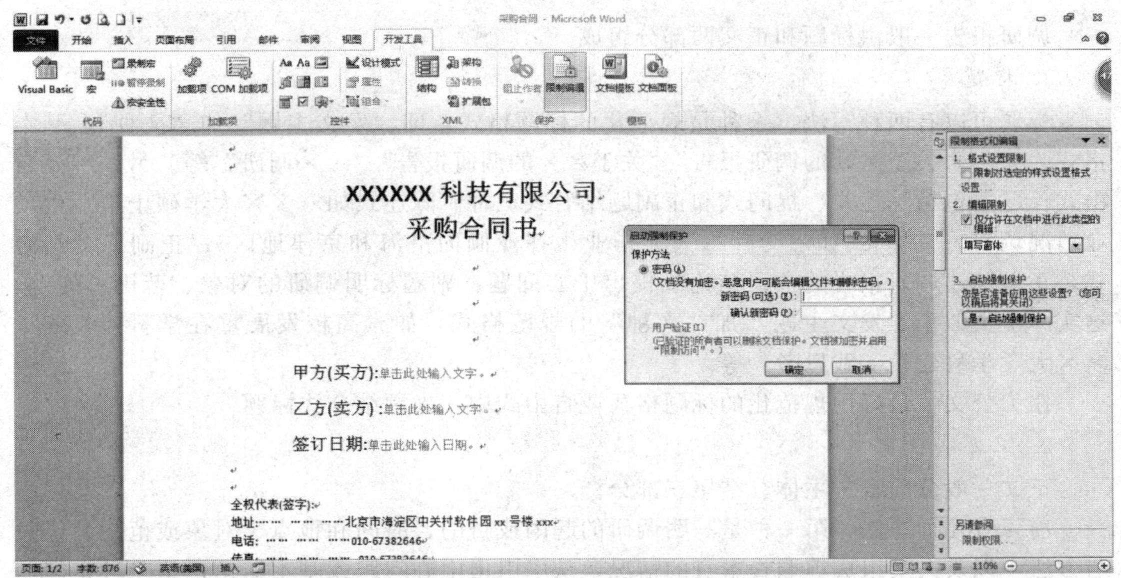

图 3－32　文档“限制格式和编辑”界面

本例主要介绍了控件的使用方法，它不仅可以实现文本内容和日期的输入格式的规范化，还可以通过下拉菜单来避免不必要的失误，而且通过“保护文档”可以有效地实现文件的安全。

任务四　制作调研报告

调研报告是对某一情况、某一事件、某一经验或问题，经过在实践中对其客观实际情况的调查了解，揭示出本质，寻找出规律，总结出经验，最后以书面形式陈述出来。调研报告的写作者必须自觉以研究为目的，根据社会或工作的需要，制定出切实可行的调研计划，即将被动的适应变为有计划的、积极主动的写作实践，从明确的追求出发，经常深入到社会第一线，不断了解新情况、新问题，有意识地探索和研究，写出有价值的调研报告。

实例要求

运用 Word 2010 写一份 2017 关于新农村建设情况的调研报告，要求能够有效地为文档中不同级别的标题设置不同的格式，并生成目录以便浏览。

实例实施

一、调研报告文档的一般格式

调研报告一般由标题和正文两部分组成。

1. 标题

标题可以有两种写法。一种是规范化的标题格式，即“发文主题”加“文种”，基本格式为“××关于××的调研报告”“关于××的调研报告”“××调研”等。另一种是自由式标题，包括陈述式、提问式和正副题结合式三种。陈述式如《××大学硕士毕业生就业情况调研》；提问式如《为什么大学毕业生择业倾向沿海和京津地区》；正副标题结合式，正题陈述调研报告的主要结论或提出中心问题，副题标明调研的对象、范围、问题，这实际上类似于“发文主题”加“文种”的规范格式，如《高校发展重在学科建设——××大学学科建设实践思考》等。

作为公文，最好用规范化的标题格式或自由式中正副题结合式标题。

2. 正文

正文一般分前言、主体、结尾三部分。

前言有几种写法，第一种是写明调研的起因或目的、时间和地点、对象或范围、经过与方法，以及人员组成等调查本身的情况，从中引出中心问题或基本结论；第二种是写明调研对象的历史背景、大致发展经过、现实状况、主要成绩、突出问题等基本情况，进而提出中心问题或主要观点；第三种是开门见山，直接概括出调研的结果，如肯定做法、指出问题、提示影响、说明中心内容等。前言起到画龙点睛的作用，要精炼概括，直切主题。

主体是调研报告最主要的部分，这部分详述调查研究的基本情况、做法、经验，以及分析调查研究所得材料中得出的各种具体认识、观点和基本结论。

结尾的写法也比较多，可以提出解决问题的方法、对策或下一步改进工作的建议；或总结全文的主要观点，进一步深化主题；或提出问题，引发人们的进一步思考；或展望前景，发出鼓励和号召。

二、制作调研报告

1. 调研报告的创建与编辑

新建文档，按照调研报告的格式，输入报告文本。选中标题行，设置字体格式为“黑体”“二号”，设置段落格式为“居中对齐，段前段后1行，2倍行距”；其他正文文本设置字体格式为“宋体”“小四”“常规”，段落格式设置为“两端对齐，首行缩进2字符，段前段后间距0.5行”。

按F12键另存文档为“2017关于新农村建设情况的调研报告.docx”。

2. 套用内建样式格式化正文

样式通常有字符样式、段落样式、表格样式和列表样式等类型。Word 2010允许用户自定义上述类型的样式。同时还提供了多种内建样式，如标题、标题 1、副标题、正文等样式。如图 3－33 所示。

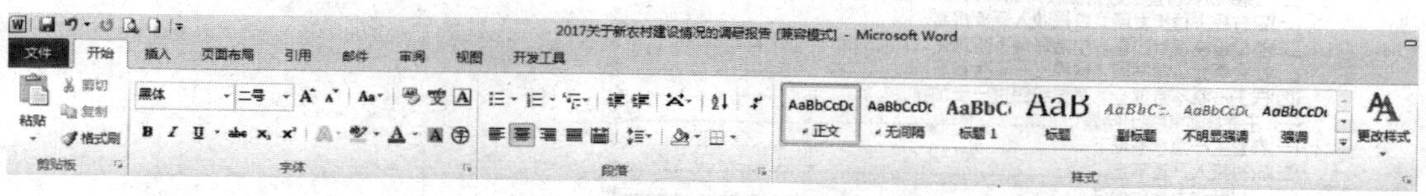

图 3－33　“样式和格式”任务窗格

具体方法如下：

（1）按住 Ctrl 键，依次选中文中的一级标题（即以一、二……编号的段落），在“样式和格式”任务窗格中单击“标题 1”选项（也可使用格式刷完成此操作）。这样所有选中的内容应用了内建样式“标题”。

（2）按照上述方法，将文中所有的二级标题（即以（一）、（二）……编号的段落）应用内建样式“标题 1”。

按 Ctrl＋S 组合键保存文档。

3. 生成目录页和封面页

编辑长文档，需要给文档添加封面和目录页。这就需要在当前正文的前面增加两个页面。我们可以使用“分页符”功能实现。具体方法如下：

（1）将插入点定位在报告标题左侧开始处，在“插入”选项卡的“页”菜单栏中选择“分页”命令，便在正文前面插入了一个新的页面（作为目录页）。

（2）将插入点定位在新增页面的开始处（该行的段落格式与报告标题相同——居中对齐、黑体、二号），输入“目录”二字；将插入点定位在“目录”左侧开始处，使用（1）的方法再次插入一个新页（作为封面）。

（3）将插入点定位于“目录”的后面，按下 Enter 键，另起一行。在“引用”选项卡下选择“目录”选项卡，点击其中一种自动目录，即会在插入点处生成调研报告的目录，如图 3－34 所示，该目录包含有所选级别文本的目录标题并产生相应的页码。

（4）按 Ctrl＋S 组合键保存文档。

小提示：随着编辑的深入，有时我们可能会对文章添加或删除一些段落，这样就可能导致目录的页码与实际位置不符，可以右击目录，在弹出的快捷菜单中选择“更新域”命令，弹出如图 3－35 所示对话框，选择“更新整个目录”后单击“确定”按钮，即可完成快速更新目录的目的。

4. 添加页码

长文档要设置页码，便于阅读和浏览。对有封面和目录页的调研报告来说，应该单独为目录和正文（第 3 页开始）分别设置页码（封面页不显示页码）。具体操作步骤如下：

（1）依次选择“插入”→“页眉和页脚”→“页码”命令，弹出如图 3－36 所示的对话框，选择对齐方式为页脚“外侧”（便于双面打印），选择章节显示首页页码，重新开始编号起始值“1”。

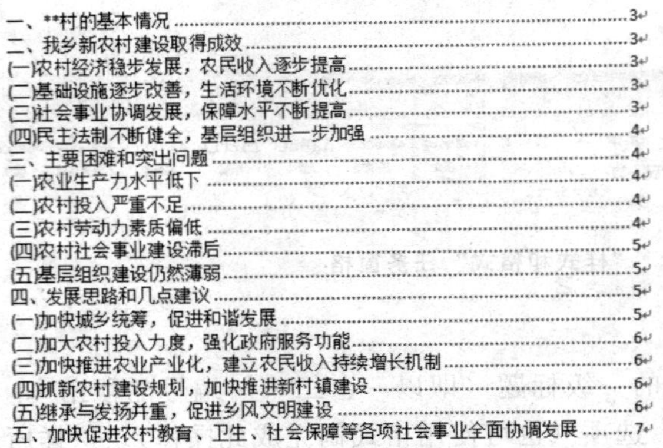
目录

一、**村的基本情况……3
二、我乡新农村建设取得成效……3
(一)农村经济稳步发展，农民收入逐步提高……3
(二)基础设施逐步改善，生活环境不断优化……3
(三)社会事业协调发展，保障水平不断提高……3
(四)民主法制不断健全，基层组织进一步加强……4
三、主要困难和突出问题……4
(一)农业生产力水平低下……4
(二)农村投入严重不足……4
(三)农村劳动力素质偏低……4
(四)农村社会事业建设滞后……5
(五)基层组织建设仍然薄弱……5
四、发展思路和几点建议……5
(一)加快城乡统筹，促进和谐发展……5
(二)加大农村投入力度，强化政府服务功能……6
(三)加快推进农业产业化，建立农民收入持续增长机制……6
(四)抓新农村建设规划，加快推进新村镇建设……6
(五)继承与发扬并重，促进乡风文明建设……6
五、加快促进农村教育、卫生、社会保障等各项社会事业全面协调发展……7

图 3－34　生成目录页

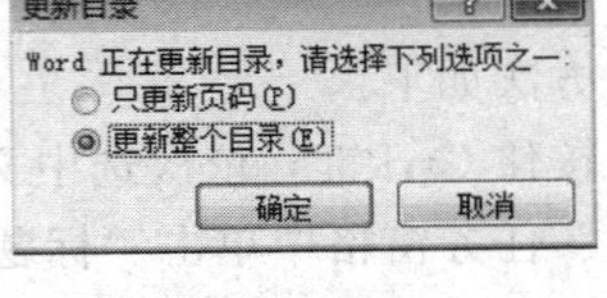

图 3－35　更新目录

（2）此时，封面页和目录页也有页码编号（分别为“1”“2”），将插入点定位在封面页，点击“页面布局”，打开“页边距”命令下的“自定义边距”，弹出“页面设置”对话框，如图 3－37 所示。在“版式”选项卡中选中“首页不同”复选框，应用于“本节”，单击“确定”按钮退出设置，封面页不再显示页码。

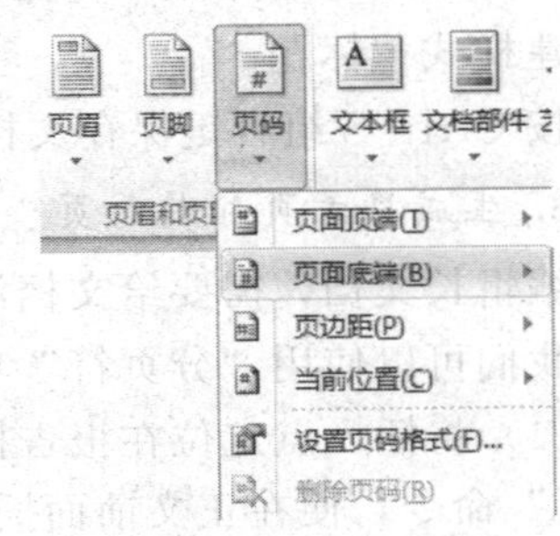

图 3－36　插入“页码”选项卡

（3）由于目录页有时候超过一页，所以要单独为目录页编号。将插入点定位在目录页的第 1 页，选择“章节”“首页显示页码”复选框，设置“起始值：1”，目录页第 1 页页码变为“1”。此时更新目录页码就会有变化，效果如图 3－38 所示。

（5）按 Ctrl＋S 组合键保存文档。

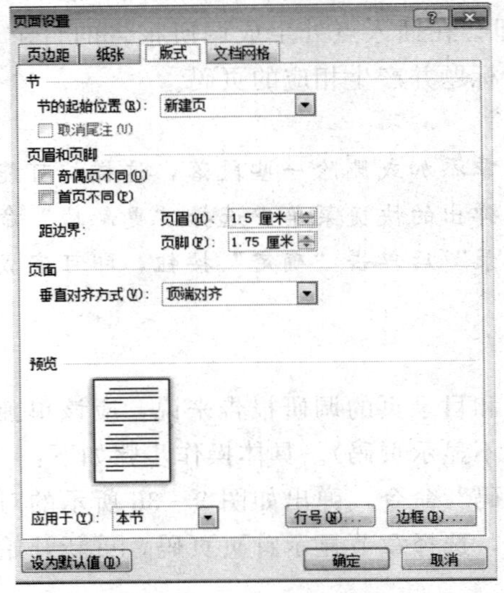

图 3－37　“页面设置”对话框

目录

一、**村的基本情况……1
二、我乡新农村建设取得成效……1
(一)农村经济稳步发展，农民收入逐步提高……1
(二)基础设施逐步改善，生活环境不断优化……1
(三)社会事业协调发展，保障水平不断提高……1
(四)民主法制不断健全，基层组织进一步加强……2
三、主要困难和突出问题……2
(一)农业生产力水平低下……2
(二)农村投入严重不足……2
(三)农村劳动力素质偏低……2
(四)农村社会事业建设滞后……3
(五)基层组织建设仍然薄弱……3
四、发展思路和几点建议……3
(一)加快城乡统筹，促进和谐发展……3
(二)加大农村投入力度，强化政府服务功能……4
(三)加快推进农业产业化，建立农民收入持续增长机制……4
(四)抓新农村建设规划，加快推进新村镇建设……4
(五)继承与发扬并重，促进乡风文明建设……4
五、加快促进农村教育、卫生、社会保障等各项社会事业全面协调发展……5

图 3－38　更新后的目录

5. 新建样式应用于封面页

调研报告的封面一般要注明调研报告名称、作者单位、作者姓名、联系方式等等，为了使封面页的字体格式设置得美观大方，同时为了将来再次撰写类似文稿时省时省力，我们可以使用“样式和格式”功能为Word新建样式，并且保存为模板便于使用。操作步骤如下：

（1）在封面页输入相关文本。依次选择“开始”→“样式”→“将所选内容保存为新快速样式”命令，弹出如图3-39所示的“根据格式设置创建新样式”对话框。

（2）输入样式名称“调研报告封面标题”，选择“样式类型”为“段落”；“样式基准”和“后续段落样式”均设置为“正文”。

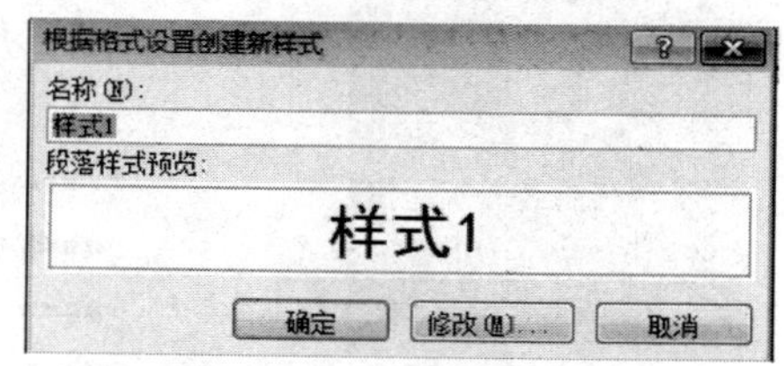

图3-39 新建“调研报告封面标题”样式

（3）单击“格式”按钮，选择下拉列表中的“字体”命令，在弹出的“字体”对话框中设置字体格式为“黑体，一号，字符间距加宽5磅”；选择“格式”下拉列表中的“段落”选项，在弹出的“段落”对话框中设置段落格式为“居中对齐，段前间距8行，段后间距14行”。

（4）在文档中，将插入点定位在封面标题段落中，单击“样式”窗格中的“调研报告封面标题”样式，即可看到标题格式的变化，效果如图3-40所示。

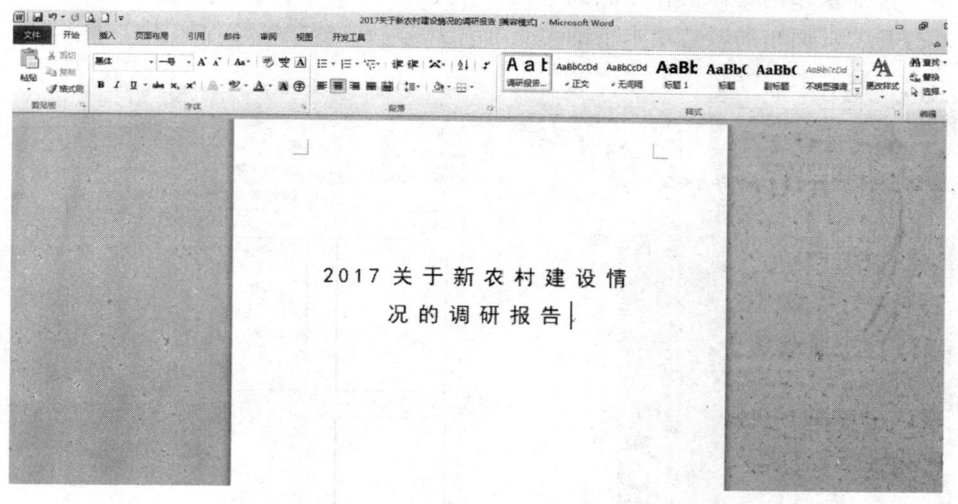

图3-40 格式化封面页标题（使用新建样式）

（5）按照上述步骤新建样式“调研报告封面信息”，新建样式类型为“段落”，“样式基准”和“后续段落样式”均设置为“正文”；设置字体格式为“楷体_GB2312，四号，加粗”；段落格式为“两端对齐，段前段后间距皆为1行，左缩进8字符”。将该样式应用到封面页的“作者单位”等段落文本，效果如图3-41所示。

（6）按F12键另存为“调研报告.docx”模板。

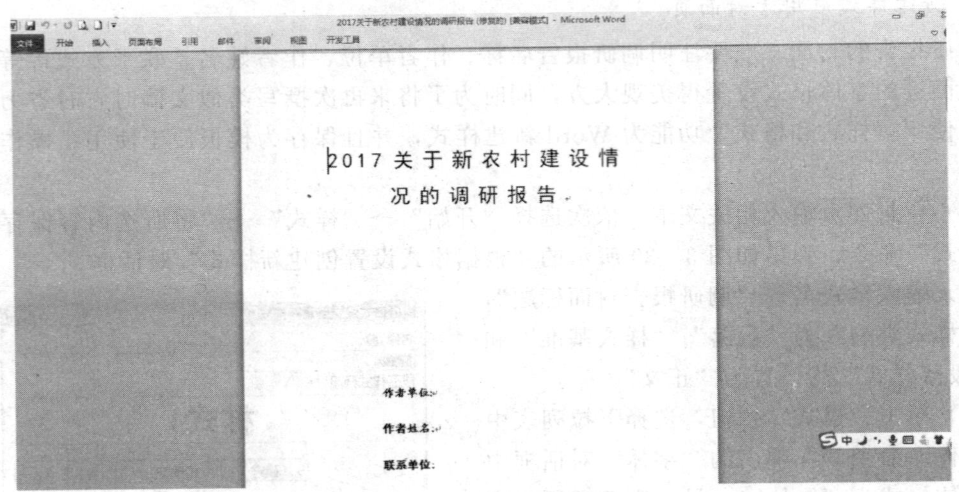

图 3-41 格式化封面页信息效果

三、为文档添加文字水印

在实际工作中，有时需要在某些文件上显示“公司绝密”“内部资料”“请勿带出”等水印文字。添加水印的具体操作步骤如下：

(1) 打开“页面布局”选项卡下的“页面背景”，单击“水印”，如图 3-42 所示。

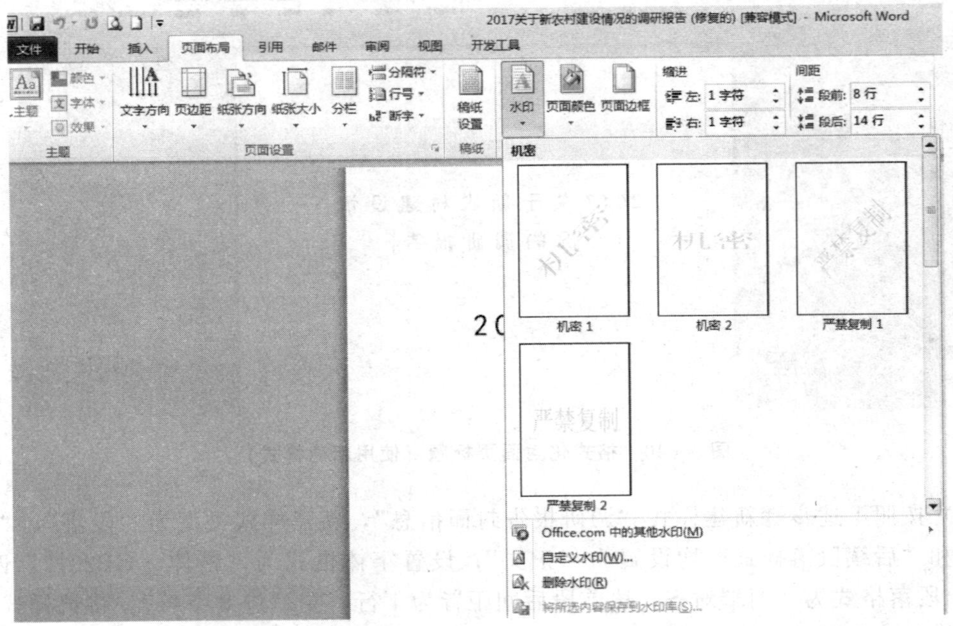

图 3-42 “水印”任务窗口

（2）选择“自定义水印”，打开如图 3－43 所示的“对话框”。选中“文字水印”单选按钮，在“文字”下拉列表框中选择“部门绝密”，版式选择“倾斜”，颜色选择“红色”，勾选“半透明”选项，其他取默认值，单击“确定”按钮，效果如图 3－44 所示。

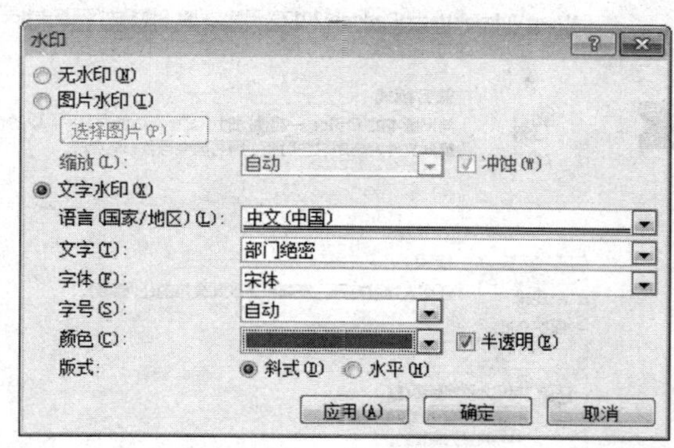

图 3－43　“水印”对话框

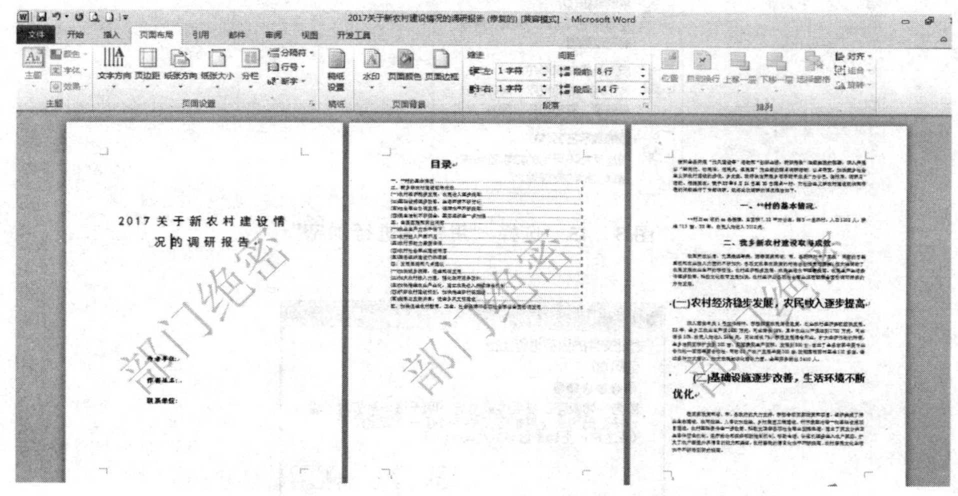

图 3－44　添加了文字水印后的显示效果

四、设置权限操作密码

对于重要的公司文件，应当为文档设置权限密码。操作步骤如下：

（1）打开需加密的文档后，依次单击“文件”→“信息”→“保护文档”→“用密码进行加密”，如图 3－45 所示。

（2）在弹出的如图 3－46 所示的对话框中的密码框中输入密码，单击“确定”按钮，再次输入密码，点击“确认”即可完成权限密码的设置。

（3）按 Ctrl＋S 组合键保存文档。

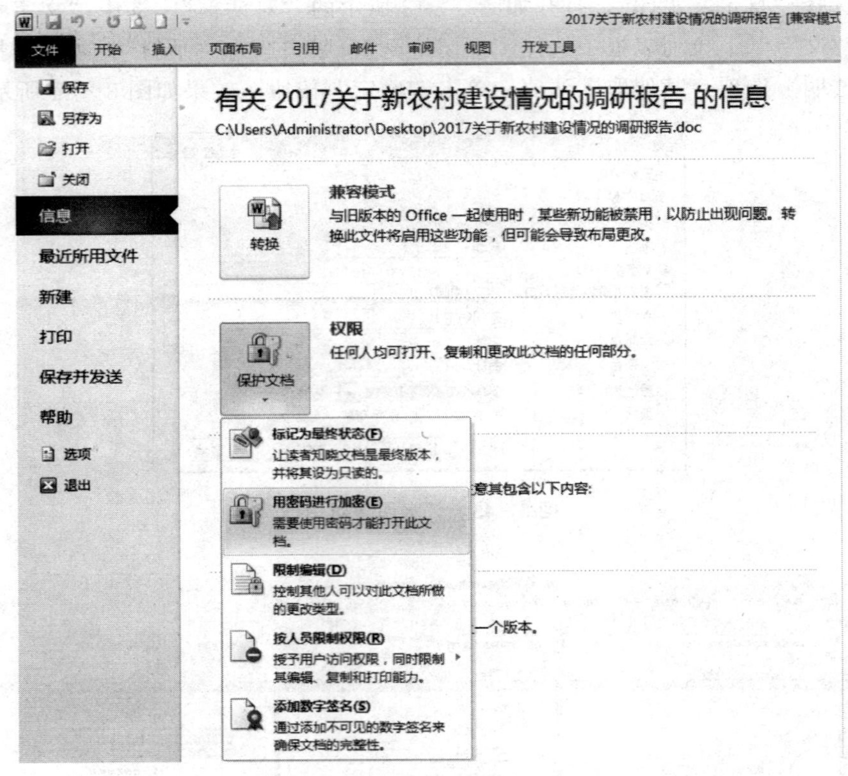

图 3－45　选择“用密码进行加密”

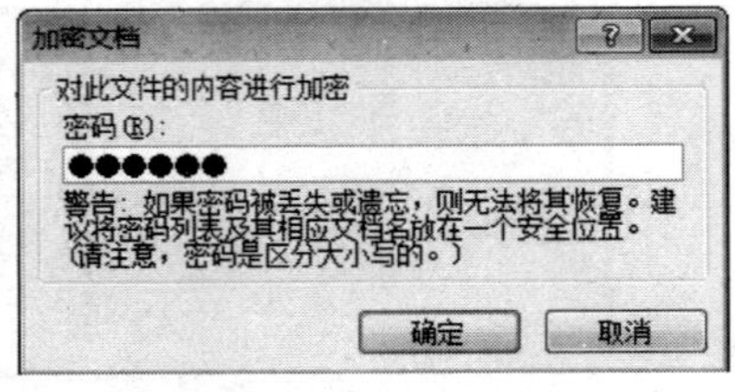

图 3－46　“加密文档对话框”

任务五　制作促销海报

海报属于宣传类的文书，主要是面向消费群体或组织单位的一种周期性问题，其使用范围可以是本单位内部，也可以面向外部对象。海报具有广告宣传性、商业性的特点，属于广告的一种，它是为了向社会大众宣传某项活动或某个产品而设计。海报没有固定的格式，可以根据内容的不同来进行设计。

海报按用途，可以分为广告宣传海报、现代社会海报、企业海报和文化宣传海报 4

种。无论哪种海报都包含标题和内容两方面。海报标题的写法没有具体的格式，大都是直接将活动内容设为标题，如“×××演唱会”，也可将描述性的文字作为标题。海报的内容需要表达出活动的目的、意义、项目、时间和地点等，如果是较正式的晚会之类的海报，在正文的右下方可以写上“欢迎参加”等作为结束语，或写上主办单位的名称和发布日期。

实例要求

为迎五一，某商场准备对“豪美”系列的饰品、化妆品、皮鞋等进行促销，为吸引更多的顾客，商场准备印发促销海报进行宣传，请利用 Word 2010 为该商场制作一张促销海报。

实例实施

一、创建与编辑矩形、圆角矩形和圆形

1. 绘制矩形

新建一个 Word 文档，然后对文档进行页面设置，设置方法如下：选择“页面布局”→“页面设置”命令，打开“页面设置”对话框，如图 3-47 所示。在该对话框中按照图 3-48 和图 3-49 设置好“页边距”和“纸张”等选项。单击“确定”按钮，完成页面设置。

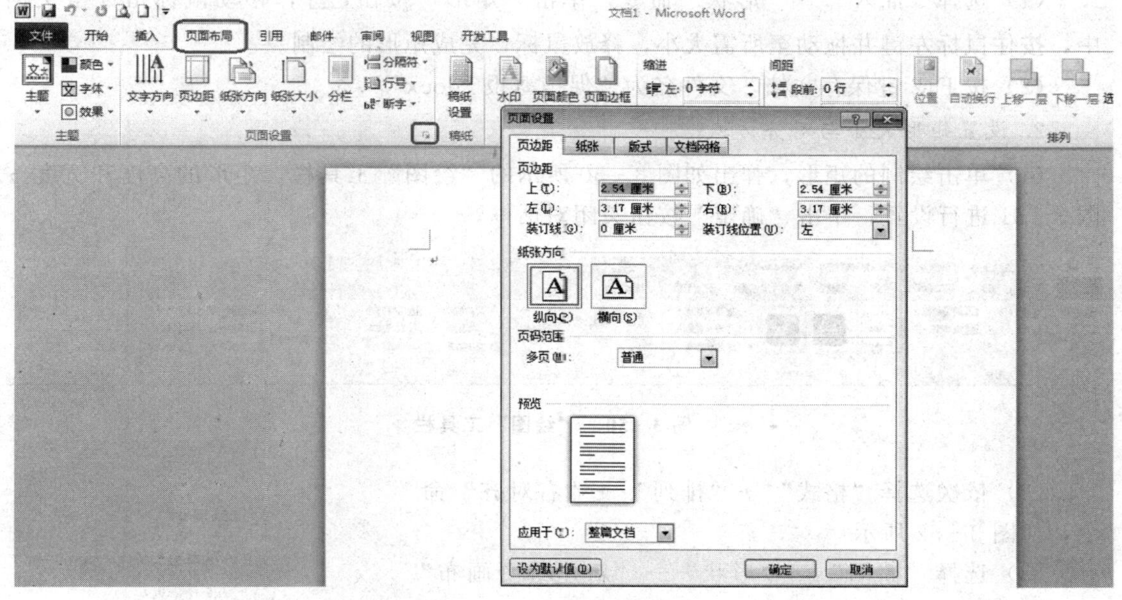

图 3-47 打开“页面设置”对话框

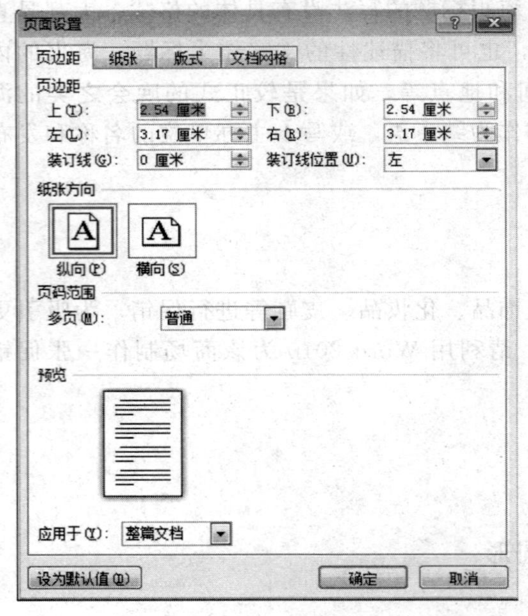

图 3－48　设置“页边距”

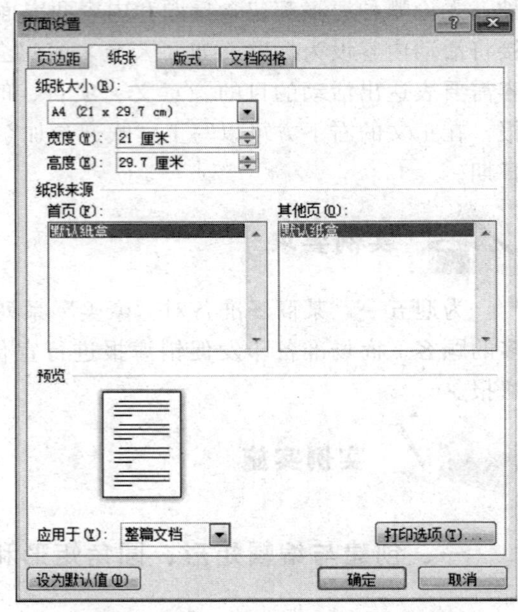

图 3－49　设置“纸张”大小

本例中的促销海报需要设计一个有颜色渐变效果的界面，其他的内容都是在这个界面的基础上添加的，这个界面需要由两个对称的矩形组合实现。首先我们来绘制矩形，具体操作如下：

（1）选择“插入”→“形状”命令，单击“矩形”按钮□，移动鼠标指针至文档中，按住鼠标左键并拖动至所需大小，释放鼠标，完成矩形的绘制。

（2）按 F12 键保存文档，文件名为“促销海报.docx”。

2. 设置矩形大小与对齐方式

（1）单击绘制的矩形，弹出如图 3－50 所示的“绘图”工具栏。矩形的高度和宽度按图 3－51 进行设置，单击“确定”按钮关闭对话框。

图 3－50　“绘图”工具栏

（2）依次选择“格式”→“排列”→“右对齐”命令，如图 3－52 所示。

（3）选择“插图”→“形状”→“新建绘图画布”→“对齐”→“顶端对齐”命令。

（4）按 Ctrl＋S 组合键保存文档。

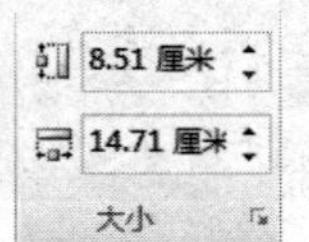

图 3－51　设置矩形大小

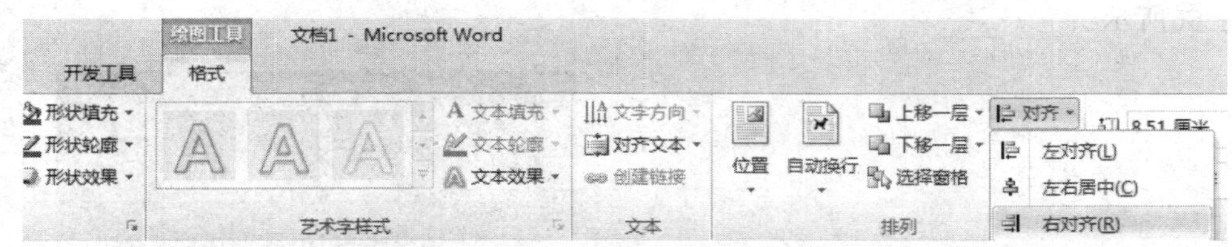

图 3-52　"右对齐"命令

3. 设置矩形的双色渐变填充色

默认绘制的图形填充色为白色，若觉得白色太过单调，还可以根据需要为图形设置"其他颜色""填充效果"，也可以设置成"无填充颜色"等。

(1) 如图 3-53 所示，单击按钮，弹出"设置形状格式"对话框。

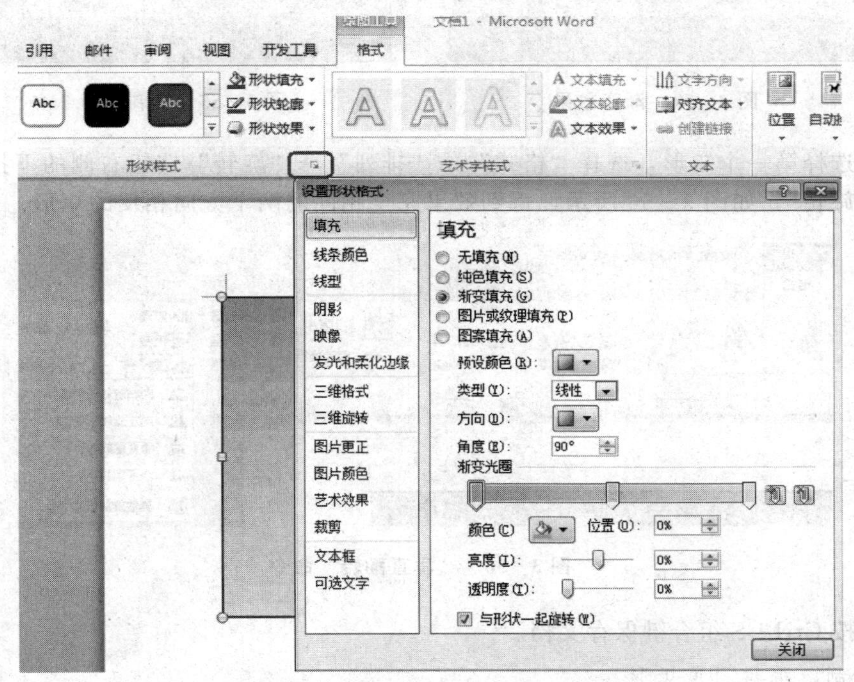

图 3-53　"设置形状格式"对话框

(2) 单击"填充"→"渐变填充"，可以根据需要设置"类型""方向""角度""颜色""亮度"等。效果如图 3-54 所示。

(3) 按 Ctrl+S 组合键保存文档。

4. 设置矩形对齐与翻转

海报版面的上下需要两个格式完全相同的矩形反向结合，需要再得到一个相同效果的矩形，重新绘制太麻烦，可以将矩形复制一份，然后再将两者进行对齐与翻转。具体操作步骤如下：

(1) 选中绘制好的矩形，按住 Ctrl 键向下拖动，复制出另一个矩形，所得效果如

图 3－55所示。

图 3－54　渐变效果　　　　图 3－55　复制矩形

（2）选择第一个矩形，选择“格式”→“排列”→“旋转”按钮右侧的下拉菜单，选择“垂直旋转”，如图 3－56 所示，得到效果完全相同的两个方向相反的矩形。

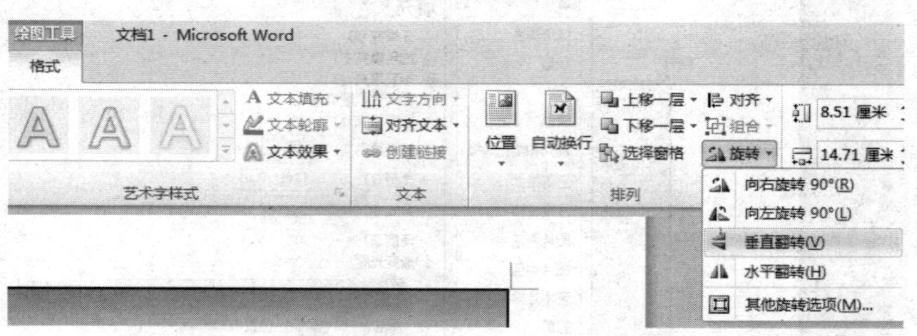

图 3－56　“垂直翻转”命令

（3）按 Ctrl＋S 组合键保存文档。

5. 绘制、编辑圆角矩形

绘制圆角矩形的方法与绘制矩形的方法相似，操作步骤如下：

（1）选择“插入”工具栏中“形状”→“基本形状”→“圆角矩形”命令，将指针移至文档中绘制出圆角矩形。

（2）将指针移至左上角的黄色菱形控制点，指针变为“”时，向右拖动鼠标至所需位置，可以调整圆角的边角半径，释放鼠标得到如图 3－57 所示的效果。

（3）利用前面学过的方法，将圆角矩形边框颜色和填充色均设置为“蓝色”。

（4）绘制一大一小两个圆角矩形，设置边框颜色为“海绿色”，无填充色。

（5）按 Ctrl＋S 组合键保存文档。

6. 向图形中添加文本

在自选图形上添加文字，可以使海报内容更具有说明效果。操作步骤如下：

（1）右击文档左上角的圆角矩形，从弹出的快捷菜单中选中“添加文字”命令。插入点显示在图形中，直接输入文字“豪美”。

（2）选中输入的文字，设置文本格式为“黑体、加粗、四号、白色、居中”，行距为“固定值、16 磅”，得到如图 3－58 所示效果。

（3）以同样的方式向其他两个圆角矩形中添加文本，并设置字体、段落格式，如图 3－59所示。

（4）按 Ctrl＋S 组合键保存文档。

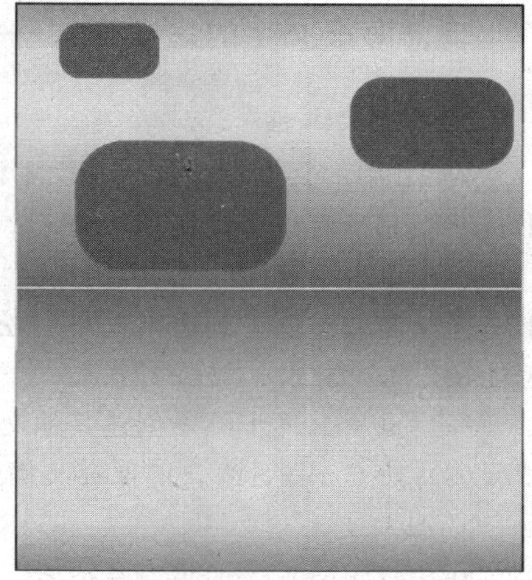

图 3－57 绘制圆角矩形

7. 创建与编辑圆形

（1）依次选择“插入”→“插图”→“形状”，单击“椭圆形”按钮，再按住 Shift 键，在文档中拖曳鼠标至所需大小，释放鼠标即可完成圆形绘制。

图 3－58 设置文本格式效果一

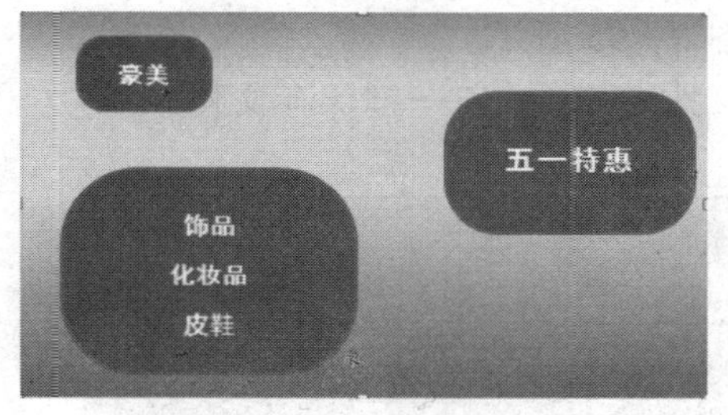

图 3－59 设置文本格式效果二

（2）双击圆形弹出“设置自选图形格式”对话框，设置圆形大小为“高度 5.0 厘米、宽度 5.0 厘米”。

（3）右键单击圆形，在弹出的窗口中选择“设置形状格式”，弹出“设置形状格式”对话框。选择“渐变填充”，颜色选择从“橙色→白色”。

（4）拖动圆形至所需位置，选择圆形，依次选择“格式”→“排列”→“下移一层”，效果如图 3－60 所示。

（5）按 Ctrl＋S 组合键保存文档。

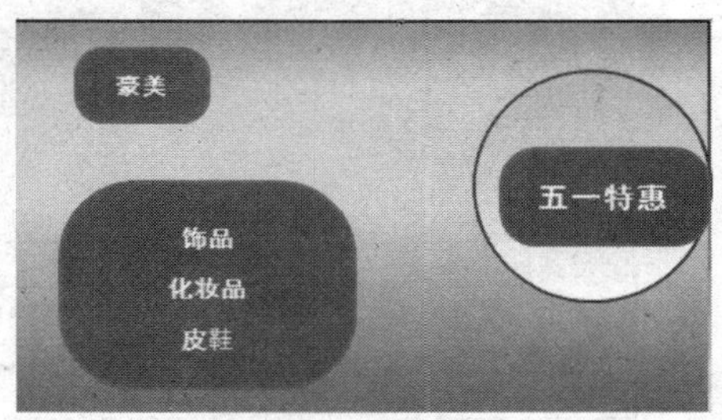

图 3－60 圆形的叠放位置

二、海报文字的另类形式——文本框

1. 绘制文本框

Word 中的文本框包含水平文本框和垂直文本框两类，文本框属于比较特殊的自选图形，绘制完毕后可直接在其中输入文本。操作步骤如下：

（1）单击“绘图”工具栏中的“文本框”图标按钮，在文档中拖动鼠标像绘制基本图形一样绘制文本框，到适当大小后松开鼠标即可。然后在文本框中输入文字“如此良机，怎能错过”，完成文本框的创建。

（2）重复上述步骤，创建其他文本框并输入内容，得到如图 3-61 所示效果。

（3）按 Ctrl+S 组合键保存文档。

2. 编辑文本框

默认绘制的文本框为白色填充、0.75 磅黑色边框。我们可根据需要调整文本框大小、设置填充色、更改线条样式等等。操作步骤如下：

（1）右击左上角的文本框，选择快捷菜单中的“设置形状格式”命令，弹出“设置形状格式”对话框，设置填充颜色为“无填充”、线条颜色为“无颜色”。

（2）按照上述方法，将所有其他文本框的填充颜色与线条颜色均设置为“无颜色”，效果如图 3-62 所示。

（3）按 Ctrl+S 组合键保存文档。

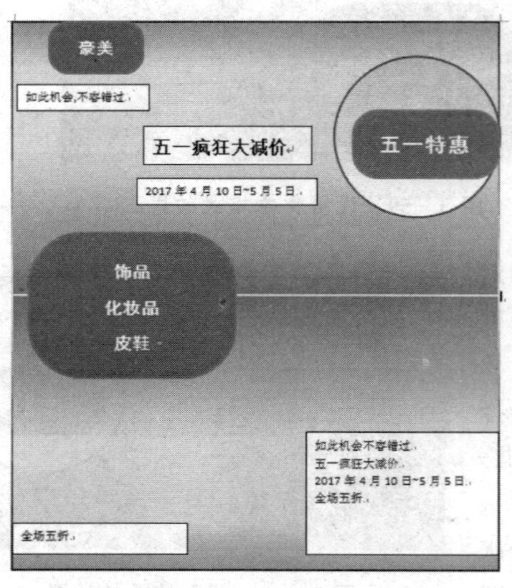

图 3-61　绘制文本框并添加文本

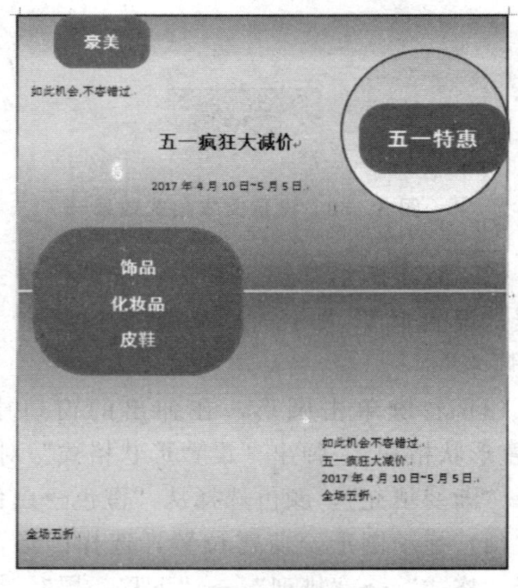

图 3-62　设置文本框填充颜色和线条颜色

3. 设置文本框内文本格式

对文本框中的内容可以设置格式，方法与普通文档内容相同。另外，因设置字体、段落格式后原文本框可能无法显示所有文本，为此需调整文本框大小，操作步骤如下：

（1）选中左上角文本框内文本，设置字体为“加粗、斜体、小二号”，向右拖动文本框右侧中部的控制点适当调整宽度。

(2) 选中“五一疯狂大减价”文本框，设置其字体格式为“加粗、36 号、红色”，向下拖动文本框底部中间控制点，改变文本框高度，将文本框移至适当位置。

(3) 选中该文本框中的日期“2017 年 4 月 10 日～5 月 5 日”，设置字体格式为“加粗、小四号”，并移至适当位置。在该文本框轮廓线条上单击，选中整个文本框，单击“格式”工具栏中的“居中”按钮。

(4) 以同样的方式设置其他文本框中文本的字体、段落格式，并调整文本框大小，结果如图 3－63 所示。

(5) 按 Ctrl＋S 组合键保存文档。

三、自选图形的美化和组合调整

通过上述过程的实现，促销海报的轮廓已经初具规模，还需要对其中的元素进行美化和位置上的组合调整。

1. 自选图形的美化

首先介绍美化促销海报的方法，操作步骤如下：

(1) 在“豪美”字样所在圆角矩形内，在两字之间添加半角空格。设置该圆角矩形的“填充颜色”为“渐变填充”→“熊熊火焰”，并设置“透明度”为“5％”，完成设置后调整文本框大小。

(3) 选中上下两个双色渐变填充矩形，设置“填充颜色”为“碧海蓝天”，“透明度”值为“15％”。

最终效果如图 3－64 所示。

图 3－63　设置字体格式、调整结果

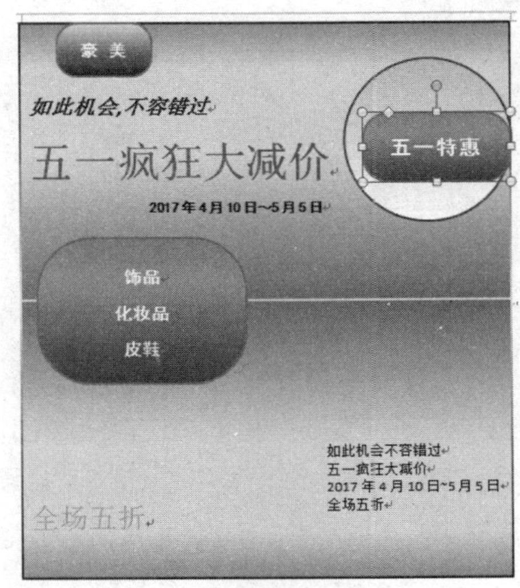

图 3－64　美化后效果

2. 自选图形的组合调整

绘制好的自选图形和文本框，还需要调整彼此之间的位置，并且将其组合为一个整体，操作步骤如下：

（1）选中“豪美”和“如此良机，怎能错过”两个文本框对象，选择“绘图”工具栏中的“绘图”→“对齐或分布”→“左对齐”命令，使其相对于画布左对齐。

（2）选中“春季疯狂大减价！”和“2017年4月10日～5月5日”两个文本框对象，选择“绘图”工具栏中的“绘图”→“对齐或分布”“水平居中”命令，使其相对于画布居中对齐。

（3）按住Ctrl键，用鼠标依次单击选中所有的图形和文本框对象（每个图形对象外围均出现控制点），然后选择“绘图”工具栏中的“绘图”→“组合”命令，将所选中的图形对象组合为一个图形对象。

（4）按Ctrl＋S组合键保存文档。

项目四

Excel 2010 办公应用

学习目标

1. 掌握各种数据录入、自动填充序列、设置单元格格式的方法，掌握修改工作表标签、设置页面、打印标题行，掌握数据排序、数据筛选、分类汇总的方法。

2. 掌握各种函数的语法格式及使用方法，掌握公式的使用方法，掌握生成工资条的方法。

3. 掌握修改工作表名称、合并及居中单元、设置文本格式及数字格式、居中对齐文本、设置边框的方法。

4. 掌握创建图表与创建数据透视表的方法。

5. 掌握求和函数、求平均值函数的语法格式和使用方法，掌握绘制斜线表头、创建折线图表的方法。

6. 掌握设置数据有效性的方法，掌握插入批注与超链接的方法，掌握引用不同工作表数据的方法。

Excel 2010 是 Office 办公软件的重要组件之一，是专门针对各种表格进行数据处理的电子表格制作软件。本章共给出了 6 个典型的办公应用实例，分别是报销单的设计制作、员工档案的设计制作、工资表的设计制作、销售图表的设计制作、营业收入月报表的设计制作、客户信息表的设计制作，这些案例几乎涵盖了电子表格制作的全部内容，意在强化 Excel 2010 的高级办公应用，以实例的形式进行讲解，并附有图片和详细操作步骤，图文并茂、简单易学。

任务一　制作报销单

任务要求

制作一份差旅费报销单，要求内容包括报销人、报销时间、出差事由等。

任务实施

新建一个 Excel 文档，重命名“员工差旅费用报销单 . xlsx”。

一、修改工作表名称

在工作表标签区域，双击“sheet1”（或单击右键后选择“重命名”），使其处于待修改状态，如图 4－1 所示，然后输入新的工作表名“报销单”，按回车键确认，结果如图 4－2所示。

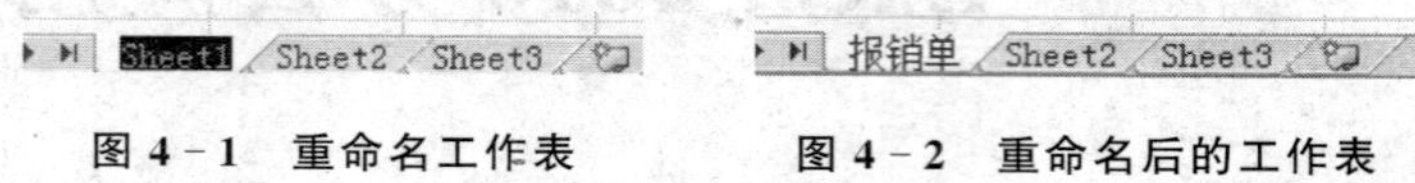

图 4－1　重命名工作表　　图 4－2　重命名后的工作表

二、输入文本

在工作表相应单元格中输入文本，文本内容如图 4－3 所示。

	A	B	C	D	E	F	G	H	I	J	K
1	员工差旅费报销单										
2	所属部门			报销人		报销时间		职务级别		出差事由	
3	序列号	费用类型		金额（小写）		金额（大写）					
4	001	1交通费									
5	002	2住宿费									
6	003	3招待费									
7	004	4通讯费									
8	005	5其他费用									
9		合计									
10											
11	经办人：					审核					

图 4－3　输入文本

小提示：输入作为文本显示的数值数据“001”，需要先输入英文单引号“'”，然后再输入“001”。身份证号码、日期等的输入也可以采用此种方法。

三、合并后居中单元格

选中 A1：K1 单元格，在工具栏中单击“合并后居中”按钮，将单元格合并，并将文本居中显示。利用相同方法合并及居中以下单元格：“D2：E2”“F2：G2”“H2：I2”“J2：K2”“D3：E3”“F3：G3”“B11：C11”“G11：I11”“J3：K10”，效果如图 4－4 所示。

	A	B	C	D	E	F	G	H	I	J	K
1	员工差旅费报销单										
2	所属部门			报销人		报销时间		职务级别		出差事由	
3	序列号	费用类型		金额（小写）		金额（大写）					
4	001	1交通费									
5	002	2住宿费									
6	003	3招待费									
7	004	4通讯费									
8	005	5其他费用									
9		合计									
10											
11	经办人：					审核					

图 4－4　合并后居中单元格

四、设置文本格式

选中标题所在的单元格，在格式工具栏中设置其字体为“隶书”，字号为“24”，字形为“加粗”，颜色为“深红”色。设置其他单元格的字体为“楷体”，字号为“12”，字形为“加粗”，效果如图 4－5 所示。

	A	B	C	D	E	F	G	H	I	J	K
1	员工差旅费报销单										
2	所属部门			报销人		报销时间		职务级别		出差事由	
3	序列号	费用类型		金额（小写）		金额（大写）					
4	001	1交通费									
5	002	2住宿费									
6	003	3招待费									
7	004	4通讯费									
8	005	5其他费用									
9		合计									
10											
11	经办人:					审核					

图 4－5　设置文本格式

五、居中对齐文本

在格式工具栏中单击“居中”按钮 ≡ ，将所有文本居中对齐，如图 4－6 所示。

	A	B	C	D	E	F	G	H	I	J	K
1	员工差旅费报销单										
2	所属部门			报销人		报销时间		职务级别		出差事由	
3	序列号	费用类型		金额（小写）		金额（大写）					
4	001	1交通费									
5	002	2住宿费									
6	003	3招待费									
7	004	4通讯费									
8	005	5其他费用									
9		合计									
10											
11	经办人:					审核					

图 4－6　居中对齐文本

六、设置边框

选中 A1：K11 单元格区域，单击“开始”菜单栏下“字体”中的田，如图 4－7 所示。

报销单制作完毕，调整表格的距离，效果如图 4－8 所示。

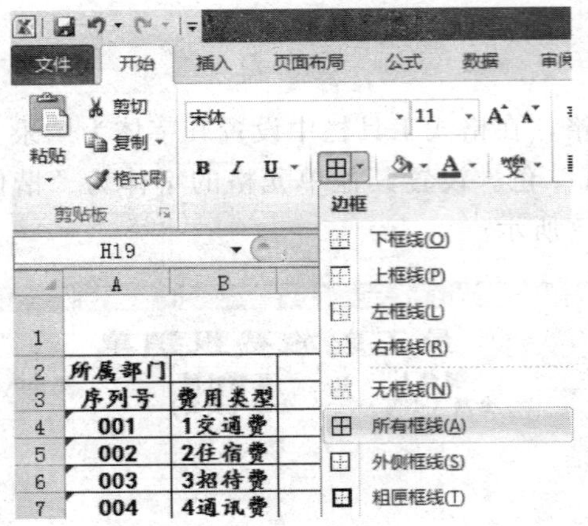

图 4－7　“设置边框”按钮

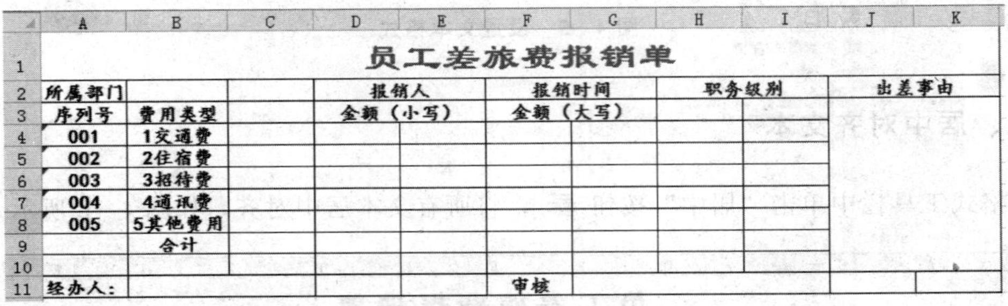

	A	B	C	D	E	F	G	H	I	J	K
1	员工差旅费报销单										
2	所属部门			报销人		报销时间		职务级别		出差事由	
3	序列号	费用类型		金额（小写）		金额（大写）					
4	001	1交通费									
5	002	2住宿费									
6	003	3招待费									
7	004	4通讯费									
8	005	5其他费用									
9		合计									
10											
11	经办人：					审核					

图 4－8　报销单制作效果

任务二　制作员工档案

任务要求

某公司人事部要建立一份员工档案表，请利用 Excel 建立 xx 公司员工档案，要求内容包括员工编号、性别、姓名、民族、出生日期、所属部门、学历以及联系方式等。

任务实施

新建一个 Excel 文档，重命名为“xx 公司员工档案表 . xlsx”。

一、录入数据

（1）设置“员工编号”“联系电话”为文本格式。选中 A3：A27 单元格区域，按住 Ctrl 键，再选中 I3：I27 单元格区域，单击“开始”→“单元格”→“格式”→“设置单元格式”，弹出“设置单元格格式”对话框，如图 4－9 所示，选择“数字”选项卡，在左侧的“分类”中选择“文本”，单击“确定”按钮。

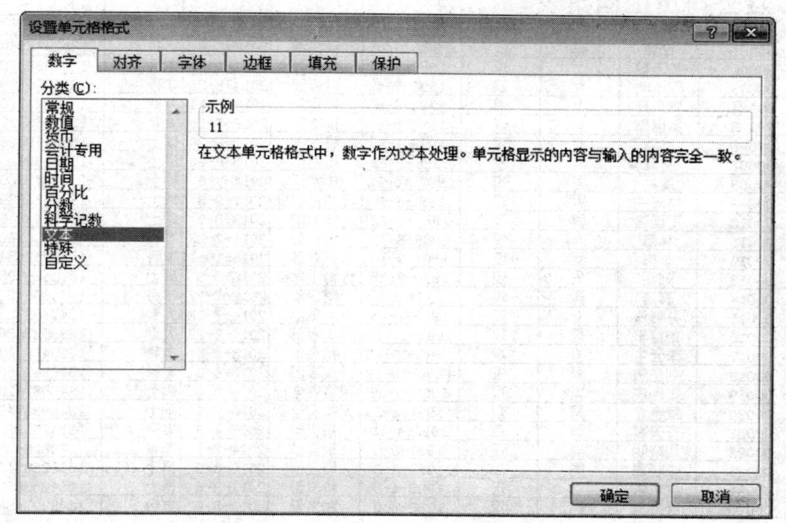

图 4－9　设置单元格“文本”格式

小提示：这里文本格式也可以通过英文单引号快速录入。此时单元格的左上角会出现绿色小三角的文本格式标记。

(2) 自动填充“员工编号”序列。在 A3 单元格中输入员工编号“00001”后按回车键，再选中 A3 单元格，在单元格外边框右下角有一个黑色的小方块■，叫做“填充柄”，再把鼠标移到单元格右下角的填充柄上，鼠标指针变成＋形状，按住鼠标左键向下拖动，到最后一个员工（A27）松开，所有员工的编号按顺序快速添加完成。

(3) 快速录入员工姓名、性别、民族、所在部门及学历。按住 Ctrl 键的同时选中多个单元格（性别为“男”），输入“男”，按 Ctrl＋Enter 组合键，即可在选中的单元格中输入同样的内容（“男”）。用同样的方法输入员工性别“女”和民族、所在部门及学历。

数据录入工作表如图 4－10 所示。

二、修改工作表标签

(1) 重命名工作表名称。双击需要更名的工作表标签 Sheet 1，进入编辑状态，输入新的工作表名“员工档案”，按回车键确认。

(2) 变换工作表标签的颜色。选中需要变换颜色的工作表标签“员工档案”，点击鼠标右键，从弹出的快捷菜单中选择“工作表标签颜色”，如图 4－11 所示，从“设置工作表标签颜色”对话框中选择适合的颜色，单击“确定”按钮。

三、美化格式

格式设置方法见实例报销单制作，这里只作简单说明。

员工档案 [工作组]

	A	B	C	D	E	F	G	H	I
1	xx公司员工档案表								
2	员工编号	姓名	性别	民族	出生日期	所属部门	入职时间	学历	联系电话
3	00001	徐辉	男	汉	1987-2-26	销售部	2010-3-6	本科	13527789635
4	00002	高志敏	女	汉	1988-9-6	财务部	2011-1-25	本科	13128655724
5	00003	宋子明	女	汉	1992-2-4	财务部	2014-8-24	本科	18352267895
6	00004	郭东升	男	汉	1994-3-8	销售部	2016-7-14	大专	13662277103
7	00005	罗丽娜	女	汉	1993-5-6	销售部	2016-7-18	大专	13259636924
8	00006	骆冰	女	汉	1989-1-4	研发部	2015-6-20	硕士	15364895262
9	00007	王峰	男	汉	1988-7-18	研发部	2015-6-20	硕士	13754896235
10	00008	高见	男	汉	1987-10-12	技术部	2014-7-6	硕士	13635423697
11	00009	尚庆先	男	汉	1982-9-8	行销企划部	2011-9-8	博士	18954268354
12	00010	王国强	男	汉	1986-2-28	技术部	2013-8-9	硕士	13252146498
13	00011	林薇	女	汉	1988-8-29	销售部	2011-7-23	本科	18903363606
14	00012	李梅	女	汉	1994-9-16	财务部	2016-10-12	本科	15069526544
15	00013	刘明	男	汉	1990-9-25	行销企划部	2016-5-8	硕士	15126587934
16	00014	郭涛	男	汉	1989-5-6	销售部	2012-7-12	本科	14758964235
17	00015	孙珊珊	女	汉	1990-2-28	人事部	2014-7-18	大专	13456987523
18	00016	刘益丰	男	汉	1991-11-12	人事部	2014-7-28	大专	18865236868
19	00017	李云生	男	汉	1990-10-13	销售部	2013-8-5	本科	18354782654
20	00018	刘全海	男	汉	1990-10-19	人事部	2013-8-9	本科	15768423586
21	00019	张国庆	男	汉	1989-9-28	网络安全部	2014-5-6	硕士	13455876258
22	00020	章金龙	男	汉	1991-1-2	网络安全部	2016-7-6	硕士	13259867435
23	00021	齐天高	男	汉	1990-4-19	销售部	2013-7-8	本科	18142569835
24	00022	周晓明	男	汉	1991-8-6	销售部	2014-7-9	本科	13758964358
25	00023	朱晓聪	男	汉	1982-3-6	研发部	2010-3-9	博士	15012365489
26	00024	沈依依	女	汉	1983-4-8	研发部	2011-2-8	博士	15842596314
27	00025	穆青云	男	汉	1989-8-9	销售部	2012-5-6	本科	13658974566

图 4-10　数据录入

（1）合并 A1：I1 标题行单元格，水平居中、垂直居中，调整适当的行高，将标题文字设置为“隶书、加粗、20 号、深红色”。

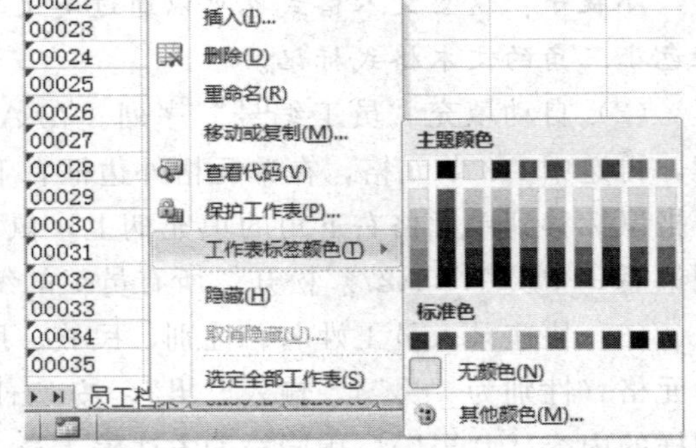

图 4-11　设置工作表标签颜色

（2）将表头 A2：I2 对齐方式设置为水平、垂直居中，自动换行，行高设为最适合的行高，将表头文字设置为“楷体、加粗、12 号、黑色”。

（3）将 3～27 行内容设置为水平、垂直居中，字体为“宋体、11 号、黑色”。

（4）将记录行的行高、列宽设置适当的值，行高一般可以设置为“13.5”（也可以根据实际情况进行调整），列宽根据字段值的宽度合理调整即可。

（5）选择输入的全部文本，单击“开始”菜单栏下的“边框”按钮，为数据添加边框。

四、设置页面格式

（1）设置页边距。单击“页面布局”→“页面设置”→“页边距”→“自定义页边距”，打开“页面设置”对话框，如图 4-12 所示。将左右页边距设置为“1.4 厘米”，单击“确定”按钮。

（2）插入页码。如果数据表记录过多，超过一页纸，必须设置页码。插入页码的方法如下：选择“插入”→“页眉和页脚”，如图 4-13 所示（也可在图 4-11 所示对话框中，

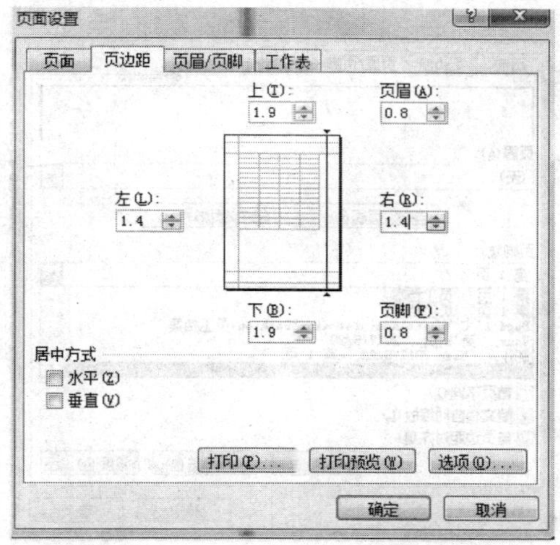

图 4－12　“页面设置”对话框

选择“页眉/页脚”选项卡，如图 4－14 所示）。在下拉列表框中选择一种页码格式，如“第 1 页，共？页”，单击“确定”按钮。

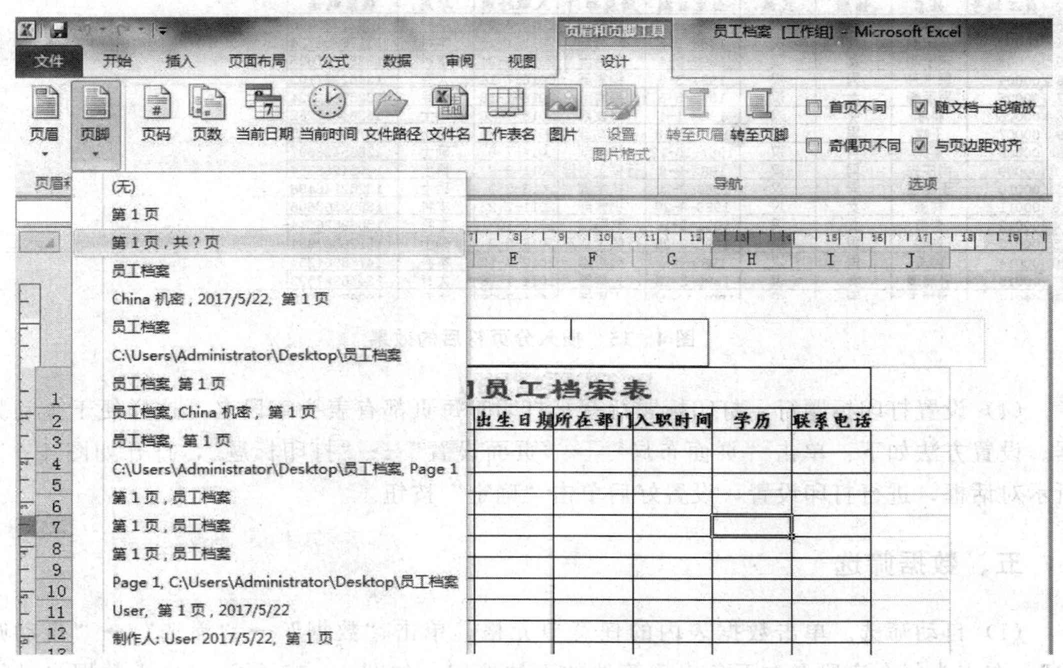

图 4－13　插入页码方法一

（3）分页。如果数据表记录过多，超过一页纸，可人为地将数据表分为两页，前 15 条记录为第 1 页，16 条之后的记录为第 2 页。分页方法如下：单击员工编号尾数为“16”的单元格，单击“页面布局”→“页面设置”→“分隔符”→“插入分页符”，在第 16 条记录上方出现一条虚线，如图 4－15 所示。

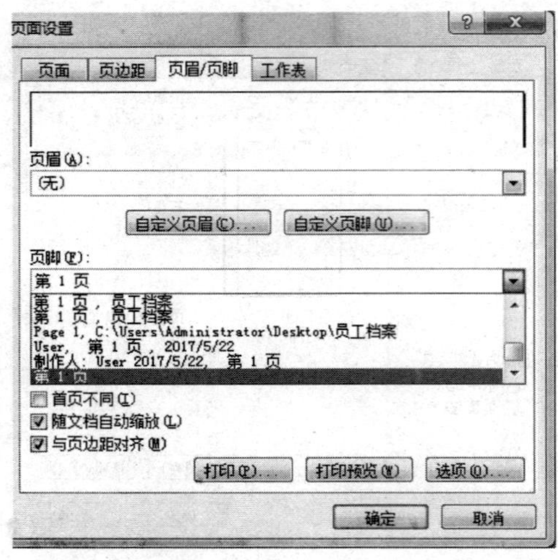

图 4－14　插入页码方法二

	A	B	C	D	E	F	G	H	I
1	XX公司员工档案表								
2	员工编号	姓名	性别	民族	出生日期	所属部门	入职时间	学历	联系电话
3	00001	徐辉	男	汉	1987-2-26	销售部	2010-3-6	本科	13527789635
4	00002	高志敏	女	汉	1988-9-6	财务部	2011-1-25	本科	13128655724
5	00003	宋子明	女	汉	1992-2-4	财务部	2014-8-24	本科	18352267895
6	00004	郭东升	男	汉	1994-3-8	销售部	2016-7-14	大专	13662277103
7	00005	罗丽娜	女	汉	1993-5-6	销售部	2016-7-18	大专	13259636924
8	00006	骆冰	女	汉	1989-1-4	研发部	2015-6-20	硕士	15364895262
9	00007	王峰	男	汉	1988-7-18	研发部	2015-6-20	硕士	13754896235
10	00008	高见	男	汉	1987-10-12	技术部	2014-7-6	硕士	13635423697
11	00009	尚庆先	男	汉	1982-9-8	行销企划部	2011-9-8	博士	18954268354
12	00010	王国强	男	汉	1986-2-28	技术部	2013-8-9	硕士	13252146498
13	00011	林薇	女	汉	1988-8-29	销售部	2011-7-23	本科	18903363606
14	00012	李梅	女	汉	1994-9-16	财务部	2016-10-12	本科	15069526544
15	00013	刘明	男	汉	1990-9-25	行销企划部	2016-5-8	硕士	15126587934
16	00014	郭涛	男	汉	1989-5-6	销售部	2012-7-12	本科	14758964235
17	00015	孙珊珊	女	汉	1990-2-28	人事部	2014-7-18	大专	13456987523
18	00016	[illegible]	男	汉	[illegible]	人事部	[illegible]	大专	[illegible]

图 4－15　插入分页符后的效果

(4) 设置打印标题行。打印标题行就是打印时每页都有表头字段名，这样便于查阅数据。设置方法如下：单击“页面布局”→“页面设置”→“打印标题”，打开如图 4－16 所示对话框，进行打印设置，设置好后单击“确定”按钮。

五、数据筛选

(1) 自动筛选。单击数据表内的任意单元格，单击“数据”→“筛选”→“自动筛选”，在表头每个字段名右下角出现筛选的下拉按钮，如图 4－17 所示。进入数据自动筛选状态，单击任意一个字段名的下拉按钮，可以选择筛选条件或自定义筛选条件。

(2) 查找姓“刘”的员工记录。单击“姓名”字段右下角的下拉按钮，在列表框中选择“文本筛选”→“自定义筛选”，打开如图 4－18 所示的“自定义自动筛选方式”对话框，在“姓名”下拉列表框中选“包含”，在右侧框中输入“刘”，单击“确定”按钮。筛选结果如图 4－19 所示。

（3）恢复全部记录。单击“姓名”字段右下角的下拉按钮，在列表框中选择“全部”，即可恢复全部记录。

（4）筛选财务部女员工记录。在“性别”字段中筛选出“女”，如图 4 - 20 所示。在筛选结果中继续从“所属部门”中筛选出“财务部”，两次筛选后的结果就是财务部女员工的记录，如图 4 - 21 所示。

（5）清除筛选。打开“数据”，找到“排序和筛选”，单击“筛选”按钮，即可清除筛选。

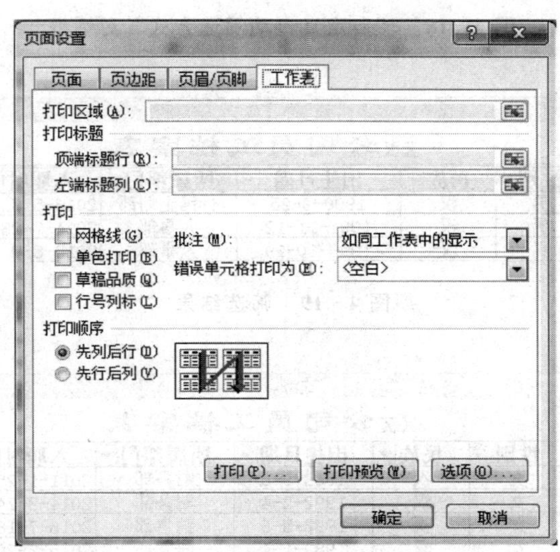

图 4 - 16　设置打印标题行

图 4 - 17　数据自动筛选状态

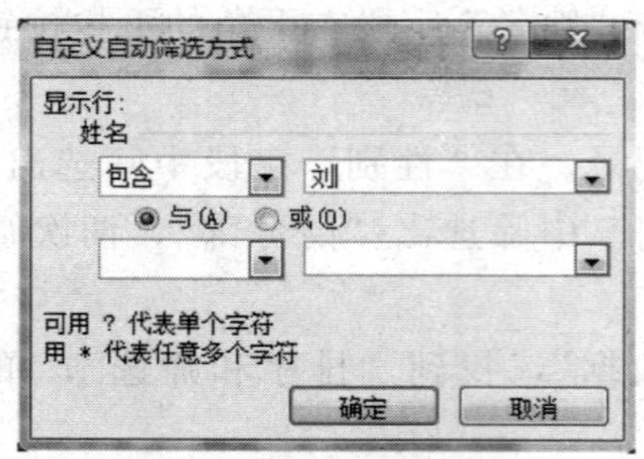

图 4-18 “自定义自动筛选方式”对话框

XX公司员工档案表

	员工编号	姓名	性别	民族	出生日期	所属部门	入职时间	学历	联系电话
15	00013	刘明	男	汉	1990-9-25	行销企划部	2016-5-8	硕士	15126587934
18	00016	刘益丰	男	汉	1991-11-12	人事部	2014-7-28	大专	18865236868
20	00018	刘全海	男	汉	1990-10-19	人事部	2013-8-9	本科	15768423586

图 4-19 筛选结果

XX公司员工档案表

	员工编号	姓名	性别	民族	出生日期	所属部门	入职时间	学历	联系电话
4	00002	高志敏	女	汉	1988-9-6	财务部	2011-1-25	本科	13128655724
5	00003	宋子明	女	汉	1992-2-4	财务部	2014-8-24	本科	18352267895
7	00005	罗丽娜	女	汉	1993-5-6	销售部	2016-7-18	大专	13259636924
8	00006	骆冰	女	汉	1989-1-4	研发部	2015-6-20	硕士	15364895262
13	00011	林薇	女	汉	1988-8-29	销售部	2011-7-23	本科	18903363606
14	00012	李梅	女	汉	1994-9-16	财务部	2016-10-12	本科	15069526544
17	00015	孙珊珊	女	汉	1990-2-28	人事部	2014-7-18	大专	13456987523
26	00024	沈依依	女	汉	1983-4-8	研发部	2011-2-8	博士	15842596314

图 4-20 第一次筛选结果

XX公司员工档案表

	员工编号	姓名	性别	民族	出生日期	所属部门	入职时间	学历	联系电话
4	00002	高志敏	女	汉	1988-9-6	财务部	2011-1-25	本科	13128655724
5	00003	宋子明	女	汉	1992-2-4	财务部	2014-8-24	本科	18352267895
14	00012	李梅	女	汉	1994-9-16	财务部	2016-10-12	本科	15069526544

图 4-21 第二次筛选结果

(6) 排序。若要按某一顺序对记录进行排列，则需要用到排序按钮。如对销售部的员工按年龄进行排序，按如下步骤进行：①筛选出销售部员工，如图 4-22 所示；②单击“筛选”按钮，打开如图 4-23 所示“排序”对话框，主要关键字选择“出生日期”，点击“确定”；③弹出“排序提醒”对话框，选择“分别将数字和以文本形式存储的数字排序”，如图 4-24 所示，点击“确定”。排序结果如图 4-25 所示。

	A	B	C	D	E	F	G	H	I
1	XX公司员工档案表								
2	员工编号	姓名	性别	民族	出生日期	所属部门	入职时间	学历	联系电话
3	00001	徐辉	男	汉	1987-2-26	销售部	2010-3-6	本科	13527789635
6	00004	郭东升	男	汉	1994-3-8	销售部	2016-7-14	大专	13662277103
7	00005	罗丽娜	女	汉	1993-5-6	销售部	2016-7-18	大专	13259636924
13	00011	林薇	女	汉	1988-8-29	销售部	2011-7-23	本科	18903363606
16	00014	郭涛	男	汉	1989-5-6	销售部	2012-7-12	本科	14758964235
19	00017	李云生	男	汉	1990-10-13	销售部	2013-8-5	本科	18354782654
23	00021	齐天高	男	汉	1990-4-19	销售部	2013-7-8	本科	18142569835
24	00022	周晓明	男	汉	1991-8-6	销售部	2014-7-9	本科	13758964358
27	00025	穆青云	男	汉	1989-8-9	销售部	2012-5-6	本科	13658974566

图 4－22　筛选出销售部员工

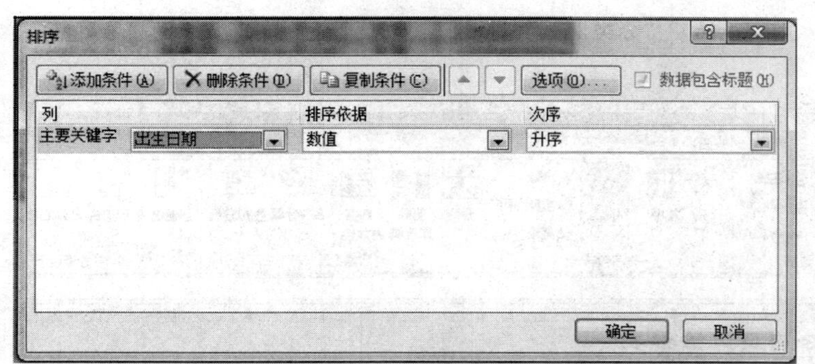

图 4－23　“排序”对话框

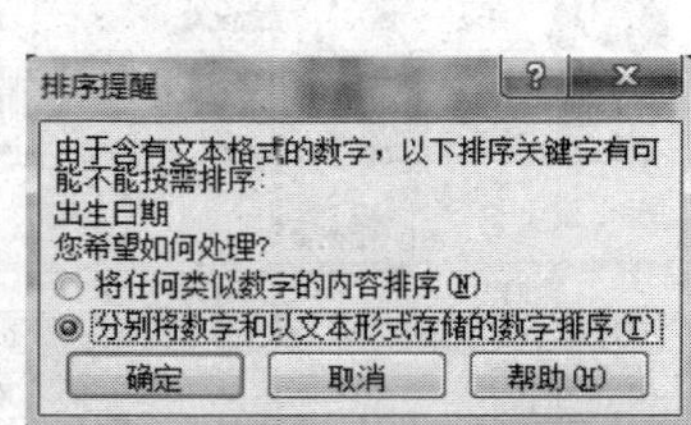

图 4－24　“排序提醒”对话框

	A	B	C	D	E	F	G	H	I
1	XX公司员工档案表								
2	员工编号	姓名	性别	民族	出生日期	所属部门	入职时间	学历	联系电话
3	00001	徐辉	男	汉	1987-2-26	销售部	2010-3-6	本科	13527789635
6	00011	林薇	女	汉	1988-8-29	销售部	2011-7-23	本科	18903363606
7	00014	郭涛	男	汉	1989-5-6	销售部	2012-7-12	本科	14758964235
13	00025	穆青云	男	汉	1989-8-9	销售部	2012-5-6	本科	13658974566
16	00017	李云生	男	汉	1990-10-13	销售部	2013-8-5	本科	18354782654
19	00021	齐天高	男	汉	1990-4-19	销售部	2013-7-8	本科	18142569835
23	00022	周晓明	男	汉	1991-8-6	销售部	2014-7-9	本科	13758964358
24	00005	罗丽娜	女	汉	1993-5-6	销售部	2016-7-18	大专	13259636924
27	00004	郭东升	男	汉	1994-3-8	销售部	2016-7-14	大专	13662277103

图 4－25　排序结果

六、数据分类汇总

统计各个部门的员工数量，方法如下：

（1）先按“所属部门”升序排序。

（2）单击“数据”→“分级显示”→“分类汇总”，打开“分类汇总”对话框，如图 4－26所示。在“分类字段”中选择“所属部门”，“汇总方式”选择“计数”，“选定汇总项”选择“所属部门”，单击“确定”按钮，分类汇总结果见图 4－27。

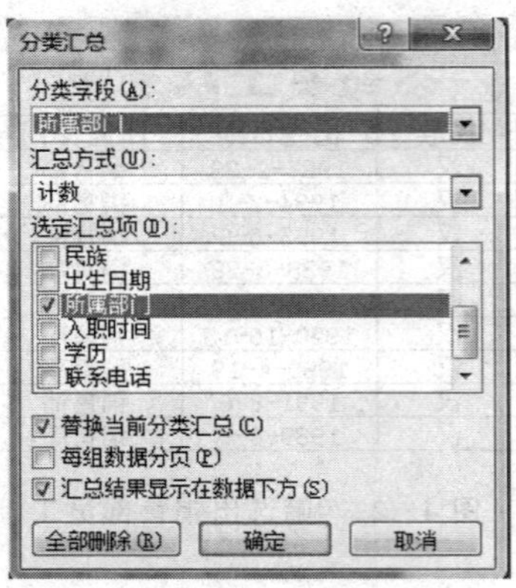

图 4－26　“分类汇总”对话框

XX公司员工档案表

员工编	姓名	性别	民族	出生日其	所属部门	入职时	学历	联系电话
00002	高志敏	女	汉	1988-9-6	财务部	2011-1-25	本科	13128655724
00003	宋子明	女	汉	1992-2-4	财务部	2014-8-24	本科	18352267895
00012	李梅	女	汉	1994-9-16	财务部	2016-10-12	本科	15069526544
				财务部 计数	3			
00009	尚庆先	男	汉	1982-9-8	行销企划部	2011-9-8	博士	18954268354
00013	刘明	男	汉	1990-9-25	行销企划部	2016-5-8	硕士	15126587934
				行销企划部 计	2			
00008	高见	男	汉	1987-10-12	技术部	2014-7-6	硕士	13635423697
00010	王国强	男	汉	1986-2-28	技术部	2013-8-9	硕士	13252146498
				技术部 计数	2			
00015	孙珊珊	女	汉	1990-2-28	人事部	2014-7-18	大专	13456987523
00016	刘益丰	男	汉	1991-11-12	人事部	2014-7-28	大专	18865236868
00018	刘全海	男	汉	1990-10-19	人事部	2013-8-9	本科	15768423586
				人事部 计数	3			
00019	张国庆	男	汉	1989-9-28	网络安全部	2014-5-6	硕士	13455876258
00020	章金龙	男	汉	1991-1-2	网络安全部	2016-7-6	硕士	13259867435
				网络安全部 计	2			
00001	徐辉	男	汉	1987-2-26	销售部	2010-3-6	本科	13527789635
00004	郭东升	男	汉	1994-3-8	销售部	2016-7-14	大专	13662277103
00005	罗丽娜	女	汉	1993-5-6	销售部	2016-7-18	大专	13259636924
00011	林薇	女	汉	1988-8-29	销售部	2011-7-23	本科	18903363606
00014	郭涛	男	汉	1989-5-6	销售部	2012-7-12	本科	14758964235
00017	李云生	男	汉	1990-10-13	销售部	2013-8-5	本科	18354782654
00021	齐天高	男	汉	1990-4-19	销售部	2013-7-8	本科	18142569835
00022	周晓明	男	汉	1991-8-6	销售部	2014-7-9	本科	13758964358
00025	穆青云	男	汉	1989-8-9	销售部	2012-5-6	本科	13658974566
				销售部 计数	9			
00006	骆冰	女	汉	1989-1-4	研发部	2015-6-20	硕士	15364895262

图 4－27　分类汇总结果

（3）删除分类汇总结果。单击“数据”→“分类汇总”，打开“分类汇总”对话框（见图 4－26），单击“全部删除”按钮，即可删除分类汇总结果，恢复到分类汇总前的状态。

（4）重新按“员工编号”升序排序。

员工档案制作完毕。

任务三　制作员工工资表

任务要求

某公司财务部要制作员工工资表，请利用 Excel 制作 xx 公司员工工资表，要求内容包括员工编号、所属部门、入职时间、基本工资、岗位工资、生活补贴、应发工资、住房公积金、养老保险、医疗保险、失业保险、应缴纳税、个人所得税、实发工资等。

任务实施

新建一个 Excel 文档，重命名为“xx 公司员工工资信息表 . xlsx”。

一、设置数据格式

（1）设置“员工编号”“员工姓名”和“所属部门”为文本格式，设置“入职时间”为时间格式，设置“基本工资”等为数值格式。

（2）录入数据。将“员工编号”“员工姓名”“所属部门”和“入职时间”从任务 2“xx 公司员工档案表 . xlsx”文档中复制过来。具体做法如下：打开“xx 公司员工信息 . xlsx”，选中 A3：B27 单元格区域，单击鼠标右键，选择“复制”，回到“工资表”选中“员工编号”下的 A3 单元格，单击鼠标右键，选择“选择性粘贴”（见图 4 - 28），在弹出的“选择性粘贴”对话框中选择“数值”（见图 4 - 29），单击“确定”按钮。同样可将“所属部门”和“入职时间”复制过来。

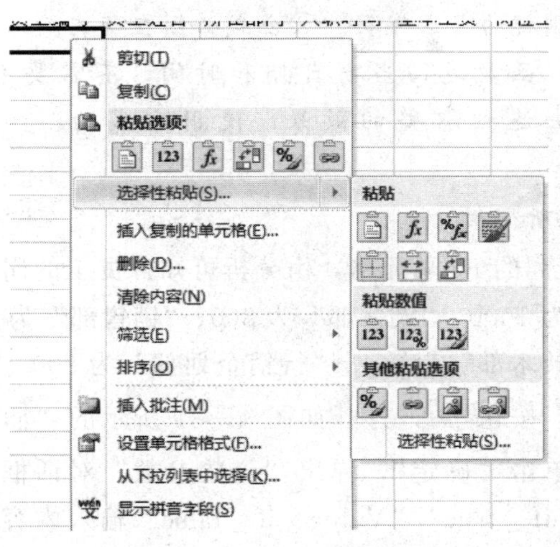

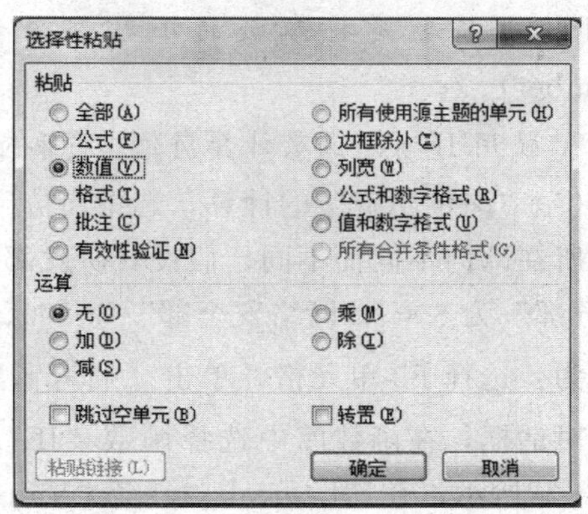

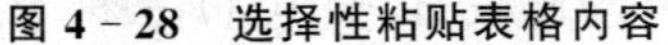

图 4 - 28　选择性粘贴表格内容　　　**图 4 - 29　“选择性粘贴”对话框**

（3）美化格式。格式设置参见任务 2，这里不再赘述。

（4）重命名工作表为“工资表”。

二、使用函数和公式

1. 使用时间和日期函数得到工龄并计算基本工资

由分析可知，基本工资随着工龄的增长而增长，而表格中只有“入职时间”，故需计算工龄。在这里可使用 TODAY() 函数得到当前日期，再减去入职时间，即：TODAY()－D3。在这里要注意的是，它的数据返回类型为日期时间，如“1900－0－00：00”，故需要将结果所在列（“基本工资”字段 E3：E27 单元格区域）的数据类型设置为数值型，这样结果就是两个日期间相隔的天数，我们把每一年都按 365 天计算，则（TODAY()－D3)/365 的结果就是相隔的年份。但是一般工龄计算按自然年，所以需要加 1，且需要对其取整，这里还要使用 INT() 函数，工龄最后的计算公式为：INT((TODAY()－D3)/365＋1)。

基本工资计算公式为：基本工资＝底薪＋每年涨薪＊工龄，选中“基本工资”列中的 E3 单元格，双击后输入公式“＝2 800＋200＊(INT((TODAY()－D3)/365＋1))”，如图 4－30 所示。输入公式完毕后，按下 Enter 键或用鼠标单击图中的绿色“√”即可得到公式计算的结果。再使用填充柄自动填充该列所有数据。

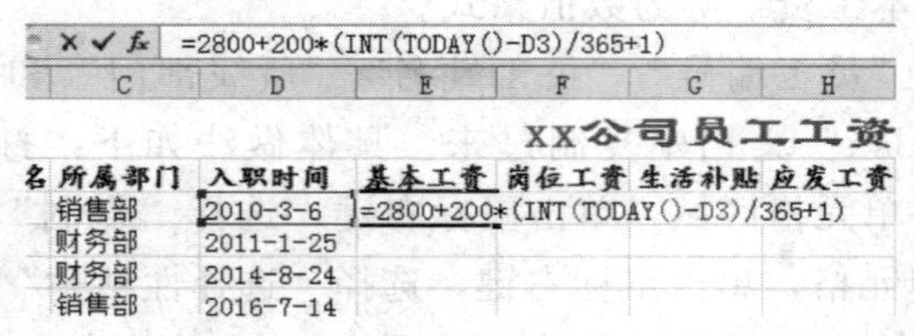

图 4－30　使用函数和公式计算基本工资

小提示：①公式必须以“＝”开头，否则视为普通字符。②公式必须在英文输入状态下输入，且不区分大小写。③TODAY（）函数返回当前日期和时间，不需要参数。④INT（）函数是将参数的小数部分舍去达到取整的效果，使用方式为：＝INT(Number)。

2. 使用 IF（）函数计算岗位工资和个人所得税

（1）“岗位工资”的计算。选中岗位工资列的 F3 单元格，由分析可知：员工的岗位工资因所在部门不同而不同，假设“研发部”为 1000、“人事部”为 800、“销售部”为 800、“财务部”为 800、“网络安全部”为 800、“技术部”为 900、“行销企划部”为 800。具体方法为：选择 F3 单元格，单击“插入函数”按钮 *fx*，打开如图 4－31 所示的“插入函数”对话框，在函数库中选择函数“IF”，单击“确定”，弹出“函数参数”对话框，如图 4－32所示。在“Logical _ test”“Value _ if _ true”“Value _ if _ false”输入内容，单击“确定”执行公式（也可直接输入“＝IF（C3＝“研发部”，1000，IF（C3＝“技术部”，900，800))”，意为“如果是研发部，那么 1000；如果是技术部，那么 900；否则 800”），再使用填充柄自动填充该列所有数据。

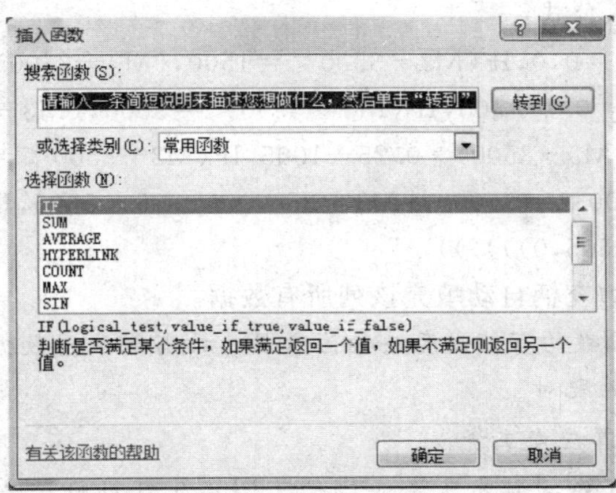

图 4-31 "插入函数"对话框

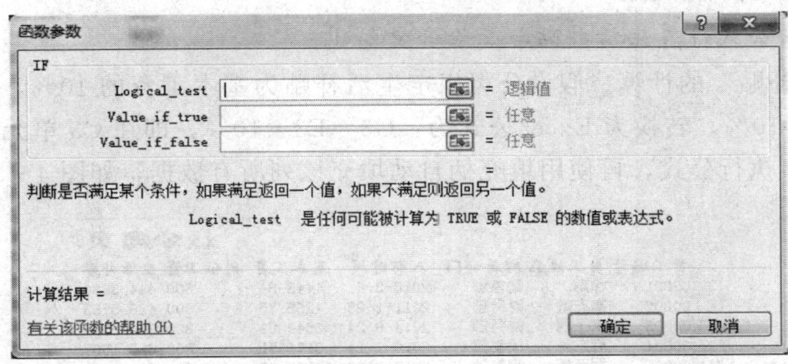

图 4-32 "函数参数"对话框

（2）"个人所得税"的计算。由分析可知，个人所得税的起征点为 3 500 元，个人所得税的计算方法见表 4-1。

表 4-1 个人所得税的计算方法

级数	应缴纳税/(元)	税率/(%)	速算扣除数
1	<1 500	3	0
2	1 500～4 500	10	105
3	4 500～9 000	20	555
4	9 000～35 000	25	1 005
5	35 000～55 000	30	2 755
6	55 000～80 000	35	5 505
7	>80 000	45	13 505

个人所得税=应纳税额＊税率－速算扣除数

在 N3 单元格中输入公式：

“＝IF(M3－3500＜＝0,0,IF(M3－3500＜＝1500,(M3－3500)＊0.03,IF(M3－3500＜＝4500,(M3－3500)＊0.1－105,IF(M3－3500＜＝9000,(M3－3500)＊0.2－555,IF(M3－3500＜＝35000,(M3－3500)＊0.25－1005,IF(M3－3500＜＝55000,(M3－3500)＊0.3－2755,IF(M3－3500＜＝80000,(M3－3500)＊0.35－5505,IF(M3－3500＞80000,(M3－3500)＊0.45－13505,0))))))))”

执行公式，再使用填充柄自动填充该列所有数据。

小提示：①IF（）函数的有效嵌套层数为六层，故需要注意数据范围的控制。②IF（）函数的嵌套要注意括号的配对。

3. 使用加法公式计算应发工资

由分析可知，应发工资＝基本工资＋岗位工资＋生活补贴，转换为 Excel 的公式为：H3＝E3＋F3＋G3，即在 H3 单元格中输入公式“＝E3＋F3＋G3”，执行公式，再使用填充柄自动填充该列所有数据。

4. 使用乘法公式计算生活补贴与三险一金

（1）“生活补贴”的计算。假设公司规定生活补贴为基本工资的 10％，则有：生活补贴＝基本工资×10％，转换为 Excel 公式为：G3＝E3＊10％，即在 C3 单元格中输入公式“＝E3＊10％”，执行公式，再使用填充柄自动填充该列所有数据，如图 4－33 所示。

1							XX公司员
2	员工编号	员工姓名	所属部门	入职时间	基本工资	岗位工资	生活补贴
3	00001	徐辉	销售部	2010-3-6	4443.84	800	444.3836
4	00002	高志敏	财务部	2011-1-25	4265.75	800	426.5753
5	00003	宋子明	财务部	2014-8-24	3549.59	800	354.9589
6	00004	郭东升	销售部	2016-7-14	3171.51	800	317.1507
7	00005	罗丽娜	销售部	2016-7-18	3169.32	800	316.9315
8	00006	骆冰	研发部	2015-6-20	3385.21	1000	338.5205

图 4－33 利用乘法计算生活补贴

（2）“三险一金”的计算。“三险一金”的计算类似于“生活补贴”的计算，假设：住房公积金＝应发工资×7％，养老保险＝应发工资×6％，医疗保险＝应发工资×1％，失业保险＝应发工资×1％，转换为 Excel 公式为：I3＝H3＊7％，J3＝H3＊6％，K3＝H3＊1％，L3＝H3＊1％，即分别在 I3，J3，K3，L3 单元格中输入公式“＝H3＊7％”，“＝H3＊6％”，“H3＊1％”，“H3＊1％”，执行公式后填充该列所有数据。

5. 使用减法公式计算应缴纳税

由分析可知，应缴税额＝应发工资－住房公积金－养老保险－失业保险－医疗保险，转换为 Excel 公式为：M3＝H3－I3－J3－K3－L3，即在 M3 单元格中输入公式“＝H3－I3－J3－K3－L3”，如图 4－34 所示。执行公式，再使用填充柄自动填充该列所有数据。

“实发工资”的计算类似于“应缴税额”的计算。由分析可知，实发工资＝应缴税额－个人所得税，转换为 Excel 公式为：O3＝M3－N3，即在 O3 单元格中输入公式“＝M3－N3”，执行公式，再使用填充柄自动填充该列所有数据。

工资表计算结果如图 4－35 所示。

=H3-I3-J3-K3-L3

D	E	F	G	H	I	J	K	L	M
XX公司员工工资表									
入职时间	基本工资	岗位工资	生活补贴	应发工资	住房公积金	养老保险	医疗保险	失业保险	应缴纳税
2010-3-6	4443.84	800	444.3836	5688.22	398.175342	341.2932	56.88219	56.88219	4834.99
2011-1-25	4265.75	800	426.5753	5492.33	384.463014	329.5397	54.92329	54.92329	4668.48
2014-8-24	3549.59	800	354.9589	4704.55	329.318356	282.2729	47.04548	47.04548	3998.87

图 4-34　应缴纳税计算

	A	B	C	D	E	F	G	H	I	J	K	L	M	N	O
1	XX公司员工工资表														
2	员工编号	员工姓名	所属部门	入职时间	基本工资	岗位工资	生活补贴	应发工资	住房公积金	养老保险	医疗保险	失业保险	应缴纳税	个人所得税	实发工资
3	00001	徐辉	销售部	2010-3-6	4443.84	800	444.3836	5688.22	398.175342	341.2932	56.88219	56.88219	4834.99	40.049589	4794.94
4	00002	高志敏	财务部	2011-1-25	4265.75	800	426.5753	5492.33	384.463014	329.5397	54.92329	54.92329	4668.48	35.0543836	4633.43
5	00003	宋子明	财务部	2014-8-24	3549.59	800	354.9589	4704.55	329.318356	282.2729	47.04548	47.04548	3998.87	14.9659726	3983.90
6	00004	郭东升	销售部	2016-7-14	3171.51	800	317.1507	4288.66	300.206027	257.3195	42.88658	42.88658	3645.36	4.36076712	3641.00
7	00005	罗丽娜	销售部	2016-7-18	3169.32	800	316.9315	4286.25	300.03726	257.1748	42.86247	42.86247	3643.31	4.29928767	3639.01
8	00006	骆冰	研发部	2015-6-20	3385.21	1000	338.5205	4723.73	330.660822	283.4236	47.23726	47.23726	4015.17	15.4550137	3999.71
9	00007	王峰	研发部	2015-6-20	3385.21	1000	338.5205	4723.73	330.660822	283.4236	47.23726	47.23726	4015.17	15.4550137	3999.71
10	00008	高见	技术部	2014-7-6	3576.44	900	357.6438	4834.08	338.385753	290.0449	48.34082	48.34082	4108.97	18.2690959	4090.70
11	00009	尚庆先	行销企划部	2011-9-8	4141.92	800	414.1918	5356.11	374.927671	321.3666	53.5611	53.5611	4552.69	31.5807945	4521.11
12	00010	王国强	技术部	2013-8-9	3757.81	900	375.7808	5033.59	352.351233	302.0153	50.33589	50.33589	4278.55	23.3565205	4255.19
13	00011	林薇	销售部	2011-7-23	4167.67	800	416.7671	5384.44	376.910685	323.0663	53.84438	53.84438	4576.77	32.3031781	4544.47
14	00012	李梅	财务部	2016-10-12	3122.19	800	312.2192	4234.41	296.408767	254.0647	42.34411	42.34411	3599.25	2.97747945	3596.27
15	00013	刘明	行销企划部	2016-5-8	3208.22	800	320.8219	4329.04	303.032877	259.7425	43.29041	43.29041	3679.68	5.39054795	3674.29
16	00014	郭涛	销售部	2012-7-12	3973.15	800	397.3151	5170.47	361.932603	310.2279	51.70466	51.70466	4394.90	26.8468767	4368.05
17	00015	孙珊珊	人事部	2014-7-18	3569.86	800	356.9863	4726.85	330.879452	283.611	47.26849	47.26849	4017.82	15.5346575	4002.29
18	00016	刘益丰	人事部	2014-7-28	3564.38	800	356.4384	4720.82	330.457534	283.2493	47.20822	47.20822	4012.70	15.3809589	3997.32
19	00017	李云生	销售部	2013-8-5	3760.00	800	376	4936.00	345.52	296.16	49.36	49.36	4195.60	20.868	4174.73
20	00018	刘全海	人事部	2013-8-9	3757.81	800	375.7808	4933.59	345.351233	296.0153	49.33589	49.33589	4193.55	20.8065205	4172.74
21	00019	张国庆	网络安全部	2014-5-6	3609.86	800	360.9863	4770.85	333.959452	286.251	47.70849	47.70849	4055.22	16.6566575	4038.57
22	00020	章金龙	网络安全部	2016-7-6	3175.89	800	317.589	4293.48	300.543562	257.6088	42.93479	42.93479	3649.46	4.48372603	3644.97
23	00021	齐天高	销售部	2013-7-8	3775.34	800	377.5342	4952.88	346.70137	297.1726	49.52877	49.52877	4209.95	21.2983562	4188.65
24	00022	周晓明	销售部	2014-7-9	3574.79	800	357.4795	4732.27	331.259178	283.9364	47.32274	47.32274	4022.43	15.6729863	4006.76
25	00023	朱晓聪	研发部	2010-3-9	4442.19	1000	444.2192	5886.41	412.048767	353.1847	58.86411	58.86411	5003.45	45.3449315	4958.10
26	00024	沈依依	研发部	2011-2-8	4258.08	1000	425.8082	5683.89	397.872329	341.0334	56.8389	56.8389	4831.31	39.9392055	4791.37
27	00025	穆青云	销售部	2012-5-6	4009.86	800	400.9863	5210.85	364.759452	312.651	52.10849	52.10849	4429.22	27.8766575	4401.35

图 4-35　工资表计算结果

三、生成工资条

新建一个 Word 文档，命名为“工资条模板 .docx”。打开该文档，单击“页面布局”→“页面设置”，在弹出的页面设置对话框中选择“页边距”选项卡，如图 4-36 所示，“方向”选择“横向”（便于设计表格）。在该 Word 文档中制作一个表格，如图 4-37 所示。该表格的格式可以按照具体的要求设计，但是表格条目不得多于工作表中的明细条目。可在表格下方输入几个回车符，这样可在两个工资条间留下空隙，便于裁剪。

四、保护工作表和加密文件

(1) 保护工作表。保护工作表可以有效防止工作表中数据被修改，操作方法如下：

单击“审阅”→“更改”→“保护工作表”，打开“保护工作表”对话框，如图 4-38 所示，输入加密密码，按下“确定”按钮后弹出如图 4-39 所示的“确认密码”对话框，再次输入密码，确保两次输入的密码一致。

如果要取消保护，以同样的方法单击“审阅”→“更改”→“保护”→“撤销工作表保护”，输入保护密码即可。

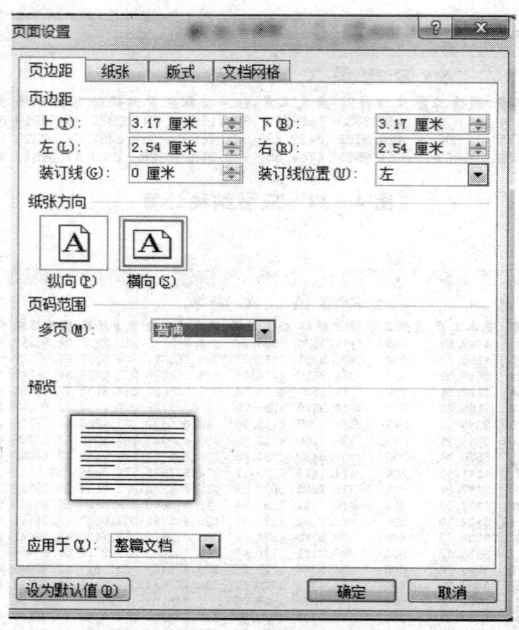

图 4－36　修改页面设置

xx公司员工工资表									
员工编号	员工姓名	所属部门	基本工资	岗位工资	生活补贴	应发工资	应缴纳税	个人所得税	实发工资

图 4－37　设计工资条格式

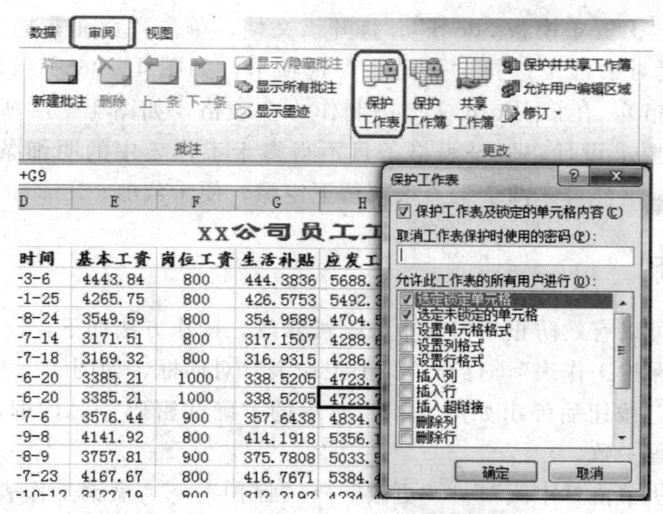

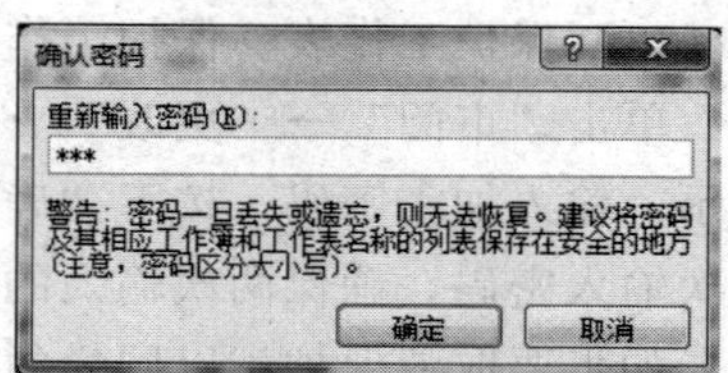

图 4－38　打开“保护工作表”对话框

图 4－39　“确认密码”对话框

（2）加密文件。单击“文件”→“信息”→“用密码进行加密”，如图 4-40 所示，弹出“加密文档”对话框，在“密码”文本框中输入密码后单击“确定”，如图 4-41 所示，弹出“确认密码”对话框，再次输入密码即可完成对文件加密。

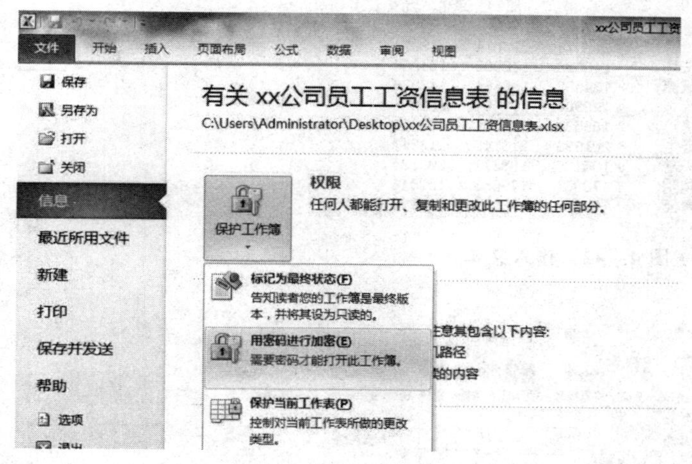

图 4-40 加密文件

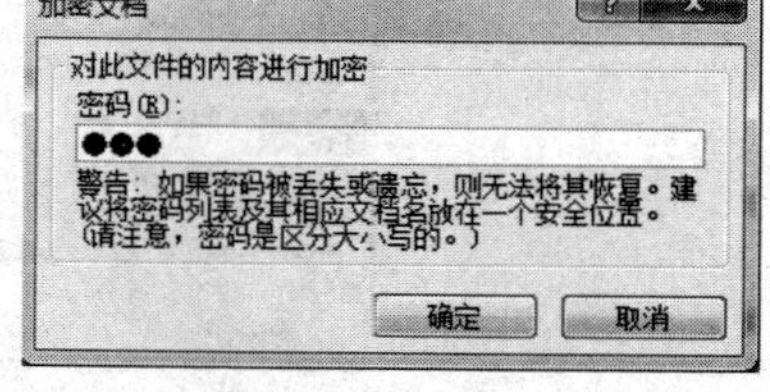

图 4-41 “加密文档”对话框

取消或修改密码与设置密码的方法相同，用新密码将原密码覆盖即可。

至此，工资表制作完毕。

小提示：①设置“打开权限密码”后，必须输入密码才可查看工作簿。②设置“修改权限密码”，必须输入密码才可修改。

任务四 制作销售图表

任务要求

某公司销售部要对其 2017 年第一季度销售情况做个总结，请利用 Excel 建立 xx 公司销售图表。

任务实施

新建一个 Excel 文档，重命名为“xx 公司销售图表 . xlsx”。

一、创建图表

将工作表标签 Sheet 1 更名为销售图表。

（1）录入数据。在工作表相应单元格中输入文本，文本内容如图 4-42 所示。

（2）插入图表。选中 A3：D12 单元格区域，单击“插入”→“图表”，在图表类型中选择“条形图”，在子图表类型中选择第一种图表类型，如图 4-43 所示，此时工作表中插入了一张图表，如图 4－44 所示。

	A	B	C	D
1	xx公司2017年第一季度销售表			
2				单位：元
3	销售员	1月份	2月份	3月份
4	徐辉	213578	223514	218974
5	郭东升	146538	148965	154266
6	罗丽娜	134582	139864	142536
7	林薇	198966	199664	201235
8	郭涛	186534	187596	189654
9	李云生	201896	213145	213547
10	齐天高	195135	198672	200124
11	周晓明	178964	179653	182046
12	穆青云	198652	196534	198976

图 4－42　输入文本

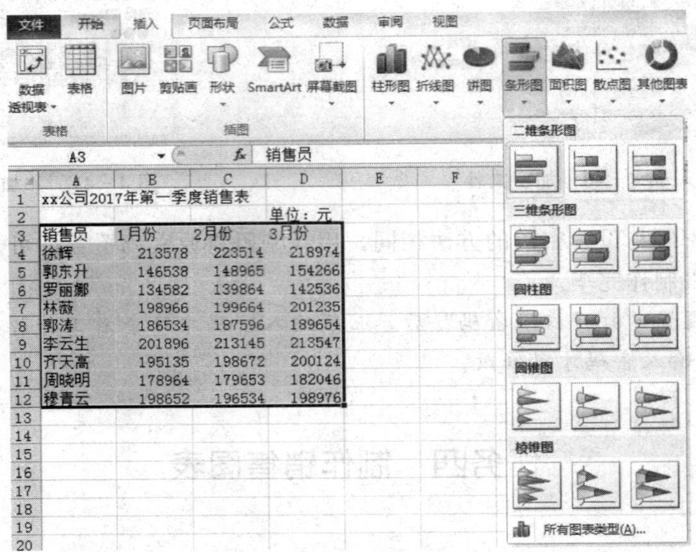

图 4－43　选择图表类型

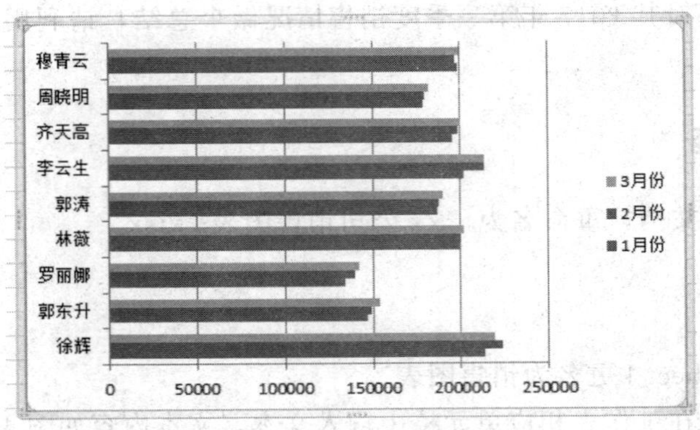

图 4－44　插入销售图表

(3) 切换行/列。选中图表，单击鼠标右键，在弹出的快捷菜单中选择“选择数据”（见图 4-45），弹出“选择数据源”对话框，单击“切换行/列”按钮，单击“确定”按钮（见图 4-46）。修改后的销售图表如图 4-47 所示。

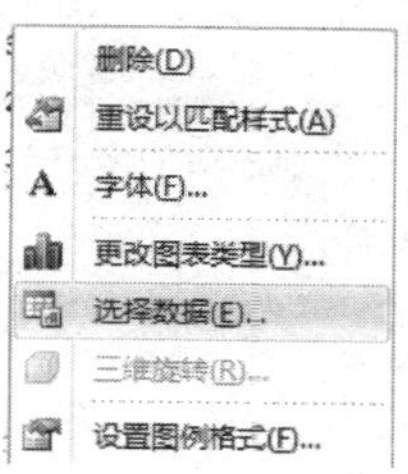

图 4-45 选择数据

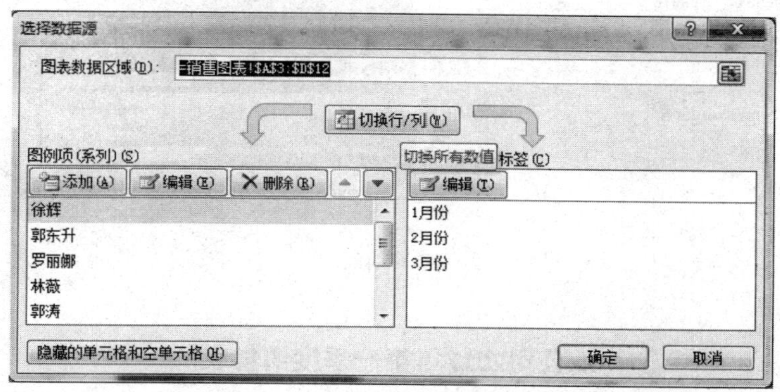

图 4-46 “选择数据源”对话框

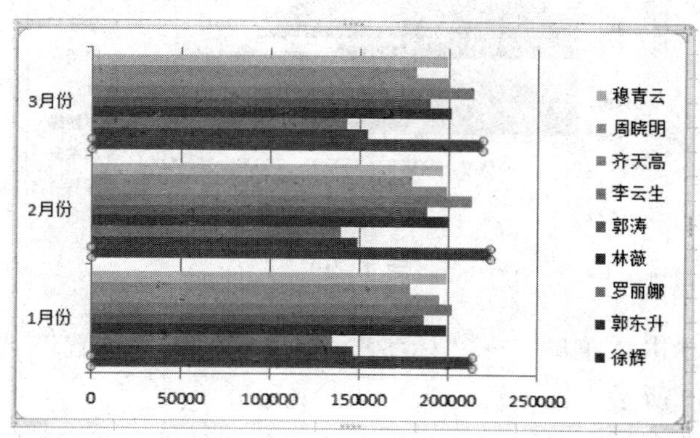

图 4-47 切换行/列后的图表

(4) 添加图表标题。单击“布局”→“标签”→“图表标题”→“图表上方”，在图标上出现标题框，如图 4-48 所示。在标题框中输入“xx 公司 2017 年第一季度销售表”。单击“布局”→“标签”→“坐标轴标题”→“主要横坐标轴标题”，在“坐标轴标题”框中输入“销售额”，用同样的方法输入纵坐标“月份”。结果如图 4-49 所示。

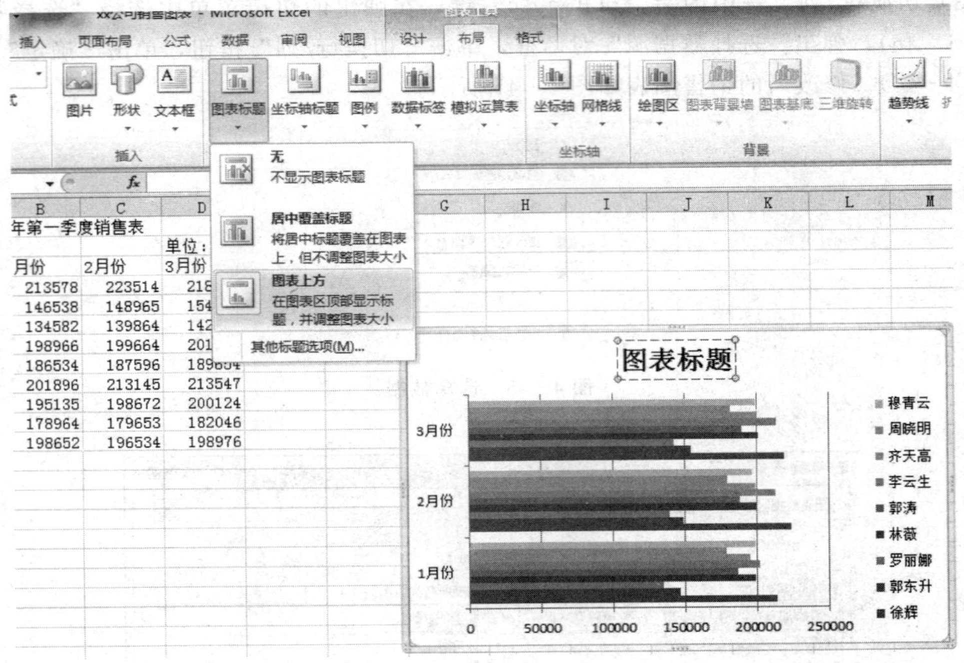

图 4－48

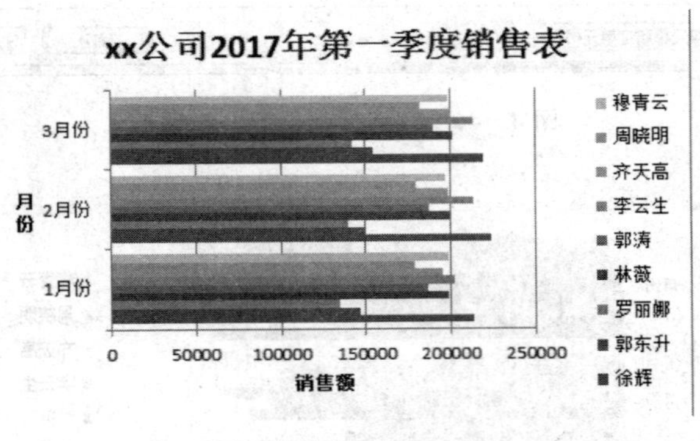

图 4－49

（5）修改图例。单击“布局”→“标签”→“图例”，“位置”选择“在顶部显示图例”选项，如图 4－50 所示。

（6）显示数据。单击“布局”→“标签”→“数据标签”，选择“数据标签外”，如图 4－51 所示。

（7）控制点拖曳。选中绘图区，将鼠标指针置于绘图区边线上的控制点，拖曳鼠标。

（8）单击系列标签。在图表中单击某一个系列标签，则该系列标签全部被选中。

（9）设置货币样式。单击布局”→“标签”→“数据标签”→“其他数据标签选项”，弹出“设置数据标签格式”对话框，选择“数字”选项卡，在“数字”类别中选择“货币”，如图 4－52 所示。

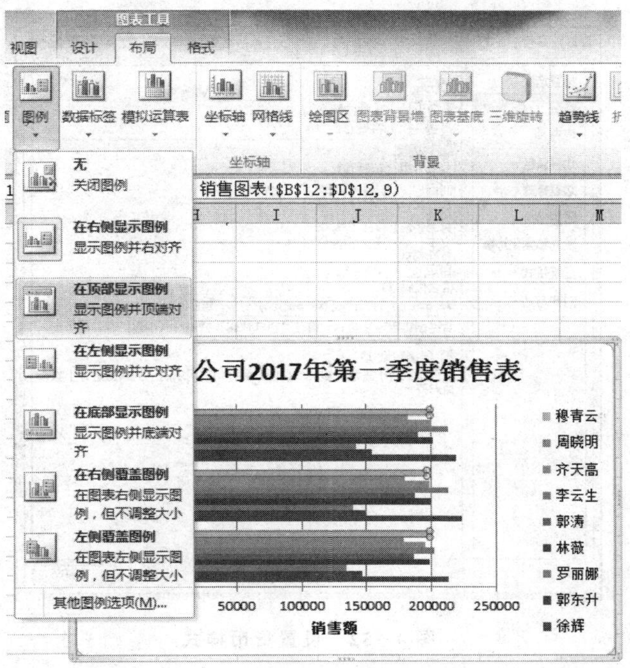

图 4－50　修改图例

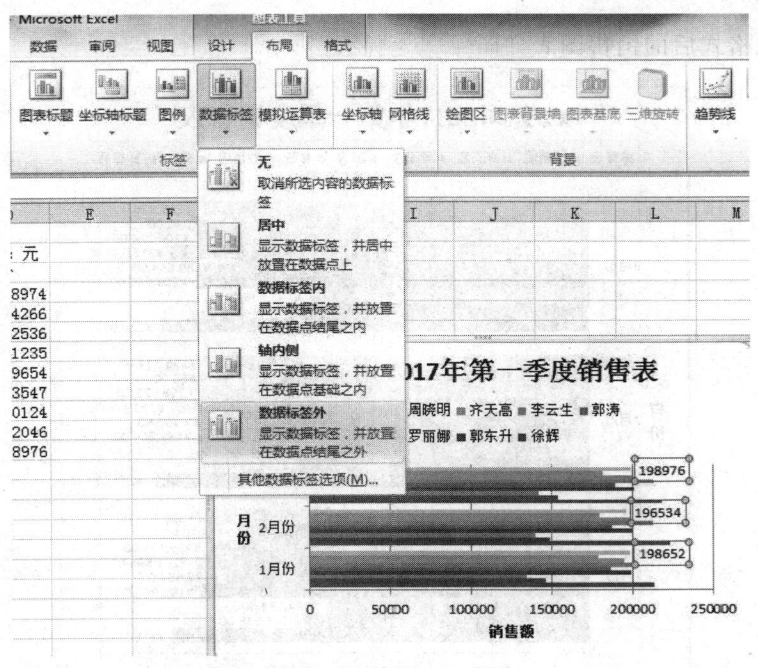

图 4－51　显示数据

（10）修改图表标题格式。选中图表标题，设置“字体”为“宋体”“加粗”，“字号”设为“20”。

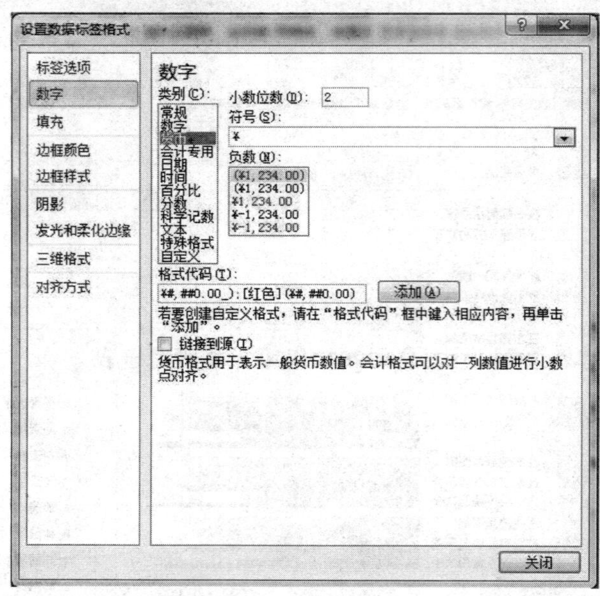

图 4－52　设置货币样式

(11) 修改坐标轴标题格式。选中坐标轴标题，设置“字体”为“宋体”“加粗”，“字号”设为“12”。

修改标题格式后的销售图表如图 4－53 所示。

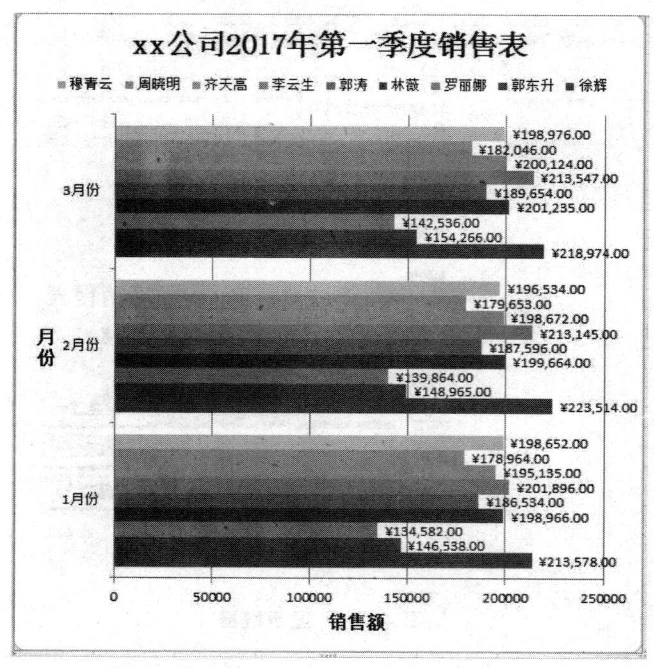

图 4－53　修改标题格式后的销售图表

（12）修改图表颜色。选中图表，单击鼠标右键，选择“设置绘图区格式”，选择浅蓝色，如图 4－54 所示。

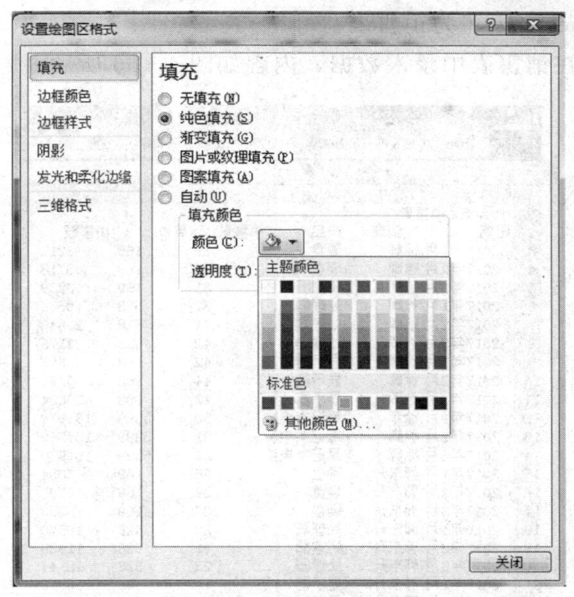

图 4－54 修改图表颜色

销售图表制作完毕，最终结果如图 4－55 所示。

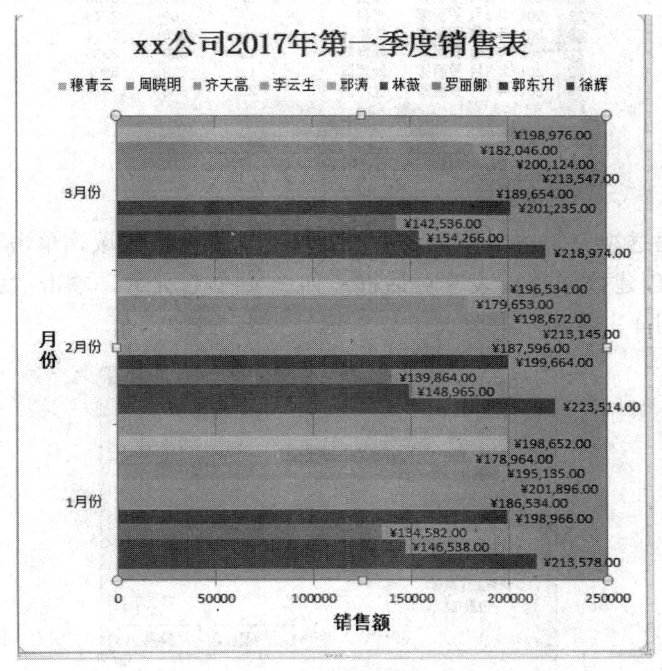

图 4－55 销售图标最终效果

二、创建数据透视表

将工作表标签 Sheet2 更名为销售表。

(1) 录入数据。在销售表中录入数据，内容如图 4－56 所示。

	A	B	C	D	E	F
1	电子产品销售表					
2	日期	经销商	产品	销售量	单价	销售额
3	2017年1月	徐辉	硬盘	19	169	3211
4	2017年2月	徐辉	硬盘	22	169	3718
5	2017年3月	徐辉	硬盘	31	169	5239
6	2017年1月	徐辉	处理器	37	528	19536
7	2017年2月	徐辉	处理器	41	528	21648
8	2017年3月	徐辉	处理器	42	528	22176
9	2017年1月	徐辉	显示器	42	688	28896
10	2017年2月	徐辉	显示器	44	688	30272
11	2017年3月	徐辉	显示器	43	688	29584
12	2017年1月	徐辉	笔记本电脑	30	5399	161970
13	2017年2月	徐辉	笔记本电脑	31	5399	167369
14	2017年3月	徐辉	笔记本电脑	30	5399	161970
15	2017年1月	郭东升	硬盘	36	169	6084
16	2017年2月	郭东升	硬盘	39	169	6591
17	2017年3月	郭东升	硬盘	37	169	6253
18	2017年1月	郭东升	处理器	20	528	10560
19	2017年2月	郭东升	处理器	21	528	11088
20	2017年3月	郭东升	处理器	23	528	12144
21	2017年1月	郭东升	显示器	24	688	16512
22	2017年2月	郭东升	显示器	26	688	17888
23	2017年3月	郭东升	显示器	25	688	17200
24	2017年1月	郭东升	笔记本电脑	21	5399	113379
25	2017年2月	郭东升	笔记本电脑	21	5399	113379
26	2017年3月	郭东升	笔记本电脑	22	5399	118778
27	2017年1月	罗丽娜	硬盘	23	169	3887
28	2017年2月	罗丽娜	硬盘	22	169	3718
29	2017年3月	罗丽娜	硬盘	17	169	2873
30	2017年1月	罗丽娜	处理器	13	528	6864
31	2017年2月	罗丽娜	处理器	12	528	6336
32	2017年3月	罗丽娜	处理器	11	528	5808
33	2017年1月	罗丽娜	显示器	23	688	15824

图 4－56　录入数据

(2) 插入数据透视表。选中销售表中 A2：F110 单元格区域，单击“插入”→“数据透视表”，打开“创建数据透视表”对话框，如图 4－57 所示，单击“完成”按钮。插入的数据透视表如图 4－58 所示，将此工作表标签更名为透视表。

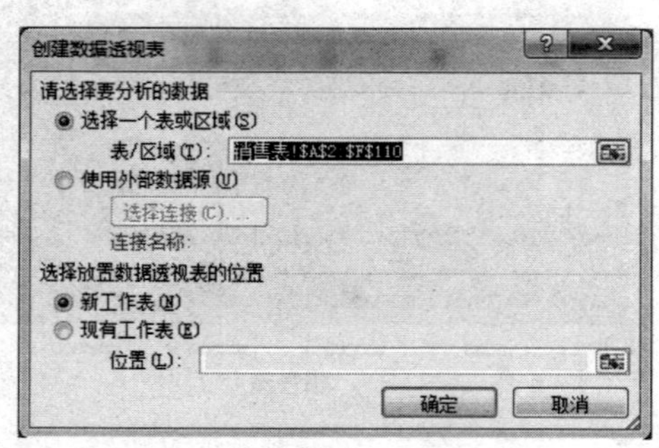

图 4－57　“创建数据透视表”对话框

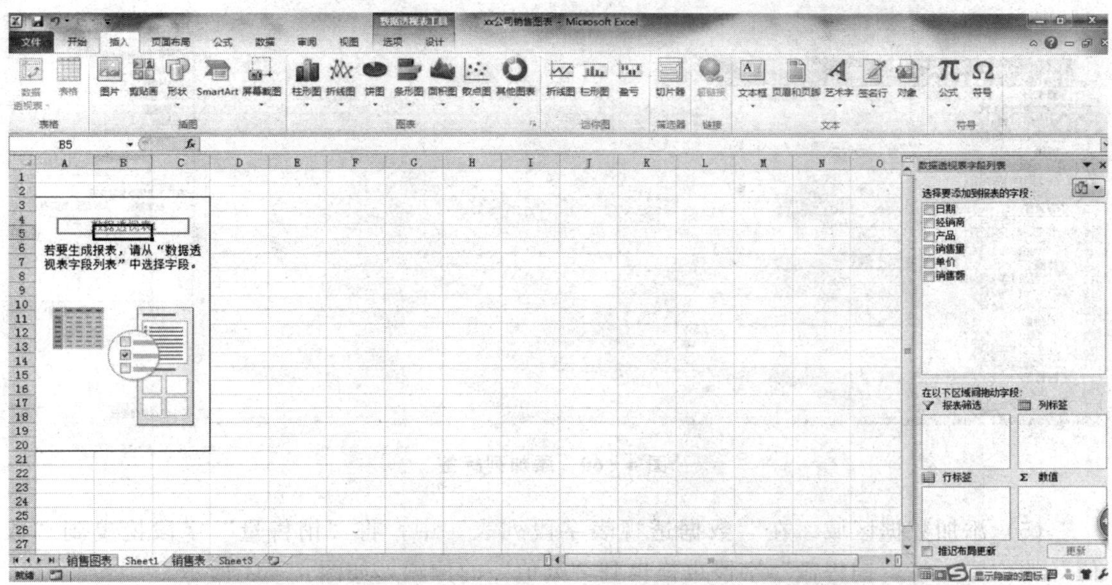

图 4-58　数据透视表

（3）添加行标签。在“数据透视表字段列表”中，将“经销商”字段拖曳到“行标签”的位置，将“日期”字段也拖曳到“行区域”位置，如图 4-59 所示。

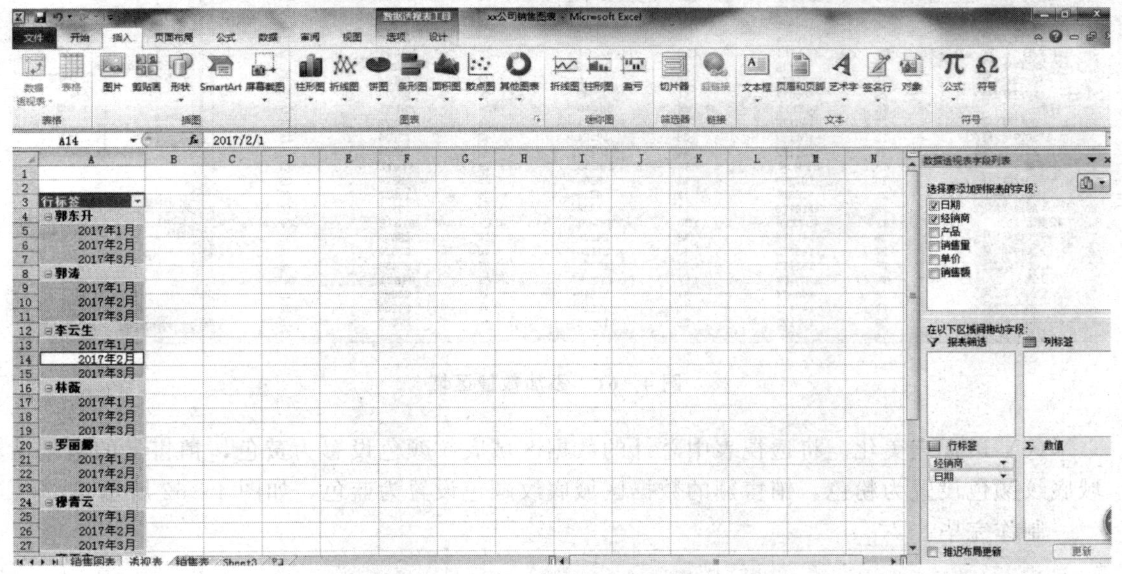

图 4-59　添加行标签

（4）添加列标签。在“数据透视表字段列表”中，将“产品”字段拖曳到“列标签”的位置，如图 4-60 所示。

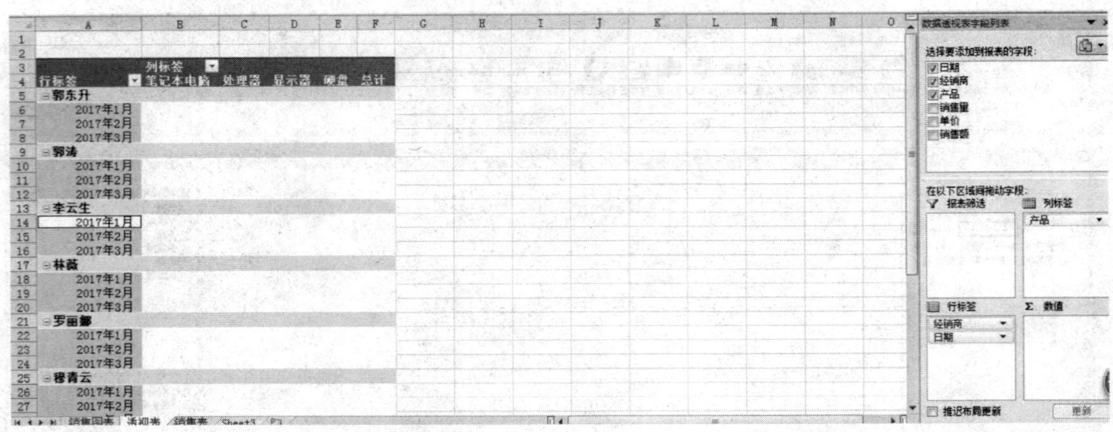

图 4-60　添加列标签

（5）添加数据区域。在“数据透视表字段列表”中，将“销售量”字段拖曳到“数值”的位置，将“销售额”字段也拖曳到“数值”的位置，如图 4-61 所示。

行标签	笔记本电脑 求和项:销售量	笔记本电脑 求和项:销售额	处理器 求和项:销售量	处理器 求和项:销售额	显示器 求和项:销售量	显示器 求和项:销售额	硬盘 求和项:销售量	硬盘 求和项:销
郭东升	**64**	**345536**	**64**	**33792**	**75**	**51600**	**112**	
2017年1月	21	113379	20	10560	24	16512	36	
2017年2月	21	113379	21	11088	26	17888	39	
2017年3月	22	118778	23	12144	25	17200	37	
郭涛	**76**	**410324**	**135**	**71280**	**138**	**94944**	**65**	
2017年1月	25	134975	36	19008	43	29584	18	
2017年2月	25	134975	51	26928	48	33024	28	
2017年3月	26	140374	48	25344	47	32336	19	
李云生	**86**	**464314**	**118**	**62304**	**128**	**88064**	**83**	
2017年1月	28	151172	37	19536	41	28208	18	
2017年2月	29	156571	40	21120	43	29584	35	
2017年3月	29	156571	41	21648	44	30272	30	
林薇	**83**	**448117**	**105**	**55440**	**129**	**88752**	**45**	
2017年1月	27	145773	38	20064	44	30272	17	
2017年2月	28	151172	33	17424	42	28896	13	
2017年3月	28	151172	34	17952	43	29584	15	
罗丽娜	**63**	**340137**	**36**	**19008**	**69**	**47472**	**62**	
2017年1月	20	107980	13	6864	23	15824	23	
2017年2月	21	113379	12	6336	24	16512	22	
2017年3月	22	118778	11	5808	22	15136	17	
穆青云	**81**	**437319**	**120**	**63360**	**119**	**81872**	**70**	
2017年1月	26	140374	46	24288	42	28896	31	
2017年2月	27	145773	40	21120	40	27520	13	
2017年3月	28	151172	34	17952	37	25456	26	
齐天高	**81**	**437319**	**117**	**61776**	**123**	**84624**	**62**	
2017年1月	26	140374	41	21648	42	28896	25	
2017年2月	27	145773	40	21120	41	28208	22	
2017年3月	28	151172	36	19008	40	27520	15	

图 4-61　添加数值区域

（6）透视表美化。将透视表中总计的数据区域底纹颜色设置为黄色，销售量的数据区域底纹颜色设置为粉色，销售额的数据区域底纹颜色设置为蓝色，如图 4-62 所示。

制作完毕。

	列标签 笔记本电脑		处理器		显示器		硬盘			
行标签	求和项:销售量	求和项:销售额	求和项:销售量	求和项:销售额	求和项:销售量	求和项:销售额	求和项:销售量	求和项:销售额	求和项:销售量汇总	求和项:销售额汇总
⊟郭东升	**64**	**345536**	**64**	**33792**	**75**	**51600**	**112**	**18928**	**315**	**449856**
2017年1月	21	113379	20	10560	24	16512	36	6084	101	146535
2017年2月	21	113379	21	11088	26	17888	39	6591	107	148946
2017年3月	22	118778	23	12144	25	17200	37	6253	107	154375
⊟郭涛	**76**	**410324**	**135**	**71280**	**138**	**94944**	**65**	**10985**	**414**	**587533**
2017年1月	25	134975	36	19008	43	29584	18	3042	122	186609
2017年2月	25	134975	51	26928	48	33024	28	4732	152	199659
2017年3月	26	140374	48	25344	47	32336	19	3211	140	201265
⊟李云生	**86**	**464314**	**118**	**62304**	**128**	**88064**	**83**	**14027**	**415**	**628709**
2017年1月	28	151172	37	19536	41	28208	18	3042	124	201958
2017年2月	29	156571	40	21120	43	29584	35	5915	147	213190
2017年3月	29	156571	41	21648	44	30272	30	5070	144	213561
⊟林薇	**83**	**448117**	**105**	**55440**	**129**	**88752**	**45**	**7605**	**362**	**599914**
2017年1月	27	145773	38	20064	44	30272	17	2873	126	198982
2017年2月	28	151172	33	17424	42	28896	13	2197	116	199689
2017年3月	28	151172	34	17952	43	29584	15	2535	120	201243
⊟罗丽娜	**63**	**340137**	**36**	**19008**	**69**	**47472**	**62**	**10478**	**230**	**417095**
2017年1月	20	107980	13	6864	23	15824	23	3887	79	134555
2017年2月	21	113379	12	6336	24	16512	22	3718	79	139945
2017年3月	22	118778	11	5808	22	15136	17	2873	72	142595
⊟穆青云	**81**	**437319**	**120**	**63360**	**119**	**81872**	**70**	**11830**	**390**	**594381**
2017年1月	26	140374	46	24288	42	28896	31	5239	145	198797
2017年2月	27	145773	40	21120	40	27520	13	2197	120	196610
2017年3月	28	151172	34	17952	37	25456	26	4394	125	198974
⊟齐天高	**81**	**437319**	**117**	**61776**	**123**	**84624**	**62**	**10478**	**383**	**594197**
2017年1月	26	140374	41	21648	42	28896	25	4225	134	195143
2017年2月	27	145773	40	21120	41	28208	22	3718	130	198819
2017年3月	28	151172	36	19008	40	27520	15	2535	119	200235
⊟徐辉	**91**	**491309**	**120**	**63360**	**129**	**88752**	**72**	**12168**	**412**	**655589**
2017年1月	30	161970	37	19536	42	28896	19	3211	128	213613
2017年2月	31	167369	41	21648	44	30272	22	3718	138	223007
2017年3月	30	161970	42	22176	43	29584	31	5239	146	218969
⊟周晓明	**72**	**388728**	**112**	**59136**	**119**	**81872**	**65**	**10985**	**368**	**540721**
2017年1月	23	124177	41	21648	43	29584	21	3549	128	178958
2017年2月	24	129576	36	19008	40	27520	21	3549	121	179653
2017年3月	25	134975	35	18480	36	24768	23	3887	119	182110
总计	**697**	**3783103**	**927**	**489456**	**1029**	**707952**	**636**	**107484**	**3289**	**5067995**

图 4-62 美化透视表

任务五 制作收入报表

任务要求

某公司销售部要对其 2017 年第一季度收入情况做个总结，利用 Excel 2010 制作一份收入报表。

任务实施

新建一个 Excel 文档，重命名为“xx 公司月收入报表 . xlsx”。

一、录入数据

在工作表相应单元格中输入文本，内容如图 4-63 所示。

二、使用自动求和与求平均值函数

(1) 选中 H4 单元格，单击“开始”→“编辑”→“自动求和”，在单元格中出现“=SUM (C6: F6)”函数，如图 4-64 所示，按下 Enter 键，即完成自动求和。再使用填充柄自动填充该列所有数据。

(2) 选中 C13 单元格，然后单击编辑栏上的 *fx* 图标，打开“插入函数”对话框，然后在“选择函数”列表框中选择“AVERAGE ()”，如图 4-65 所示。单击“确定”，弹出“函数参数”对话框，如图 4 - 66 所示，可以自动给出默认参数，也可以自定义参数，单击“确定”按钮，返回工作表中，可以发现 C13 单元格中已经显示出了计算结果，并且编辑栏中显示出了公式。再使用填充柄自动填充该行所有数据。

	A	B	C	D	E	F	G	H
1	xx公司月收入报表							
2					单位：元		时间：	2017年1月
3			硬盘	处理器	显示器	笔记本电脑		合计
4	收入部分	徐辉	3211	19536	28896	161970		213613
5		郭东升	6084	10560	16512	113379		146535
6		罗丽娜	3887	6864	15824	107980		134555
7		林薇	2873	20064	30272	145773		198982
8		郭涛	3042	19008	29584	134975		186609
9		李云生	3042	19536	28208	151172		201958
10		齐天高	4225	21648	28896	140374		195143
11		周晓明	3549	21648	29584	124177		178958
12		穆青云	5239	24288	28896	140374		198797
13		平均值						
14	支出部分	营业成本	12164	58648	92126	721289		884227
15		财务费用	2460	2318	3138	11088		19004
16		管理费用	1624	1235	5426	4212		12497
17		业务税金	457	596	769	1254		3076
18		净利润						

图 4 - 63　月收入报表数据录入

图 4 - 64　自动求和

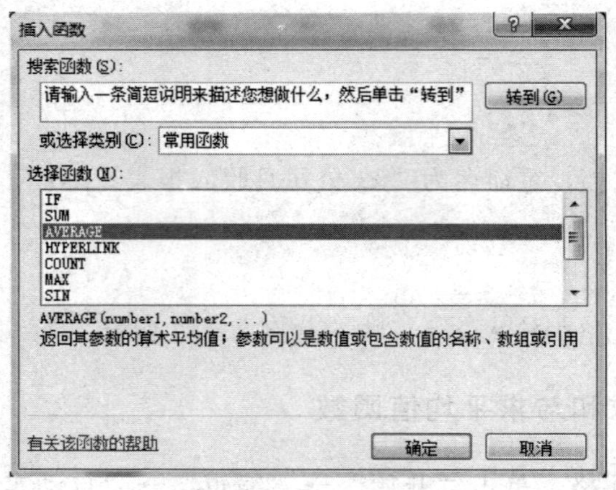

图 4 - 65　插入 AVERAGE ( ) 函数

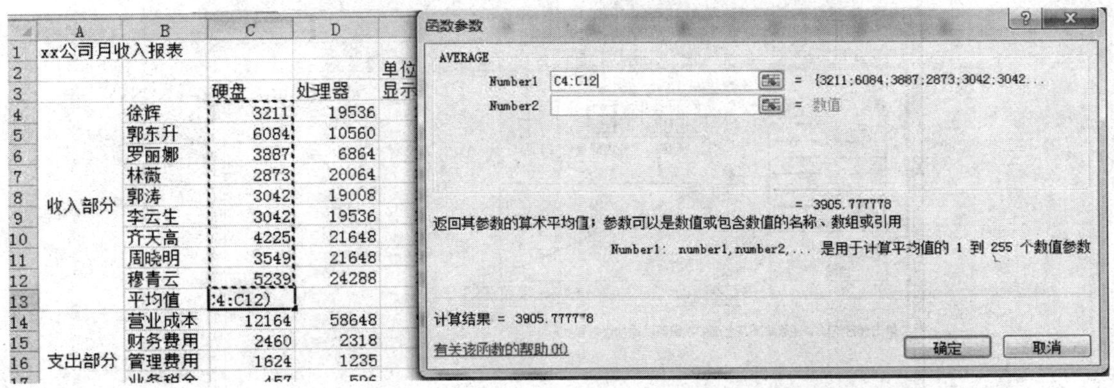

图 4 - 66　“函数参数”对话框

三、计算净利润

由分析可知，净利润＝收入部分－支出部分，在 C18 单元格中输入“＝C4＋C5＋C6＋C7＋C8＋C9＋C11＋C12－C14－C15－C16－C17”，按下 Enter 键即可，再使用填充柄自动填充该行所有数据。计算完数据后的月收入报表如图 4 - 67 所示。

	A	B	C	D	E	F	G	H
1				xx公司月收入报表				
2					单位：元		时间：	2017年1月
3			硬盘	处理器	显示器	笔记本电脑		合计
4		徐辉	3211	19536	28896	161970		213613
5		郭东升	6084	10560	16512	113379		146535
6		罗丽娜	3887	6864	15824	107980		134555
7		林薇	2873	20064	30272	145773		198982
8	收入部分	郭涛	3042	19008	29584	134975		186609
9		李云生	3042	19536	28208	151172		201958
10		齐天高	4225	21648	28896	140374		195143
11		周晓明	3549	21648	29584	124177		178958
12		穆青云	5239	24288	28896	140374		198797
13		平均值	3905.778	18128	25296.89	135574.9		183905.56
14		营业成本	12164	58648	92126	721289		884227
15		财务费用	2460	2318	3138	11088		19004
16	支出部分	管理费用	1624	1235	5426	4212		12497
17		业务税金	457	596	769	1254		3076
18		净利润	18447	100355	135213	482331		736346

图 4 - 67　计算完数据的月收入报表

四、格式化表格

1. 绘制斜线表头

选中 B3 单元格，单击“开始”→“单元格”→“格式”→“设置单元格格式”，弹出如图 4 - 68 所示对话框。选择“边框”选项卡，单击斜线边框，单击“确定”按钮。

2. 美化表格

在单元格中输入数据，对单元格对齐方式、行高列宽等进行调整，设置单元格底纹颜色，格式化后的月营业收入报表如图 4 - 69 所示。

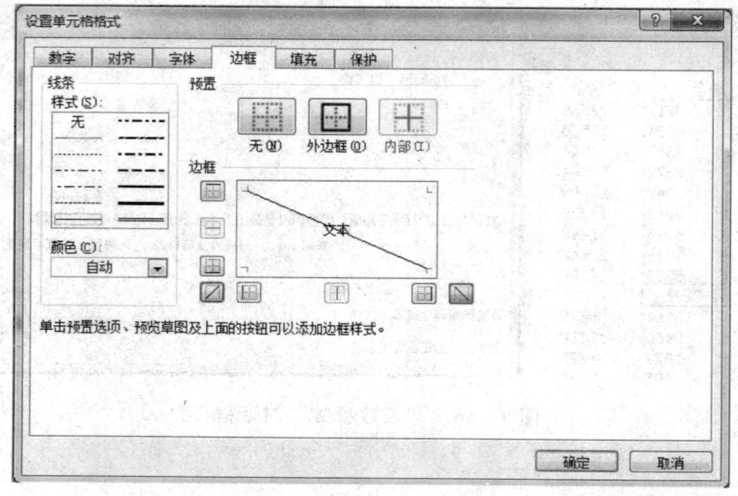

图 4-68 “设置单元格格式”对话框

	A	B	C	D	E	F	G	H
1	xx公司月收入报表							
2					单位：元		时间：	2017年1月
3	项目	产品	硬盘	处理器	显示器	笔记本电脑		合计
4		徐辉	3211	19536	28896	161970		213613
5		郭东升	6084	10560	16512	113379		146535
6		罗丽娜	3887	6864	15824	107980		134555
7		林薇	2873	20064	30272	145773		198982
8	收入部分	郭涛	3042	19008	29584	134975		186609
9		李云生	3042	19536	28208	151172		201958
10		齐天高	4225	21648	28896	140374		195143
11		周晓明	3549	21648	29584	124177		178958
12		穆青云	5239	24288	28896	140374		198797
13		平均值	3905.778	18128	26296.89	135574.9		183905.56
14		营业成本	12164	58648	92126	721289		884227
15		财务费用	2460	2318	3138	11088		19004
16	支出部分	管理费用	1624	1235	5426	4212		12497
17		业务税金	457	596	769	1254		3076
18		净利润	18447	100355	135213	482331		736346

图 4-69 格式化后的收入报表

五、创建图表

1. 选择图表类型

单击表格任意含有数据的单元格，单击“插入”→“图表”，选“带数据标记的折线图”，如图 4-70 所示。

2. 选择图表源数据

单击“设计”→“数据”→“选择数据”，在弹出的“选择数据源”对话框中，如图 4-71所示，选择“数据区域”，再选择“系列”选项卡，此时默认了整个工作表的“列”区域，在“系列”列表框中选中“平均值”列，单击“删除”按钮。单击“分类(X)轴标志”右侧的折叠按钮，弹出“轴标签”对话框，在“轴标签区域”文本框中显示了当前默认的轴标签区域为“=Sheet1！A1：H18”，此时在工作表中拖动鼠标指针重新选择“=Sheet1！A3：F18”单元格区域为轴标签区域，单击折叠按钮返回。

图 4－70　选择图表类型

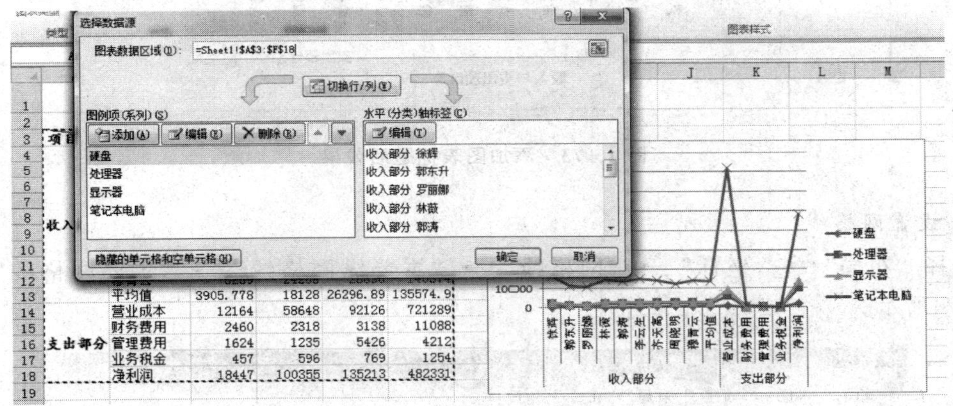

图 4－71　选择图表源数据

3. 添加图表标题

选择“设计”→“图表布局”（也可通过“布局”→“图表标题”的形式添加图表标题），如图 4－72 所示，为图表、纵坐标和横坐标添加标题，结果如图 4－73 所示。

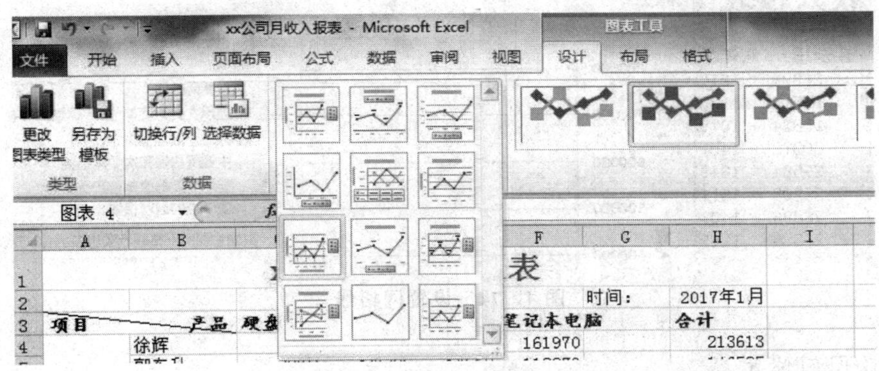

图 4－72　添加图表标题

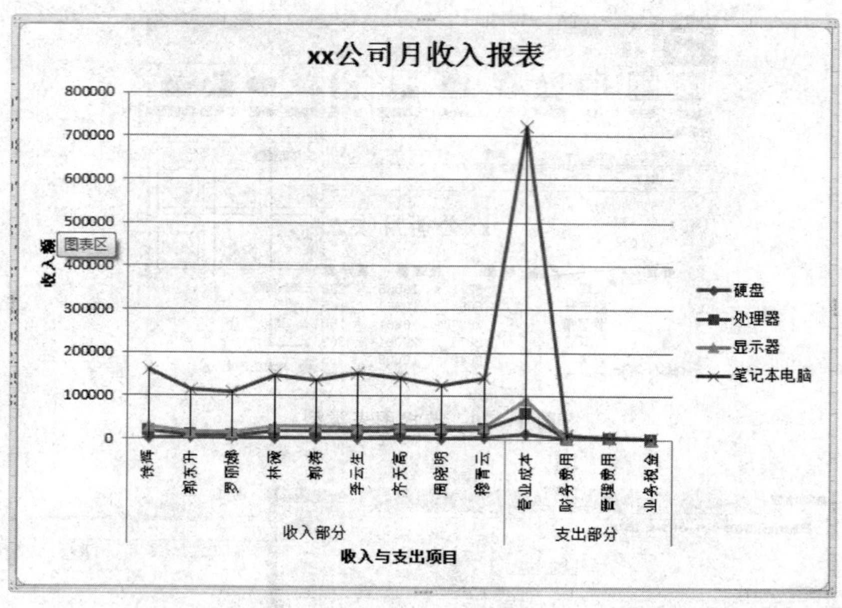

图 4－73　添加图表标题后效果

4. 设置网格线

选择“布局”→“坐标”→“网格线”→“主要纵网格线”→“主要网格线”，如图 4－74所示。

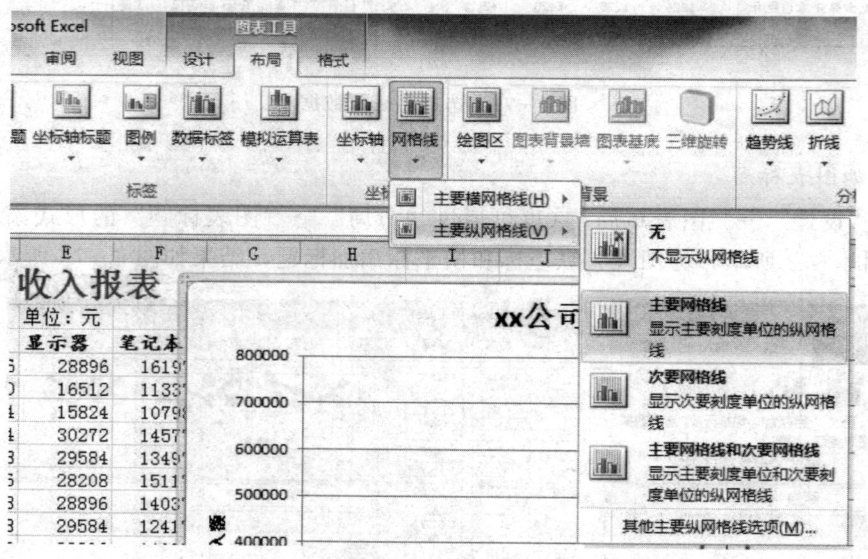

图 4－74　设置网格线

5. 更改图例位置

单击“布局”→“标签”→“图例”→“在底部显示图例”。

6. 设置标题格式

选中标题所在的文本框，然后将其设置为“楷体”，大小为“12”，颜色为“红色”，字形为“加粗”。

7. 修改图表颜色

选中图表，单击鼠标右键，选择“设置数据系列格式”，打开“数据系列格式”对话框，如图 4－75 所示，可对线条颜色、系列选项、数据标记填充等项目进行设置。

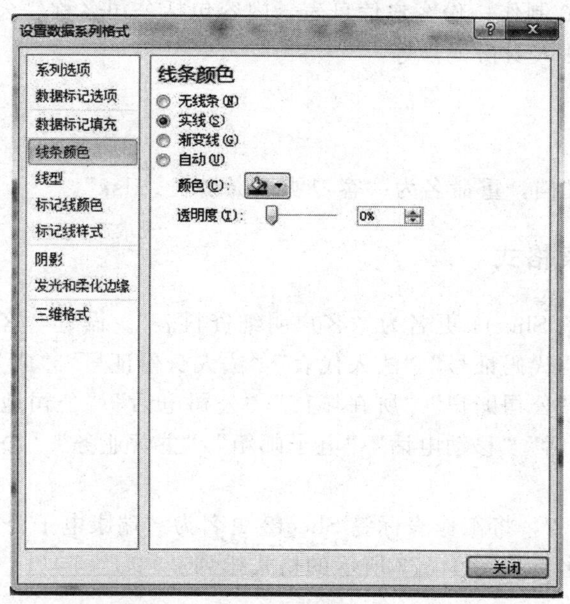

图 4－75　修改图表颜色

营业收入报表制作完毕，效果如图 4－76 所示。

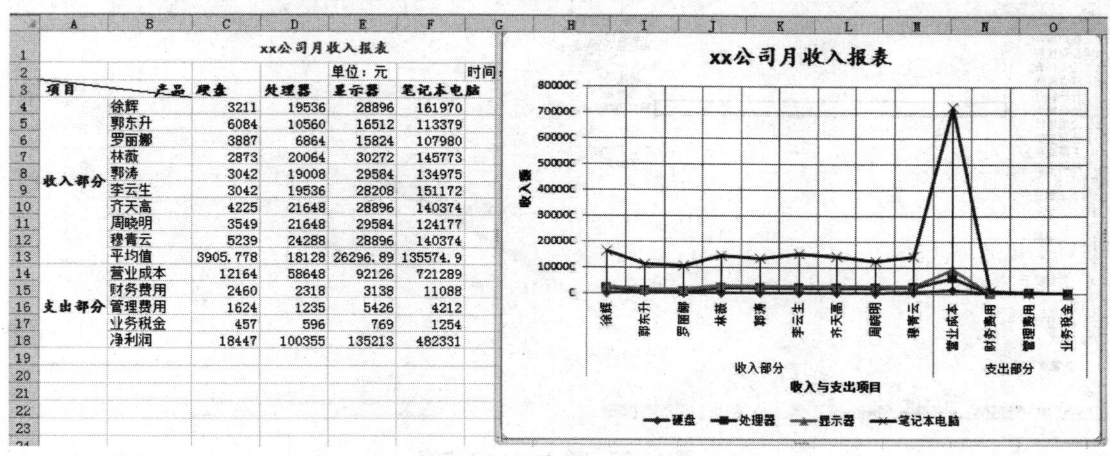

xx公司月收入报表

单位：元　时间：

项目	产品	硬盘	处理器	显示器	笔记本电脑
收入部分	徐辉	3211	19536	28896	161970
	郭东升	6084	10560	16512	113379
	罗丽娜	3887	6864	15824	107980
	林薇	2873	20064	30272	145773
	郭涛	3042	19008	29584	134975
	李云生	3042	19536	28208	151172
	齐天高	4225	21648	28896	140374
	周晓明	3549	21648	29584	124177
	穆青云	5239	24288	28896	140374
	平均值	3905.778	18128	26296.89	135574.9
支出部分	营业成本	12164	58648	92126	721289
	财务费用	2460	2318	3138	11088
	管理费用	1624	1235	5426	4212
	业务税金	457	596	769	1254
	净利润	18447	100355	135213	482331

图 4－76　收入报表最终效果

任务六 制作客户信息表

任务要求

请利用 Excel 2010 制作一份客户信息表，内容包括公司名称、公司性质、组织机构代码证号、法人代表、法人身份证号等。

任务实施

新建一个 Excel 文档，重命名为“客户明细资料表 . xlsx”。

一、设计工作表格式

（1）将工作表标签 Sheet1 更名为“客户明细资料表”。设置“客户编号”“公司名称”“公司性质”“组织机构代码证号”“法人代表”“法人身份证号”“成立时间”“建立合作关系时间”“开户银行”“公司账户”“所在城市”“公司电话”“公司地址”“公司主页”“主要联系人”“办公室电话”“移动电话”“电子邮箱”“主营业务”“公司简介”“所获证书”“行业殊荣”等字段。

（2）切换至 Sheet 2，将工作表标签 Sheet2 更名为“瑞康电子公司简介”，将“客户明细资料表”中的各列名称按图 4－77 所示的格式排列。

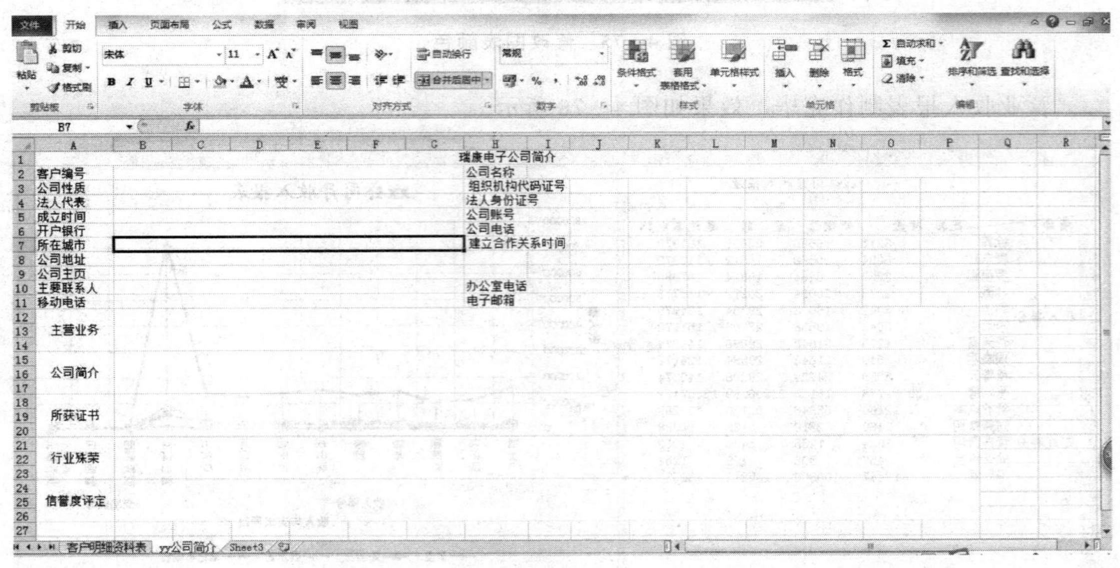

图 4－77 输入 sheet2 内容

二、设置数据有效性

1. 设置客户编号有效性

选中客户明细资料表的 A 列（客户编号），单击“数据”→“数据工具”→“数据有效性”，在弹出的“数据有效性”对话框中选择“设置”选项卡，从“允许”下拉列表中选择“文本长度”，从“数据”下拉列表框中选择“等于”，然后在“长度”文本框中输入“6”，如图 4－78 所示。切换至“出错警告”选项卡，在“标题”文本框中输入“文本长度只能为 6 位”，如图 4－79 所示。当输入无效数据时，会弹出此提示信息，单击“确定”按钮。

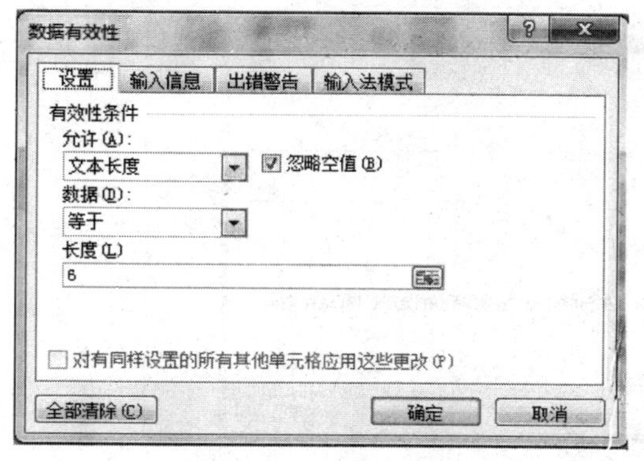

图 4－78　“设置”选项卡

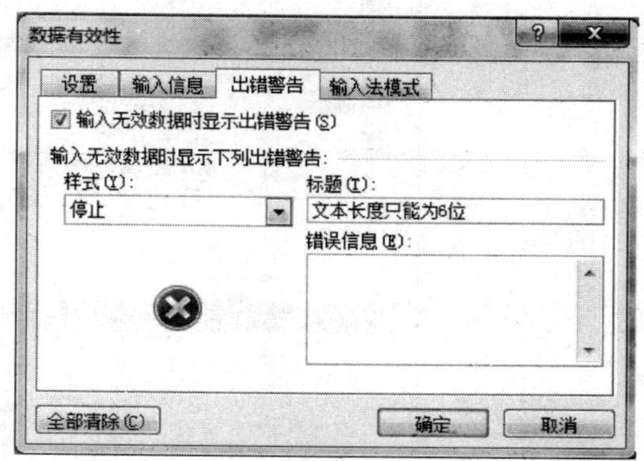

图 4－79　“出错警告”选项卡

2. 设置公司性质有效性

选中“公司性质”所在列的所有单元格，按照上面的方法打开“数据有效性”对话框，选择“设置”选项卡，将“允许”条件设置为“序列”，在“来源”文本框中键入组成序列的值，各值之间用逗号间隔（注意：逗号必须是在英文状态下输入），如图 4－80 所示，单击“确定”按钮。此时该单元格旁边有一个下拉按钮，单击该下拉按钮，从展开的下拉列表中选择所需的值。

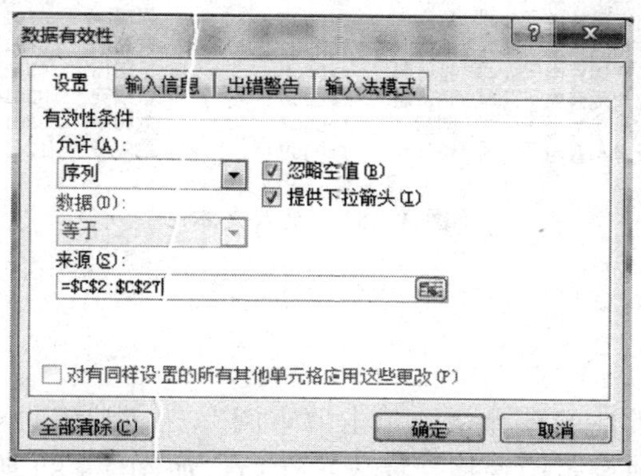

图 4－80　设置公司性质有效性

用同样的方法将“组织机构代码证号”的文本长度设置为 6 位，“法人身份证号”长度设置为 18 位。

三、设置日期格式

选中“成立时间”和“建立合作关系时间”所在的列，单击右键，选择“设置单元格格式”，打开“设置单元格格式”对话框，在“分类”中选择日期，如图 4－81 所示。

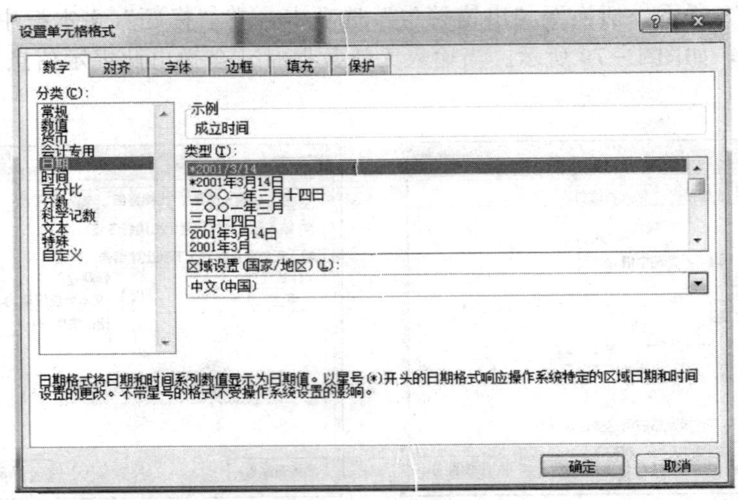

图 4－81　设置日期格式

四、录入内容

录入文本内容，如图 4－82 所示。

	A	B	C	D	E	F
1	客户明细资料表					
2	客户编号	公司名称	公司性质	组织机构代码证号	法人代表	法人身份证号
3	qw0001	瑞康电子公司	国营	fg0001	宋强	330304197811237456
4	qw0002	新城电子公司	股份制	fg0002	李林	330324198104152156
5	qw0003	山东科技电子公司	私营	fg0003	何琪	370102198210254587
6	qw0004	杭州成功电子公司	国营	fg0004	黄利平	330104197908085679
7	jn0001	南宁瑞克电子公司	股份制	fg0005	范国伟	450124198309084467
8	jn0002	杭州爱昔电子公司	股份制	fg0006	张瑞安	330102198012155689
9	jn0003	杭州茂生电子公司	国营	fg0007	刘和平	330103198206075623
10	jn0004	天津利睿电子公司	股份制	fg0008	吕庆贤	120102197705042587

图 4－82　录入文本

五、使用批注

（1）选中需要插入批注的单元格，单击“审阅”→“编辑批注”（也可选中单元格后单击右键，在打开的快捷菜单中选择“插入批注”），如图 4－83 所示。

（2）在所选单元格附近出现的文本框中输入批注内容即可。如果对文本框的大小不满意，可以直接拖动文本框周围的控制点来调整大小。另外也可以将鼠标指针放到文本框四周通过拖动来改变其位置。

（3）如果需要重新编辑批注，则选中该单元格，单击鼠标右键，从弹出的快捷菜单中选择“编辑批注”（也可选择“审阅”→“编辑批注”）即可对批注进行修改，如图 4 - 84 所示。

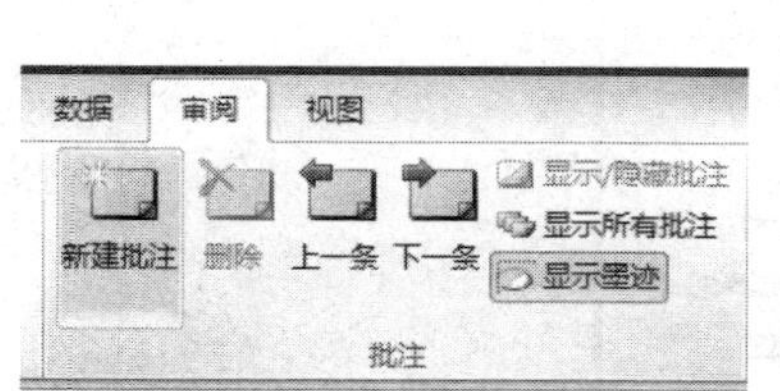

图 4 - 83 插入“批注”

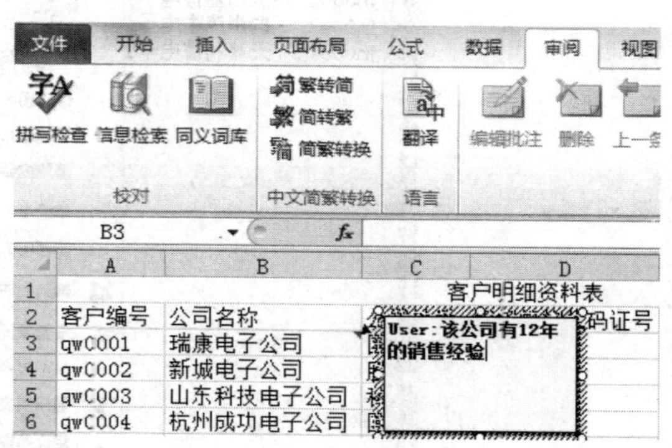

图 4 - 84 重新编辑批注

（4）用同样的方法为 B5，E5 单元格添加批注，如图 4 - 85 所示。单击“审阅”→“批注”→“显示所有批注”，可显示所有插入的批注。

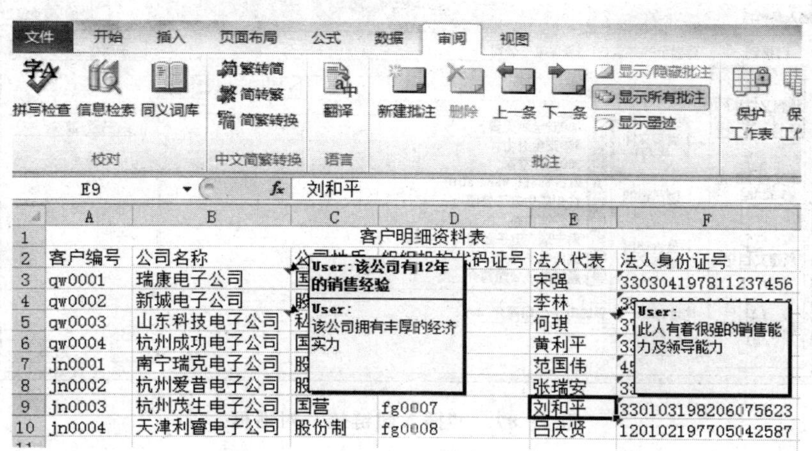

图 4 - 85 显示所有批注

六、应用超链接

（1）选中需要应用超链接的单元格，例如，选中 B4 单元格，单击右键，在出现的快捷菜单中选择“超链接”，如图 4 - 86 所示。

（2）弹出“插入超链接”对话框，如图 4 - 87 所示。在“链接到”列表中选择“现有文件或网页”，利用“查找范围”下拉列表找到所需文件，选中文件后，单击“确定”按钮。此处链接到的文件是“新城电子公司简介”Word 文档。

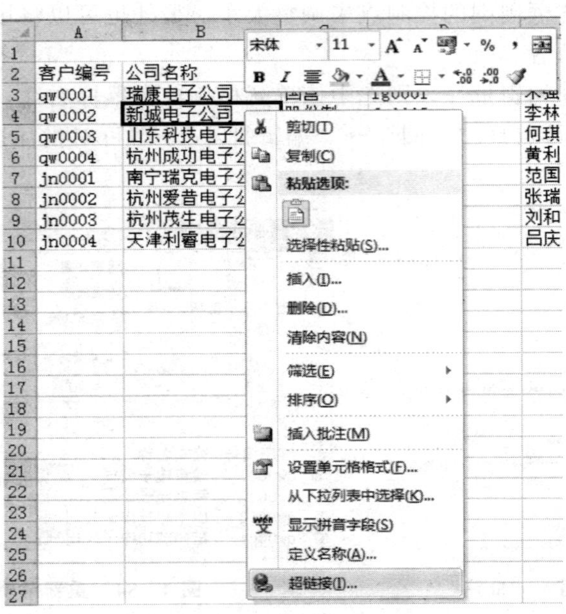

图 4－86　插入“超链接”

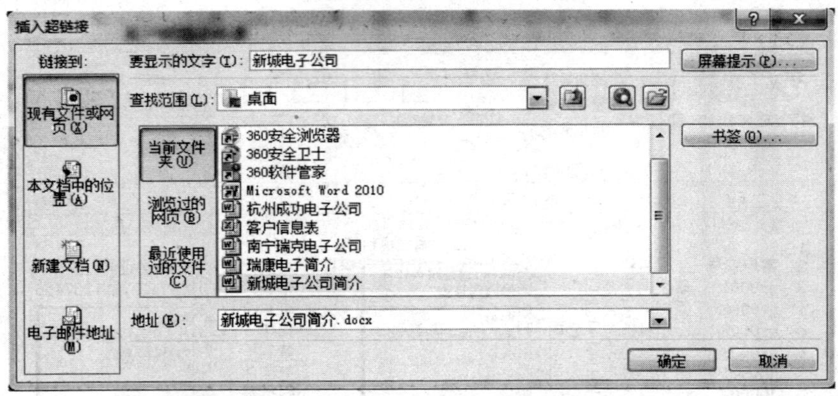

图 4－87　“插入超链接”对话框

（2）返回文档时，插入链接的文字会变成蓝色并有下画线，将鼠标移到文字上方，指针会变成小手的形状，同时显示提示信息，如图 4－88 所示。

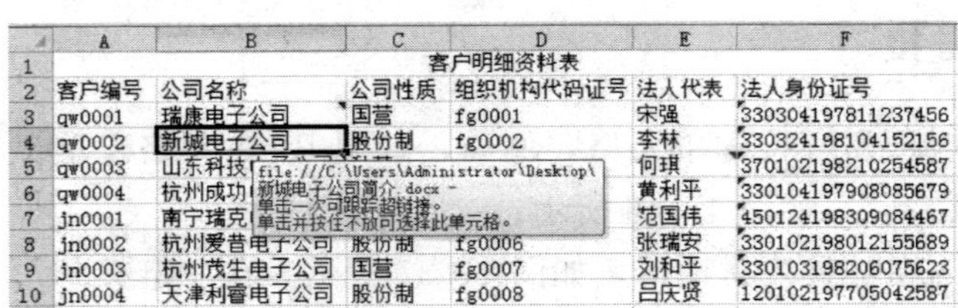

图 4－88　插入超链接后的单元格

（4）瑞康电子公司的简介文件是和客户明细资料表放在同一个 Excel 文档中，则需在“插入超链接”对话框中，“链接到”列表中选择“本文档中的位置”。在 B3 单元格插入超链接后，单击右键，选择“编辑超链接”，打开“编辑超链接”对话框。在“链接到”列表中选择“本文档的位置”，选定“瑞康电子公司简介”工作表，如图 4－89 所示。单击“确定”返回文档，当单击“瑞康电子公司”时，就会链接到瑞康电子公司简介工作表。

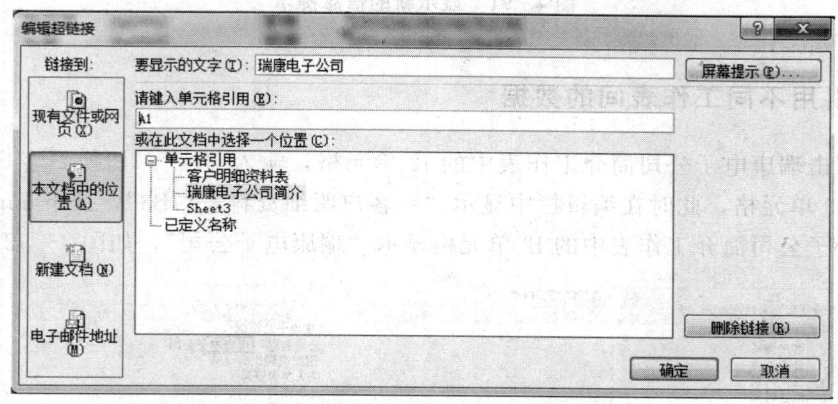

图 4－89 “编辑超链接”对话框

（5）用同样的方法为该列其他单元格添加超链接。

（6）如图 4－88 所示，当鼠标指针移至插入了超链接的文本时，就会显示提示信息，默认的提示信息是超链接文本的位置，这个提示信息是可以更改的。例如，需要将“新城电子公司”的提示信息进行更改，用户可选中 B4 单元格，单击鼠标右键，从弹出的快捷菜单中选择“编辑超链接”，在打开的对话框中单击“屏幕提示”按钮。弹出“设置超链接屏幕提示”对话框，在文本框中输入提示文字，如图 4－90 所示，单击“确定”按钮，返回到“编辑超链接”对话框，再一次单击“确定”按钮。

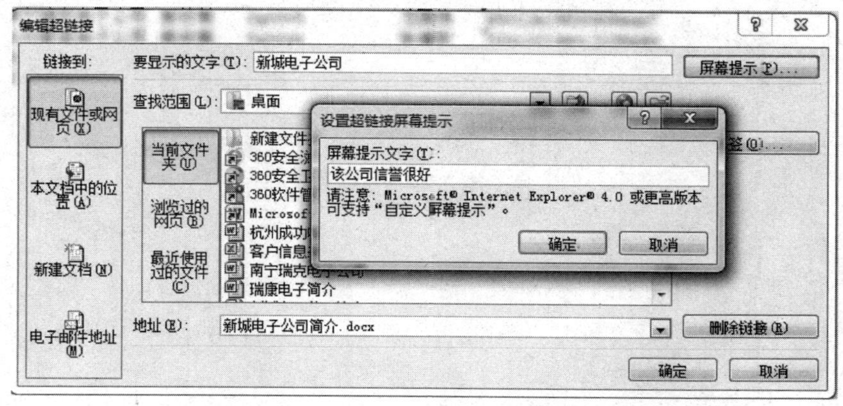

图 4－90 屏幕提示

（7）返回原工作表，将鼠标指针移至“新城电子公司”，此时在下方出现刚才在“设置超链接屏幕提示”对话框中输入的新的信息提示，如图 4－91 所示。

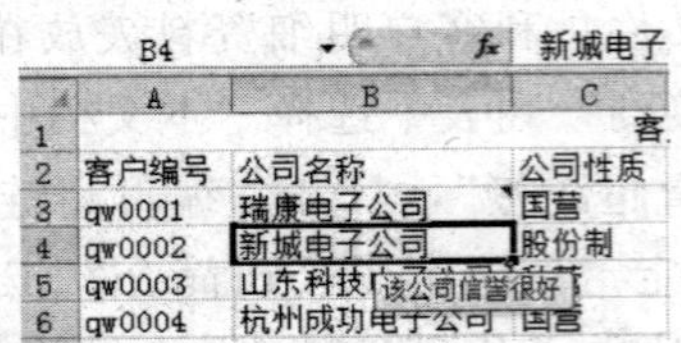

图 4－91　显示新的信息提示

七、引用不同工作表间的数据

（1）双击瑞康电子公司简介工作表中的 I2 单元格，输入“＝”，切换到客户明细资料表，选中 B3 单元格，此时在编辑栏中显示“＝客户明细资料表！B3”，按下 Enter 键，即可在瑞康电子公司简介工作表中的 I2 单元格显示“瑞康电子公司”，如图 4－92 所示。

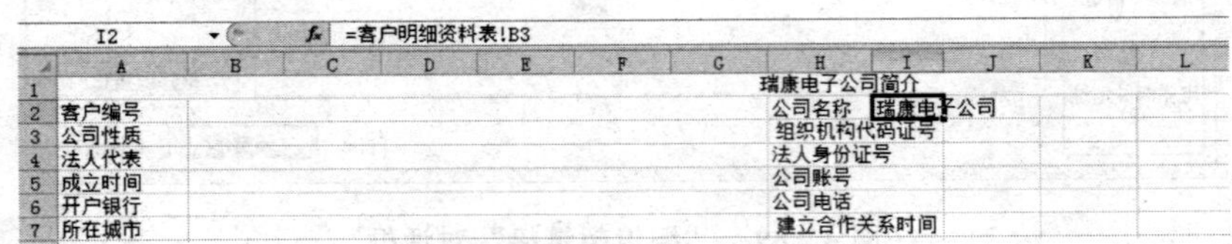

图 4－92　引用其他工作表中的数据

（2）将 I2 单元格底纹颜色设为蓝色。

（3）用同样的方法引用客户明细资料表中其他数据。

制作完毕。

项目五

PowerPoint 2010 办公应用

学习目标

1. 掌握制作母版与使用模板的方法，掌握自选图形、文本框和艺术字的创建方法，掌握表格和图表的插入、编辑与修饰方法。

2. 会设置自定义动画效果，会演示文稿的保存与打包，会幻灯片的放映方式设置，会复杂自定义动画的设置。

3. 掌握多媒体对象的插入操作，掌握更改幻灯片母版的技巧，会使用配色方案和背景改变幻灯片色彩。

4. 会在幻灯片中插入 Excel 快捷图标，会创建超链接和动作设置，掌握创建图形区域超链接的操作方法。

5. 掌握幻灯片的编辑——复制、移动和删除操作，掌握演示文稿的打印和网上发布的方法。

PowerPoint 2010 是 Office 办公软件的重要组件之一。PowerPoint 2010 是一个功能强大、简单易学的演示文稿制作软件。PowerPoint 2010 提供了新增和改进的工具，可使演示文稿更具感染力，可以使用比以往更多的方式创建动态演示文稿并与观众共享。本项目意在强化 PowerPoint 2010 的高级办公应用，以实例的形式进行讲解，并附有图片和详细操作步骤，图文并茂、简单易学。

任务一　制作公司宣传片

任务要求

创世嘉信企业管理顾问（北京）有限公司专业从事企业管理培训和咨询，提供项目管理、物流管理、质量管理和企业管理四大核心服务，在 IT、电信、金融、保险、工程、房地产、建筑、制造业等行业领域有着丰富的实践经验。为了向客户、公司员工及部分会员展示近年来公司的运营及管理情况，需要制作公司宣传片。要求内容包括：公司简介、企业经营情况、企业售后服务平台及企业未来规划等。

任务实施

一、制作母版

每个文稿都有 4 个母版，即标题母版、幻灯片母版、备注母版和讲义母版。幻灯片母版是由用户自行设置的母版，它主要用于演示文稿中统一的背景、标志、文字格式等。设置母版后，即可在母版基础上快速制作出多张相同格式的幻灯片。

1. 建立幻灯片母版

（1）执行“开始”→“所有程序”→“Microsoft office”→“Microsoft PowerPoint 2010”命令，启动 PowerPoint 2010，新建一个空白的演示文稿。

（2）选择“视图”→“母版视图”→“幻灯片母版”命令，进入“幻灯片母版视图”编辑模式界面。同时在大纲窗格内显示母版样式，选中任一样式，即可插入一张新的母版。

（3）选择“单击此处编辑母版标题样式”文本框，设置字体格式为“黑体、加粗、32 磅”，字体颜色设置为“RGB（19，6，88）”；为“单击此处编辑母版文本样式”文本设置字体格式为“宋体、28 磅、黑色”；设置其他“二级”“三级”等文本字体、字形均为“宋体、常规”，字号分别为“26，24，20，20”磅。效果如图 5－1 所示。

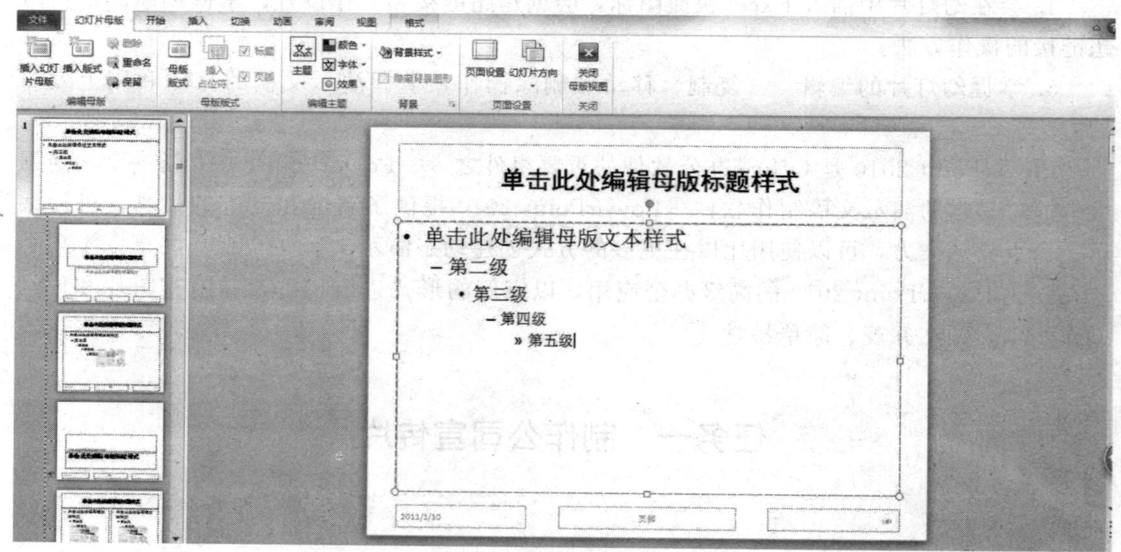

图 5－1　设置母版字体格式

（4）单击“单击此处编辑母版文本样式”文本，右键单击，在弹出的快捷菜单中选择“项目符号和编号”命令（见图 5－2），弹出“项目符号和编号”对话框，如图 5－3 所示。单击“自定义”按钮，弹出“符号”对话框，选择如图 5－4 所示符号样式，单击“确定”按钮返回“项目符号和编号”对话框，将“颜色”设置为“其他颜色—RGB（35，83，

217)”，单击“确定”按钮完成设置。

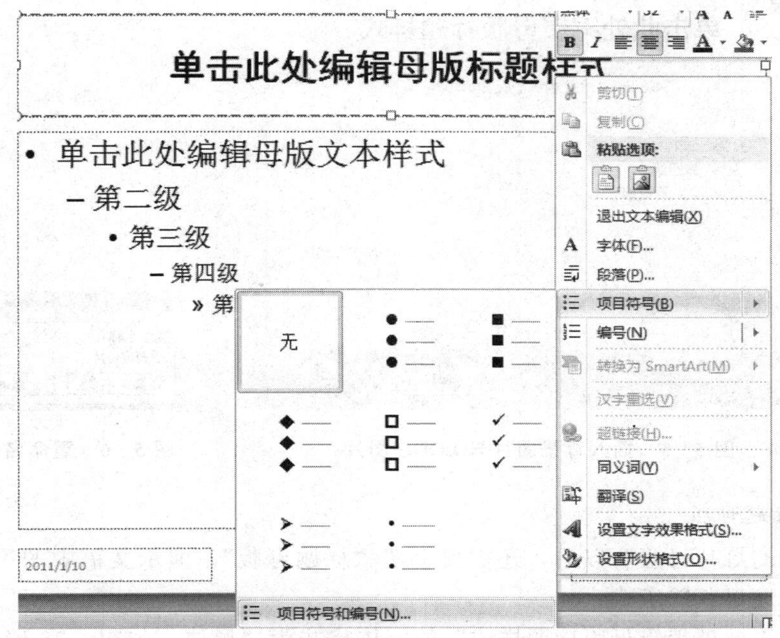

图 5-2 打开“项目符号和编号”

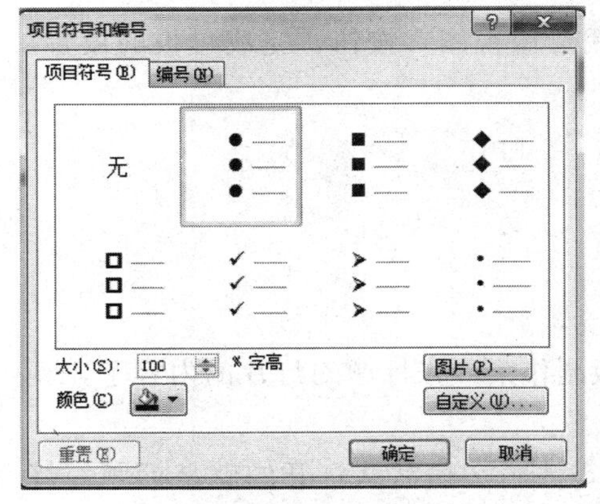

图 5-3 “项目符号和编号”对话框

图 5-4 “符号”对话框

(5) 在幻灯片下方插入背景图片，将图片设置为“置于底层”，调整高度和宽度。在幻灯片上方插入公司 LOGO 图片，适当调整大小和位置，如图 5-5 所示。

(6) 全部修改完成后，右击已修改的“幻灯片母版样式”，选择“重命名母版”，弹出如图 5-6 所示对话框，对母版进行重命名。完成幻灯片母版的制作，返回幻灯片编辑模式。

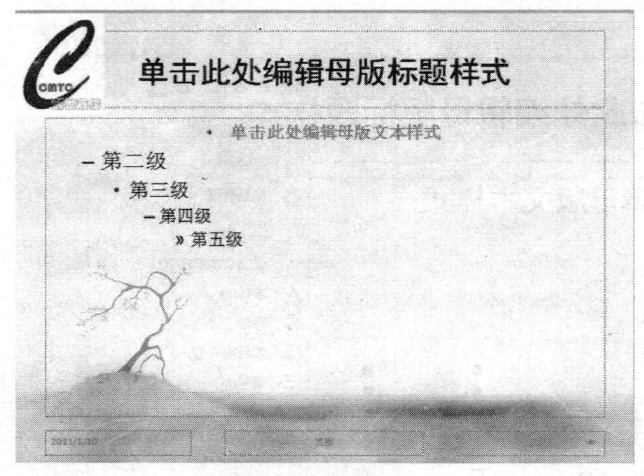

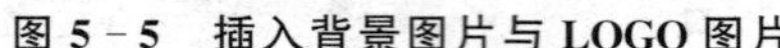

图 5－5　插入背景图片与 LOGO 图片

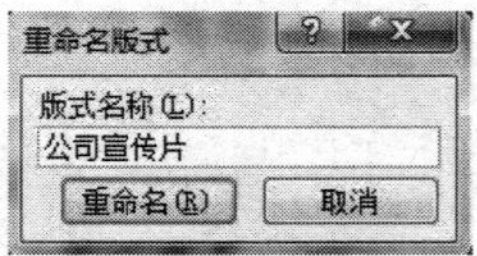

图 5－6　重命名母版

2. 创建标题母版

建立好“幻灯片母版”以后，还需要创建“标题母版”，演示文稿中的第一张幻灯片通常使用“标题母版”版式。

设置“单击此处编辑母版标题样式”的字体格式为“黑体、加粗、36 磅、居中”；设置“单击此处编辑母版副标题样式”的字体格式为“Arial、加粗、20 磅、RGB（56，160，219）、居中”。插入背景图片，调整大小及位置。

最后单击“幻灯片母版视图”工具栏中的“关闭母版视图”按钮，完成母板的设置，返回幻灯片编辑模式。

将当前演示文稿另存为模板，名称为“公司宣传片 . pptx”。

二、制作标题幻灯片

1. 应用模板

制作好幻灯片的模板之后，就可以应用标题母版制作第一张标题幻灯片的内容了，具体步骤如下：

（1）打开已设置好母版的“公司宣传片 . pptx”，演示文稿默认打开的就是标题幻灯片，在相应的位置输入幻灯片的标题和副标题，效果如图 5－7 所示。

（2）按 Ctrl＋S 保存演示文稿。

2. 制作“宣传口号”

标题幻灯片制作完成后，单击“新建幻灯片”（也可按 Enter 键），即可插入一张新的幻灯片——默认使用创建好的“公司宣传片”幻灯片母版。在此，使用艺术字为公司创建一张宣传口号幻灯片，具体操作步骤如下：

（1）选择“插入”→“文本”→“艺术字”命令，显示“艺术字库”菜单，如图 5－8 所示，选择第 3 行第 1 列图示样式。

（2）如图 5－9 所示，输入文本，设置格式，在第 1 张幻灯片中插入艺术字标题。

图 5-7 标题幻灯片

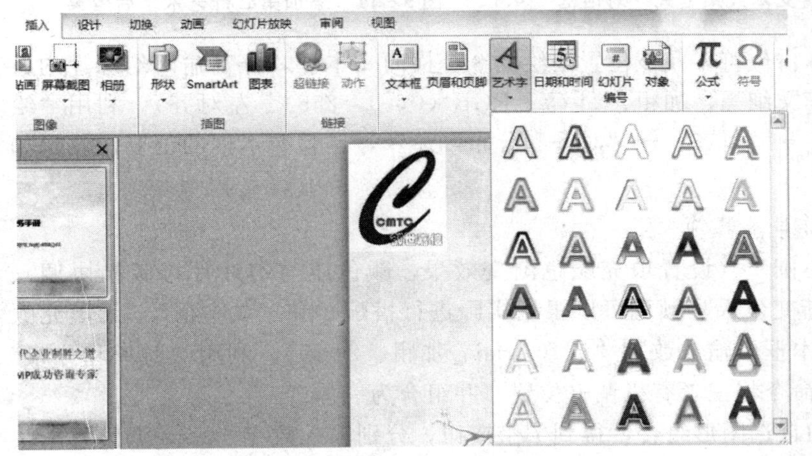

图 5-8 插入艺术字

图 5-9 编辑艺术字文字

(3) 单击右键，在弹出的快捷菜单中选择“设置文字效果格式”，弹出“设置文本效果格式”对话框，如图 5-10 所示。设置文本的填充颜色、三维格式等。

(4) 按照上述方法，添加第 2 行艺术字，设置相应格式，调整两行艺术字的位置，得到如图 5-11 所示结果。按 Ctrl+S 组合键保存演示文稿。

三、制作目录幻灯片

单击“新建幻灯片”创建一张新的幻灯片，制作第 3 张幻灯片的内容，具体操作步骤如下：

1. 利用文本框创建目录

(1) 在标题占位符中输入“创世嘉信欢迎您!”文本。

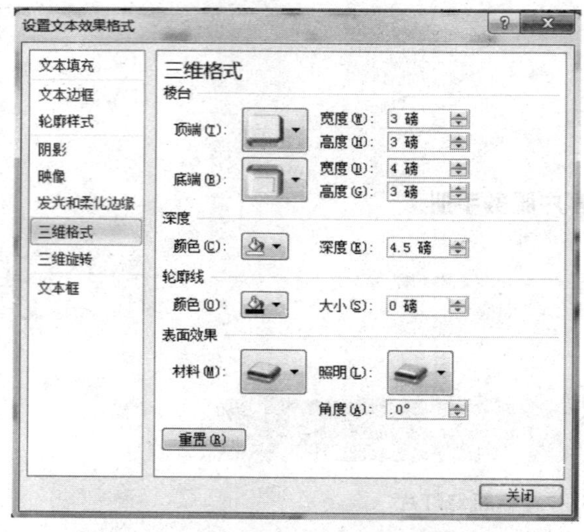

图 5-10 “设置文本效果格式”对话框

项目管理——现代企业制胜之道
创世嘉信——PMP成功咨询专家

图 5-11 添加第二行艺术字后效果

(2) 删除下方的文本占位符，在该位置处绘制 8 个横向文本框，分别输入幻灯片的目录文本（设置格式为：华文细黑、加粗、24 磅、RGB（0，0，255）、左对齐）。利用“绘图”工具栏中的“排列”→“对齐”→“对齐和分布”命令，调整文本框的位置，效果如图 5-12 所示。

2. 利用自选图形制作目录装饰

(1) 分别绘制“同心圆”（设置填充颜色渐变效果，颜色应与幻灯片母版相协调）、“圆形”（设置填充颜色渐变效果，颜色可以根据实际进行搭配）和“文本框”（无填充颜色、无线条颜色），在文本框中输入数字“1”（Arial、加粗、24 磅）。利用“对齐和分布”“叠放次序”和“组合”命令将三者有机调整位置，并组合为一体。

(2) 复制上面创建的自选图形组合，得到 7 个按钮，分别输入数字 2～7，调整每个按钮与目录文本框的位置，使之相对应，并且分别进行组合，最终效果如图 5-13 所示。

(4) 按 Ctrl+S 组合键保存演示文稿。

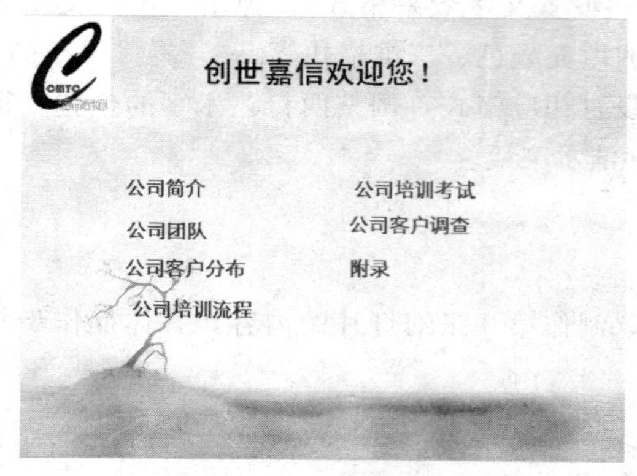

图 5-12 利用文本框创建目录

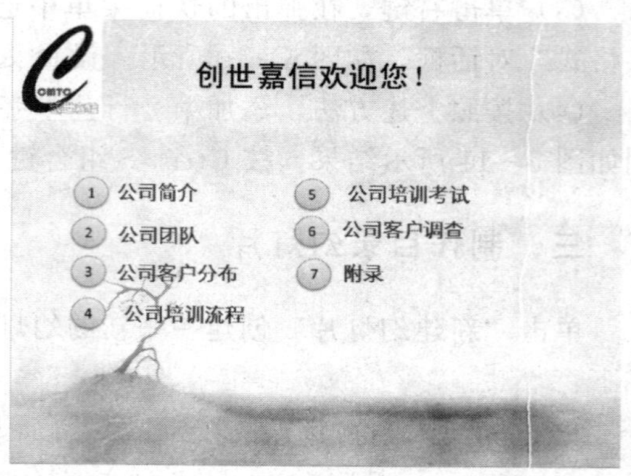

图 5-13 制作目录装饰

四、制作“企业介绍”幻灯片

单击“新建幻灯片”插入第 4 张幻灯片。接下来使用幻灯片母版中的文本样式，在第 4 张幻灯片中插入文字段落，具体操作步骤如下：

1. 占位符的使用

（1）在标题占位符中输入文本“创世嘉信介绍”，在正文占位符中逐行添加文本，并且使用项目符号修饰段落文字。

（2）选择“插入”→“图片”→“来自文件”命令，在右上角插入一幅图片，得到如图 5－14 所示效果。

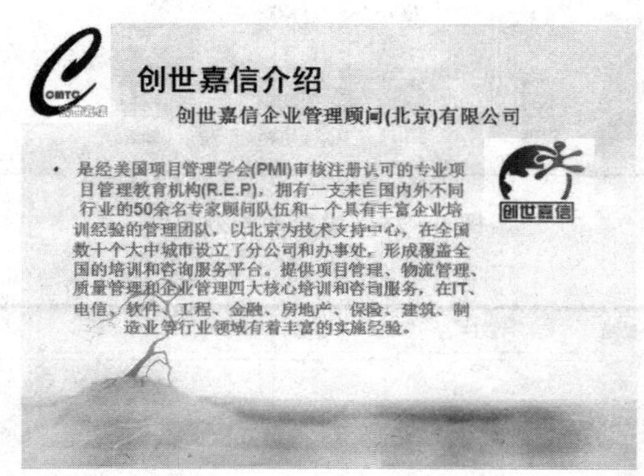

图 5－14　第 4 张幻灯片效果

2. 设置幻灯片切换效果

选择“切换”→“切换到此幻灯片”→“百叶窗”，如图 5－15 所示。单击下方的“播放”按钮可以浏览播放效果。

3. 设置文本动画效果

选择文本框之后，单击“动画”，在动画下拉菜单中选择“飞入”，如图 5－16 所示，即完成文本动画效果的设置。

检查效果满意后，按 Ctrl＋S 组合键保存演示文稿。

五、制作“企业团队”幻灯片

右键单击“大纲窗口”弹出菜单，单击“新建幻灯片”插入第 5 张幻灯片，在此通过插入图片，介绍公司的团队，具体操作步骤如下：

1. 插入并修饰图片

（1）在标题占位符中输入文本“创世嘉信的团队”，选择“插入”→“图片”→“来自文件”命令，在第 5 张幻灯片中插入 4 张照片。

（2）为每 1 张照片添加“阴影样式”，适当调节阴影的位置，拖动图片到适当的位置，得到如图 5－17 所示效果。

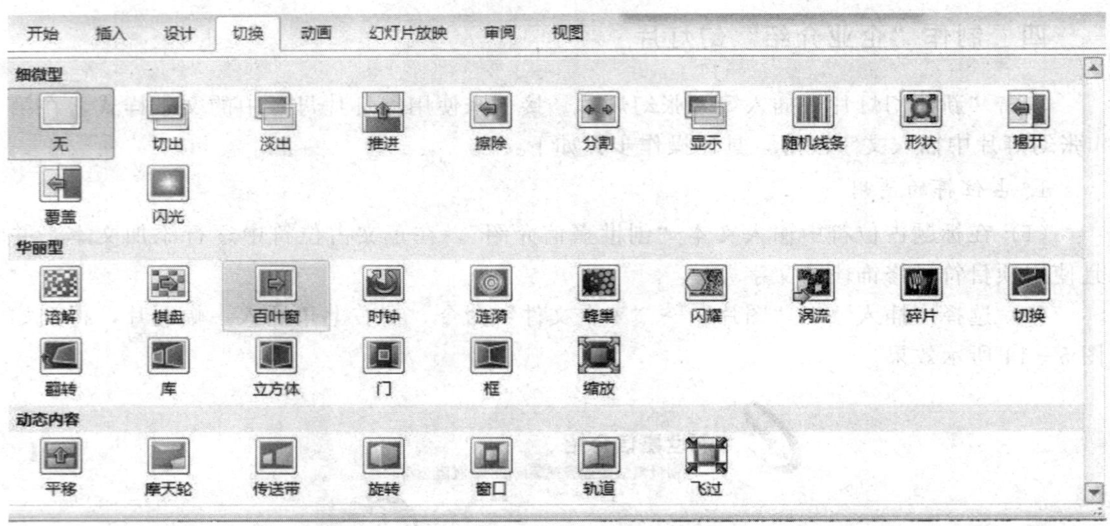

图 5-15　设置动画效果

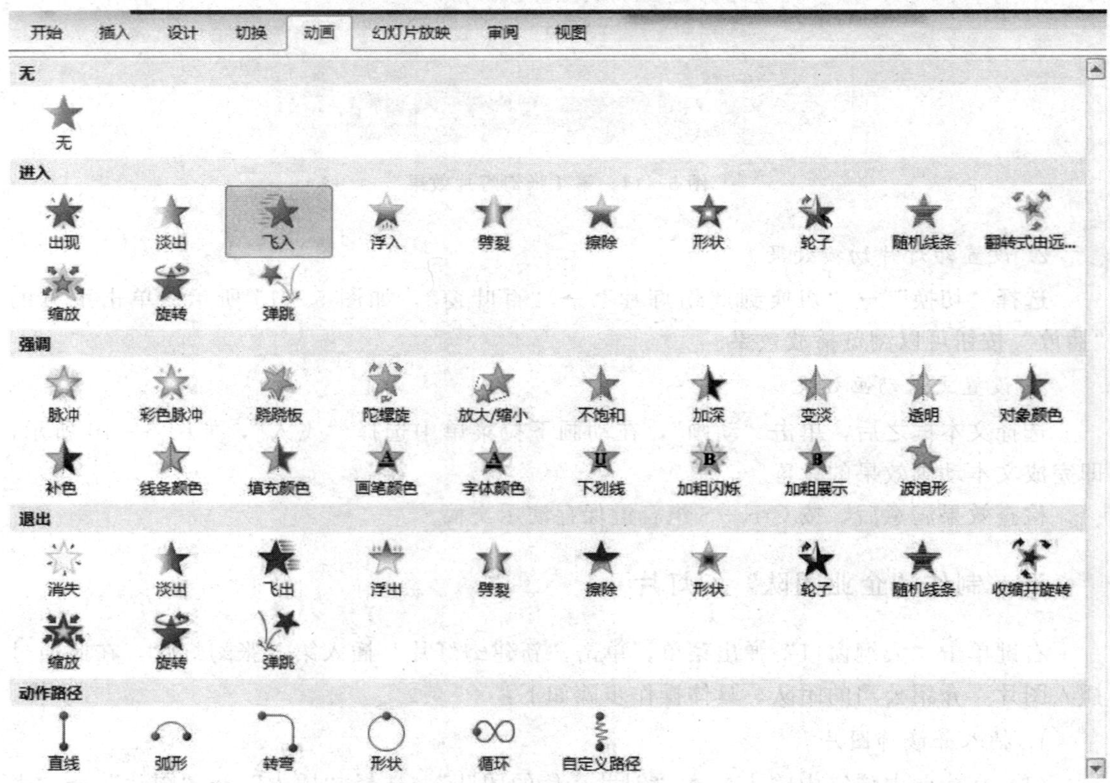

图 5-16　设置文本动画效果

图 5 - 17 第 5 张幻灯片效果

2. 设置图片的动画效果

(1) 单击左上角的第一幅图片，设置自定义动画效果为“飞入”（之后、自左侧、快速）。

(2) 设置另外三幅图片（按照从左到右的顺序）为同样的动画效果，分别设置“方向”为“自底部”“自顶部”“自右侧”。单击“播放”按钮，浏览效果。

(3) 检查效果满意后，按 Ctrl+S 组合键保存演示文稿。

六、制作“客户分布图”幻灯片

单击“新幻灯片”按钮，插入第 6 张幻灯片，在其中插入地图，介绍公司的客户分布情况，具体操作步骤如下：

(1) 在上方占位符中输入标题文本“创世嘉信客户分布图”。在下方插入一幅中国地图，利用创建的文本框，在图中添加客户分布城市名称，文本框的格式为“无填充颜色、无线条颜色”，字体格式为“宋体、加粗、14 磅、红色”。

(2) 使用自选图形中的直线作为地名的引出线。

(3) 将地图、文本框和自选图形组合在一起，防止图形变形。

(4) 按 Ctrl+S 组合键保存演示文稿，效果如图 5 - 18 所示。

七、制作“培训流程”幻灯片

单击“新建幻灯片”按钮，插入第 7 张幻灯片，在此使用自选图形的组合，介绍公司的整体培训流程，具体操作步骤如下：

(1) 在标题占位符中输入文本“创世嘉信整体培训流程介绍”。在下方分别绘制不同的自选图形——圆角矩形、矩形、箭头以及文本框，在文本框中输入文本“收集需求”（文本格式为宋体、加粗、20 磅）。注意要使用统一的色彩、适当的叠放次序，调整彼此的位置，使用“开始”→“绘图”工具栏上的“排列”→“组合”命令将全部图形进行组合，使得各种图形最终呈现如 5 - 19 所示的效果。

图 5－18　第 6 张幻灯片效果

(2) 利用上面的方法，绘制其他自选图形并组合，分别在不同的文本框中输入不同的培训名称，注意色彩的搭配要合理、统一。调整各组图形组合的位置，并且将所有图形进行组合，效果如图 5－20 所示。

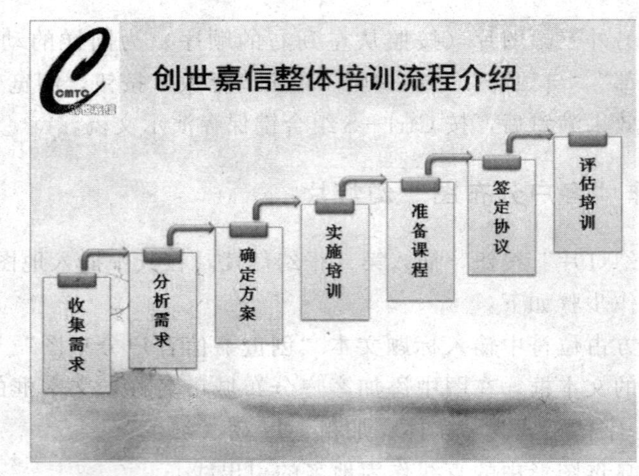

图 5－19　　　　图 5－20　第 7 张幻灯片

(3) 设置动画效果。选中自选图形组合，设置“飞入”动画效果。单击下方的“播放”按钮浏览效果。

(4) 按 Ctrl＋S 组合键保存演示文稿。

八、制作“考试培训安排”幻灯片

单击“新建幻灯片”，插入第 8 张幻灯片，在此插入表格，介绍公司的考试培训安排，具体操作步骤如下：

(1) 在标题占位符中输入文本“创世嘉信认证考试培训安排”。

(2) 点击如图 5－21 中的“插入表格”，在幻灯片中出现如图 5－22 所示的对话框。输入列数“5”、行数“5”，单击“确定”按钮。

图 5-21　插入表格

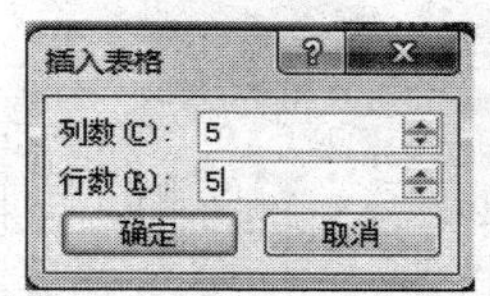

图 5-22　“插入表格”对话框

(3) 表格插入到幻灯片中后，按照 Word 编辑表格的方法，进行单元格的拆分和合并，在相应的单元格中输入内容文本，输入完成后，单击表格外空白处，得到如图 5-23 所示效果。

创世嘉信认证考试培训安排

认证考试时间	PMP考前培训时间		培训地点	备注
	时间	内容		
2016年6月	2016年3月8-10日过程讲解 2016年3月22-24日模块讲解	2014版PMP考前培训	国安宾馆	培训内容请见大纲
	考前前2天	考前串讲与模考2天		
2016年9月	2016年6月14-16日过程讲解 2016年6月21-23日模块讲解	2014版PMP考前培训	国安宾馆	培训内容请见大纲
	考前前2天	考前串讲与模考2天		
2016年12月	2016年9月10-12日过程讲解 2016年9月18-20日模块讲解	2014版PMP考前培训	国安宾馆	培训内容请见大纲
	考前前2天	考前串讲与模考2天		
2017年3月	2016年12月1-2日过程讲解 2016年12月6-8日模块讲解 2017年2月答疑会	2014版PMP考前培训	国安宾馆	培训内容请见大纲
	考前前2天	考前串讲与模考2天		

图 5-23　第 8 张幻灯片

(4) 为表格设置自定义动画“劈裂”效果（单击时、上下向中央收缩、快速），单击“播放”按钮浏览效果。

(5) 按 Ctrl+S 组合键保存演示文稿。

九、制作“课程满意度调查”幻灯片

新建第 9 张幻灯片，在此插入图表，介绍公司的课程满意度调查，具体操作步骤如下：

(1) 在标题占位符中输入文本“创世嘉信课程满意度调查”。在文本占位符中输入相关的学员反馈意见文本。

(2) 选择“插入”→“插图”→“图表”命令（或者直接单击图 5-21 中的插入图表），弹出如图 5-24 所示的“插入图表”对话框，选择簇状柱形图，单击“确定”，弹出如图 5-25 所示的一个 Excel 表格图表以及数据表编辑窗口。

(3) 在数据表编辑窗口中，将默认数据修改为如图 5-26 所示的效果。

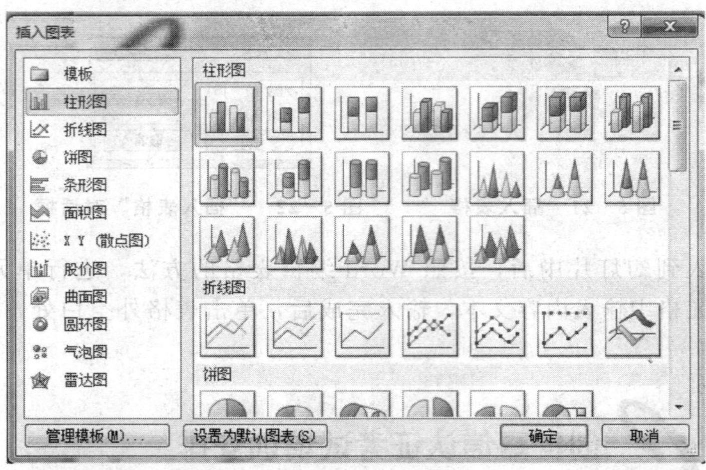

图 5－24　“插入图表”对话框

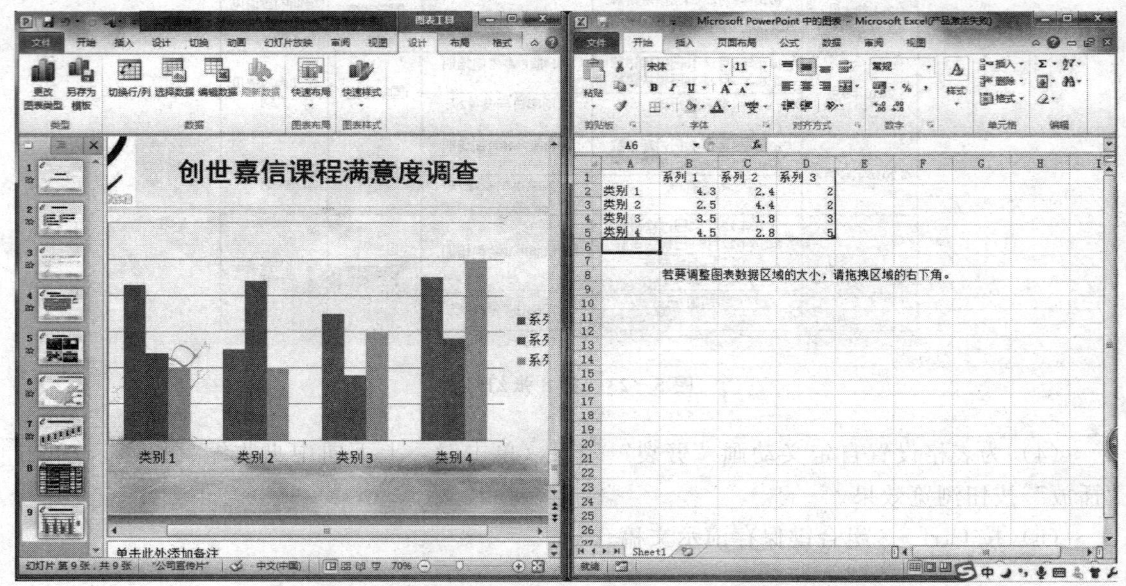

图 5－25　Excel 表格图图表和数据表编辑窗口

	A	B	C	D	E	F	G	H	I	J	K
1	学员意见调查表										
2	1→10 极不满意→极满意										
3	课程内容%	1	2	3	4	5	6	7	8	9	10
4	课程目标说明清楚						2.40%		9.80%	22.00%	65.90%
5	课程内容调理分明					2.40%		4.90%	14.60%	17.10%	61.00%
6	课程内容对工作有帮助						7.30%	4.90%	34.10%	14.60%	39.00%
7	课程内容总体满意度	0.00%	0.00%	0.00%	0.00%	0.80%	3.20%	3.30%	19.50%	17.90%	55.30%
8										评分：	9.16
9											
10		若要调整图表数据区域的大小，请拖拽区域的右下角。									

图 5－26　修改后的数据内容

(4) 单击表格外的空白处，即可得到修改后的柱形图，如图 5－27 所示。右击柱形图内空白区域，选择快捷菜单中的“更改图表类型”命令，弹出如图 5－28 所示的“更改图表类型”对话框，可以更改图表的类型。

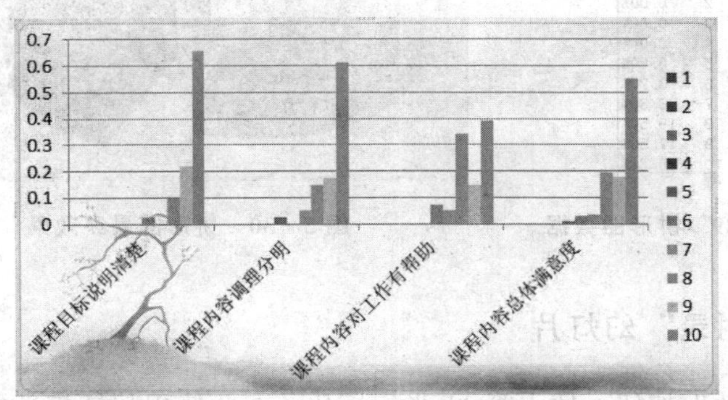

图 5－27　修改数据后的柱形图

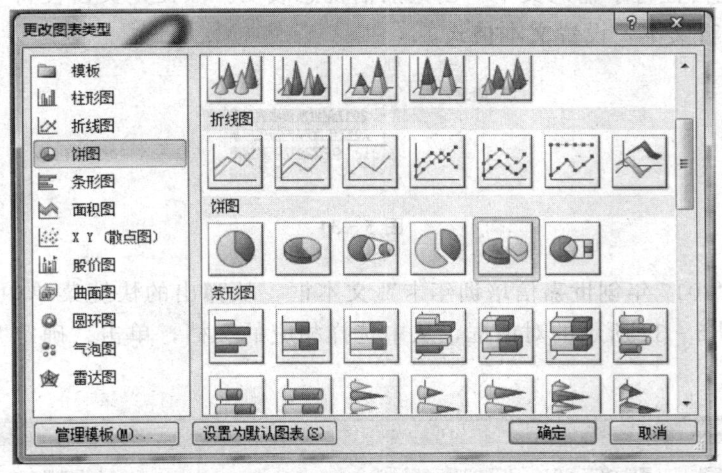

图 5－28　“更改图表类型”对话框

(5) 新建第 10 张幻灯片，单击“插入图表”，选择“饼图”→“分离三维饼图”，在弹出的 Excel 表格中输入如图 5－29 所示的内容。

(6) 右击饼图内空白区域，在弹出的快捷菜单中选择“设置图表区域格式”命令，弹出“设置图表区格式”对话框，进行格式设置（填充颜色为“渐变填充”，设置底纹样式为“水平”，调整深浅）。单击“确定”按钮完成设置，效果如图 5－30 所示。

(7) 为正文占位符设置动画效果“上升”（单击时、快速）；为图表设置动画效果“渐入”（单击时、快速），单击“播放”按钮浏览效果。

(8) 按 Ctrl＋S 组合键保存演示文稿。

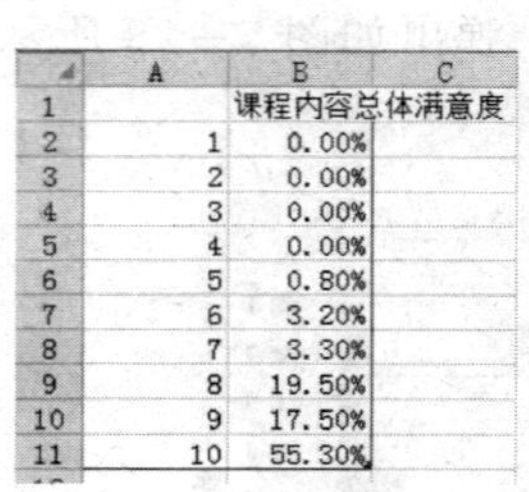

	A	B	C
1		课程内容总体满意度	
2	1	0.00%	
3	2	0.00%	
4	3	0.00%	
5	4	0.00%	
6	5	0.80%	
7	6	3.20%	
8	7	3.30%	
9	8	19.50%	
10	9	17.50%	
11	10	55.30%	

图 5-29　饼形图数据

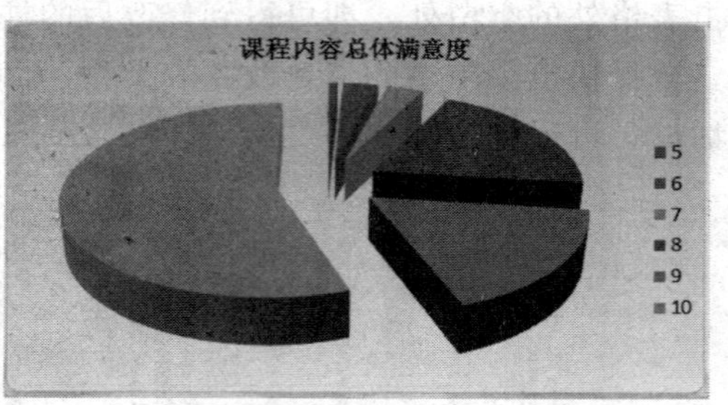

图 5-30　饼形图最终效果

十、制作“附录”幻灯片

单击“新幻灯片”按钮，插入第 11 张幻灯片，在此使用超链接功能，制作附录内容，具体操作步骤如下：

（1）在标题占位符中输入文本“创世嘉信祝您成功!”。在正文占位符中依次输入如图 5-31 所示的 5 行文本，设置文本格式。

图 5-31

（2）右击“2017 年创世嘉信培训年卡”文本框，从弹出的快捷菜单中选择“超链接”命令，弹出如图 5-32 所示的对话框，从中选择相应的文档，单击“确定”按钮，完成超链接的设置。

图 5-32　插入超链接

（3）按照上述方法，设置其他内容的超链接，分别对应相应的文档——“2017 年度 PMP 招生简章”“CPT2017 邀请函”和“更多……”。

（4）按 Shift＋F5 组合键进行幻灯片放映，检查超链接是否正确。检查无误后，按 Ctrl＋S 组合键保存演示文稿。

小提示： 创建目录和正文幻灯片的超链接：①仿照上述创建超链接的设置方法，将第 2 张“目录”幻灯片中的各个目录与后续的各张幻灯片建立相应的超链接。②选择“幻灯片放映”→“设置放映式”命令，从第 4 张幻灯片开始，在幻灯片的下方插入一个文本框，输入文本“返回目录”，为该文本框设置返回“目录”幻灯片的超链接。

十一、制作“结束语”幻灯片

新建幻灯片，插入第 12 张幻灯片，在此使用文本框和艺术字，完成结束语幻灯片的制作，具体操作步骤如下：

（1）删除标题占位符和正文占位符。插入一个横排文本框，输入如图 5－33 所示文本，设置文字格式（黑体、24 磅、加粗、文字阴影）。

（2）插入艺术字“把握现在共创未来”，设置艺术字的格式，调整艺术字的大小和位置，效果如图 5－33 所示。

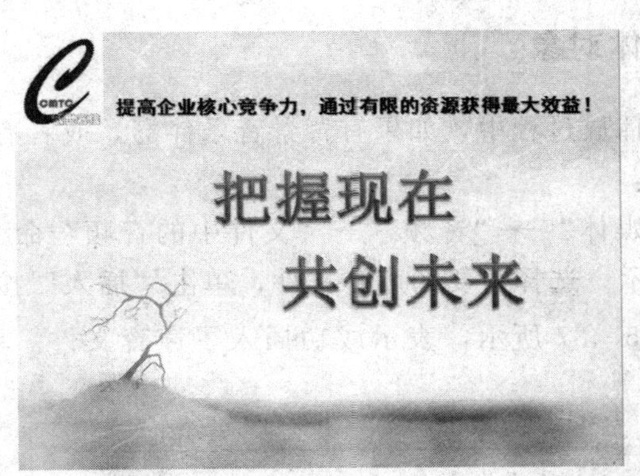

图 5－33　第 12 张幻灯片效果

（3）设置文本框的动画效果为“擦除”（之前、自左侧、非常快），设置艺术字的动画效果为“放大”（之后、中速）。

（4）浏览动画效果，满意后按 Ctrl＋S 组合键保存演示文稿。

十二、预览并放映幻灯片

在前面浏览幻灯片任务时，都是采用手动放映，现在要实现宣传片的自动循环播放，因此需要进行相应的放映设置。

（1）选择“幻灯片放映”→“设置”→“排练计时”命令，进入“排练计时”状态。此时单张幻灯片放映所耗用的时间和整个文稿放映所耗用的总时间显示在如图 5－34 所示的“录制”工具中。

（2）手动播放一遍幻灯片，利用“预演”工具栏中的“暂停”和“重复”等按钮控制排练计时过程，以获得最佳的播放时间。播放结束后，保存计时结果即可。

选择“幻灯片放映”→“设置幻灯片放映”命令，弹出如图 5－35 所示“设置放映方式”对话框，选中“循环放映，按 ESC 键终止”和“如果存在排练时间，则使用它”两个选项。设置完成后，幻灯片就可自动循环播放了。

图 5－34 “录制”工具

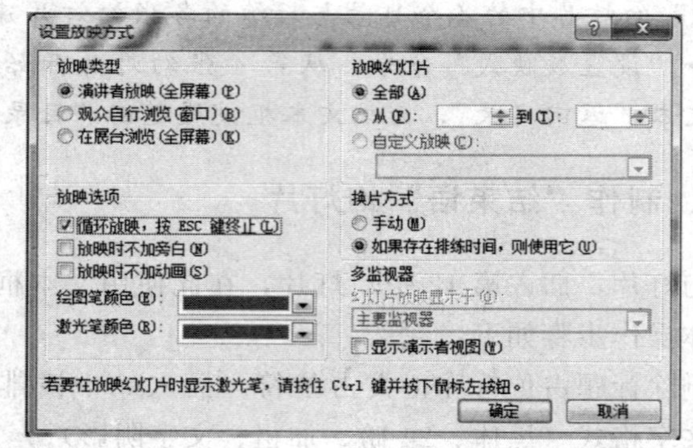

图 5－35 “设置放映方式”对话框

十三、插入多媒体对象

幻灯片在自动循环播放过程中，如果有背景音乐伴奏，或者有相应的解说词，效果将更完美。设置方法如下：

选择“插入”→“媒体”→“音频”→“文件中的音频”命令，弹出的“插入音频”对话框，如图 5－36 所示。选择需要的声音文件，单击“插入”按钮，此时在幻灯片上会出现一个小喇叭，如图 5－37 所示，表示成功插入了声音文件。单击“播放”按钮 ▶ 即可播放。

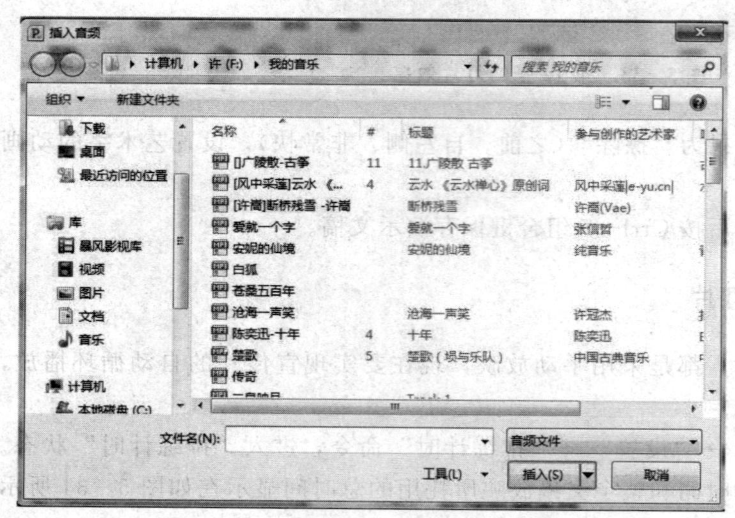

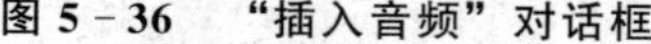
图 5－36 “插入音频”对话框

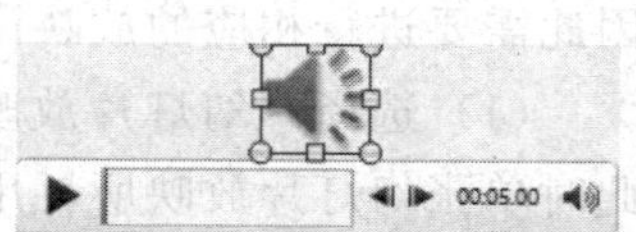

图 5－37 插入的音频

单击此图标，选择播放，如图 5－38 所示，可对音频的播放进行裁剪、编辑等设置。

浏览幻灯片，即可听到背景音乐。

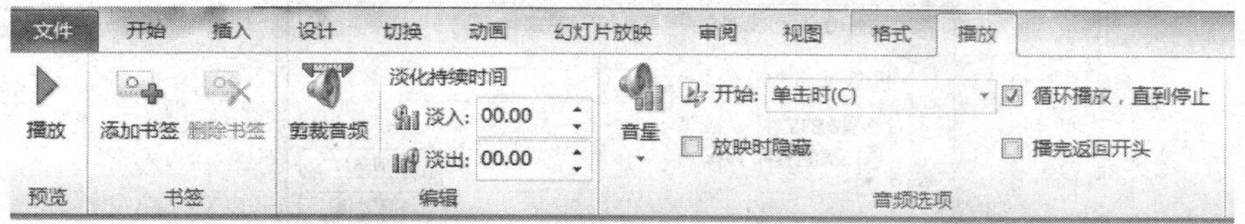

图 5-38 设置音频播放

小提示：①在幻灯片中除了可以直接插入已有的声音文件，还可以使用“幻灯片放映”→“录制旁白”命令为幻灯片制作解说词，在幻灯片放映时一同播放。②还可以仿照插入声音文件的方法，在幻灯片中插入视频文件和 Flash 动画。

十四、打包演示文稿

演示文稿制作完成后，还可以将其打包成 CD，方便在其他场合中使用。设置方法如下：

(1) 选择“文件”→“保存并发送”→“将演示文稿打包成 CD”命令→“打包成 CD”，如图 5-39 所示，弹出“打包成 CD”对话框，如图 5-40 所示，输入 CD 的名称“公司宣传片”。

(2) 单击“选项”按钮，在弹出的对话框中选中“嵌入的 TrueType 字体”复选框，单击“确定”按钮返回后，单击“复制到 CD”按钮，就可以使用刻录机打包刻录成 CD 了。

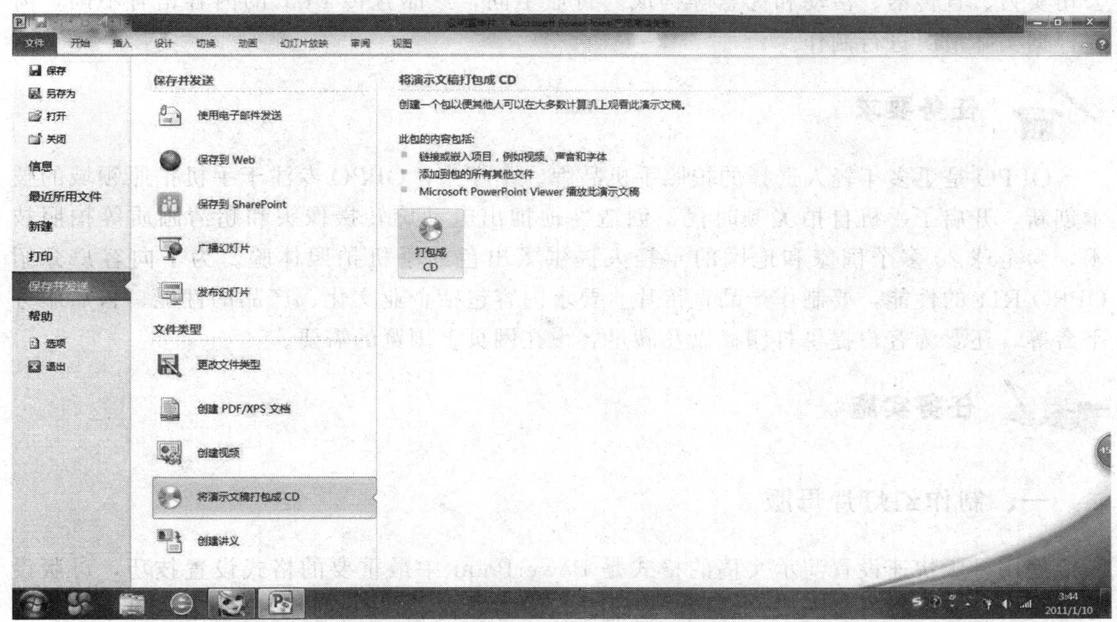

图 5-39 打包成 CD

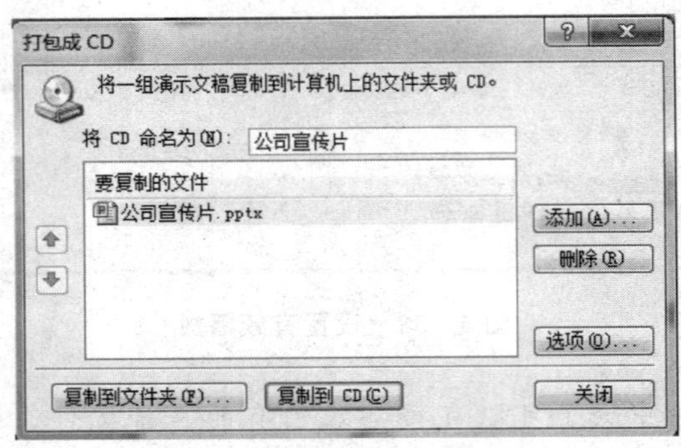

图 5-40 “打包成 CD”对话框

小提示： 在图 5-40 所示对话框中，如果单击“复制到文件夹”按钮，即可将打包以后的所有文件保存在相应的文件夹中，可以使用移动设备在其他计算机中播放该幻灯片。如果没有 CD 盘，也可以选择将其存为视频格式，一般默认的视频格式是 WMV。

任务二　制作产品宣传广告

产品宣传是各行各业进行产品宣传的重要环节，产品宣传 PPT 是根据宣传计划书进行制作的一份便于消费者查看、引导消费的文档，一般用于在促销现场、项目洽谈会展活动、竞标、招商和产品发布会中。常见的产品宣传一般由产品图片、作用、优点、做工、公司实力、宣传语、活动和优惠等构成。行业不同，产品宣传 PPT 的内容稍有不同，需要根据实际情况进行制作。

任务要求

OPPO 是更多年轻人选择的拍照手机品牌。十年来，OPPO 专注于手机拍照领域的技术创新，开启了手机自拍美颜时代，创造性地推出电动旋转摄像头和超清画质等拍照技术，为全球 20 多个国家和地区的年轻人提供了出色的手机拍照体验。为了向客户介绍 OPPO R11 的性能，要制作产品宣传片。要求内容包括企业文化、产品的性能、售后服务平台等，还要为客户提供打印稿以及满足客户在网页上浏览的需要。

任务实施

一、制作幻灯片母版

使用母版快速设置演示文稿的格式是 PowerPoint 中最重要的格式设置技巧，母版设置好以后，就不必对每一张幻灯片单独设置同样的格式了，幻灯片会自动采用母版所设置的格式，尤其适合在每张幻灯片中显示公司 LOGO 标志图片或名称时使用。

为了使幻灯片的风格统一和美观，可以利用改变幻灯片母版的方法修饰创建好的演示文稿。具体操作步骤如下：

1. 更改默认幻灯片母版

（1）进入“标题幻灯片母版”编辑模式。选择“视图”→“母版视图”→“幻灯片母版”命令，进入“幻灯片母版视图”编辑模式，切换至“标题幻灯片母版”编辑模式，具体设置可参照“公司宣传片”。

（2）删除默认图片。分别选中默认母版中的图片，按 Delete 键删除。

（3）调整占位符。将标题占位符的文本框格式设置为“黑体、白色、44 磅、阴影、水平居中”；将正文占位符的文本框格式设置为“黑体、紫色、24 磅、加粗、右对齐”。调整两个文本框的位置。

（3）调整页脚。将“日期”“页脚”“幻灯片编号”的字体格式均设置为“黑体、14 磅、加粗”，分别设置为（相对于幻灯片）“左对齐、底端对齐”“水平居中、底端对齐”和“右对齐、底端对齐”。将“幻灯片编号”版式区域修改为“－第＜＃＞页－”。

结果如图 5－41 所示。

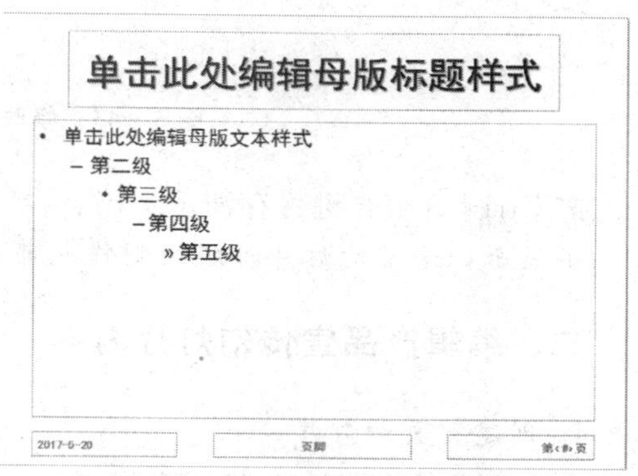

图 5－41 修改幻灯片母版效果（一）

2. 更改幻灯片母版

（1）插入图片。将设计好的背景图片插入到幻灯片中，调整位置和大小，设置“叠放次序”为“置于底层”。将公司的 LOGO 图片复制到当前母版中。

（2）更改“配色方案”。打开“格式”→“调整”→“颜色”任务窗格，如图 5－42 所示，选择其中背景颜色，即可应用于所选母版。

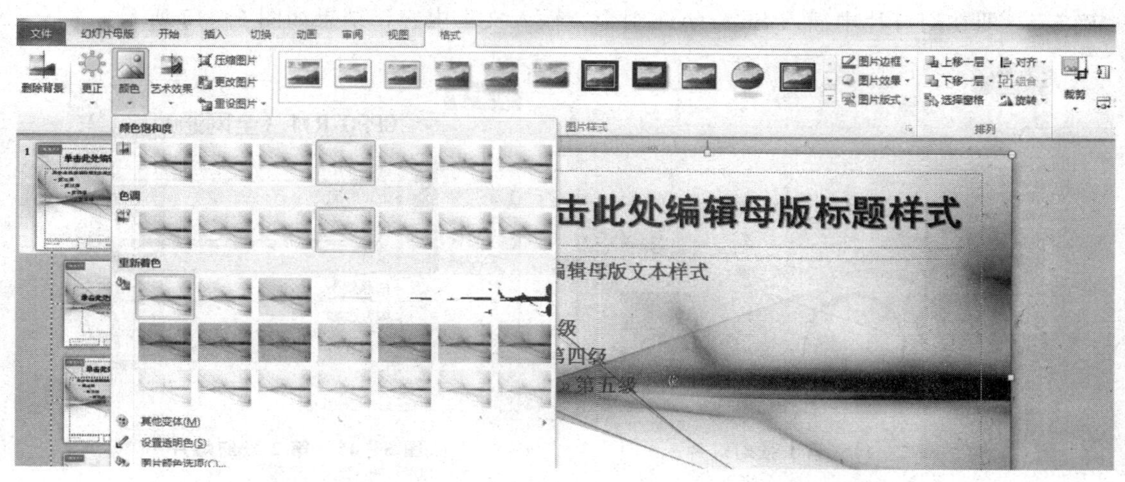

图 5－42 更改背景颜色

全部修改完成后，单击“幻灯片母版视图”工具栏中的“关闭幻灯片母版”按钮，完成幻灯片母版的制作，返回幻灯片编辑模式，此时可以看到如图 5-43 所示的标题幻灯片的效果。

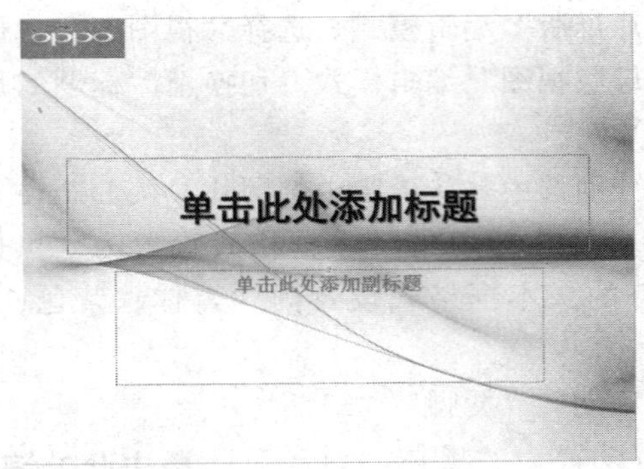

图 5-43　修改幻灯片母版效果（二）

按 Ctrl+S 组合键保存演示文稿。

小提示： 这里幻灯片母版的制作也可参照上例“公司宣传”中的方法。

二、编辑产品宣传幻灯片内容

1. 创建首页幻灯片

在空白处单击，插入第 1 张幻灯片，在标题占位符中输入“OPPO R11 产品宣传”，在副标题中输入“前后 2000 万，拍照更清晰”，插入图片 1，如图 5-44 所示。

2. 制作目录幻灯片

单击“新建幻灯片”，插入第 2 张幻灯片。选择“插入”→“视图”→“SmartArt”命令，打开“选择 SmartArt 图形”对话框，选择“列表”→“垂直 V 形列表”，单击“确定”，即在幻灯片中插入 SmartArt 图形。输入文本内容，结果如图 5-45 所示。

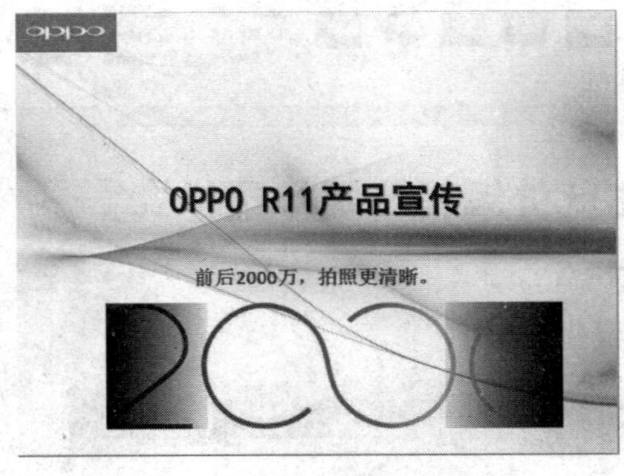

图 5-44　第 1 张幻灯片

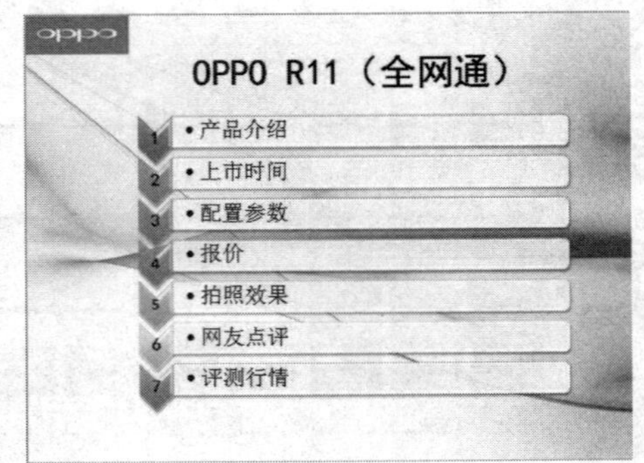

图 5-45　第 2 张幻灯片

小提示： 选择“设计”→“创建图形”→“添加形状”，可增加 SmartArt 图形项目。

3. 制作产品介绍幻灯片

新建第 3 张幻灯片，在标题占位符中输入“产品介绍”。插入 OPPO R11 手机图片。

选择“格式”→“调整”→“颜色”命令，在弹出的下拉列表中选择“饱和度：300”选项，结果如图 5－46 所示。

4．制作上市时间幻灯片

新建第 4 张幻灯片，在标题占位符中输入“上市时间”，在文本占位符中输入文本，插入图片。为图片设置饱和度，如图 5－47 所示。

图 5－46　第 3 张幻灯片

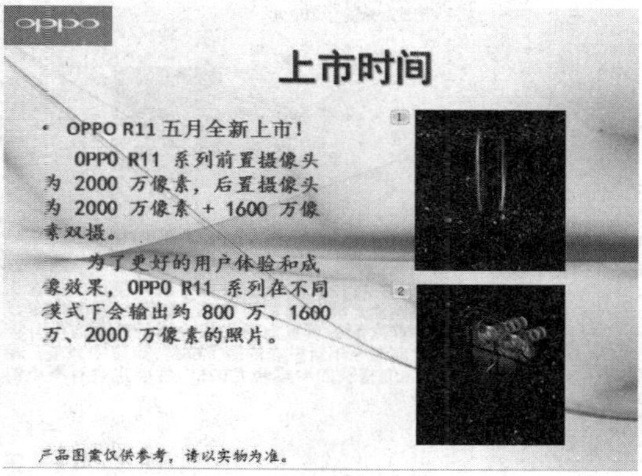

图 5－47　第 4 张幻灯片

5．制作配置参数幻灯片

新建第 5 张幻灯片，在标题占位符中输入“配置参数”。选择“插入表格”命令，输入配置参数的相关内容，为图片设置饱和度，结果如图 5－49 所示。

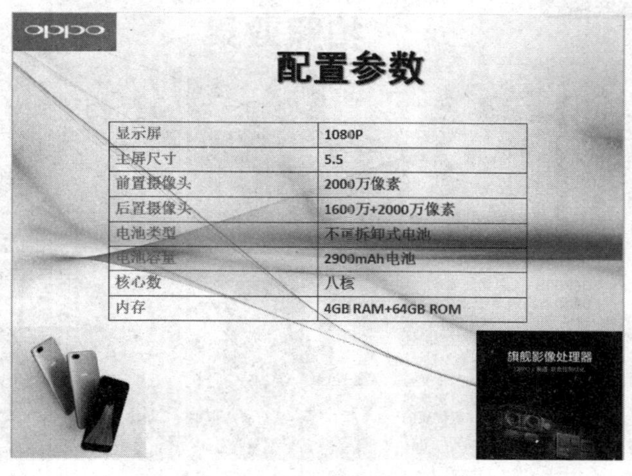

显示屏	1080P
主屏尺寸	5.5
前置摄像头	2000万像素
后置摄像头	1600万+2000万像素
电池类型	不可拆卸式电池
电池容量	2900mAh电池
核心数	八核
内存	4GB RAM+64GB ROM

图 5－48　第 5 张幻灯片

6．制作报价幻灯片

新建第 6 张幻灯片，在标题占位符输入“报价”，输入文本内容，插入图片，为图片设置饱和度，结果如图 5－49 所示。

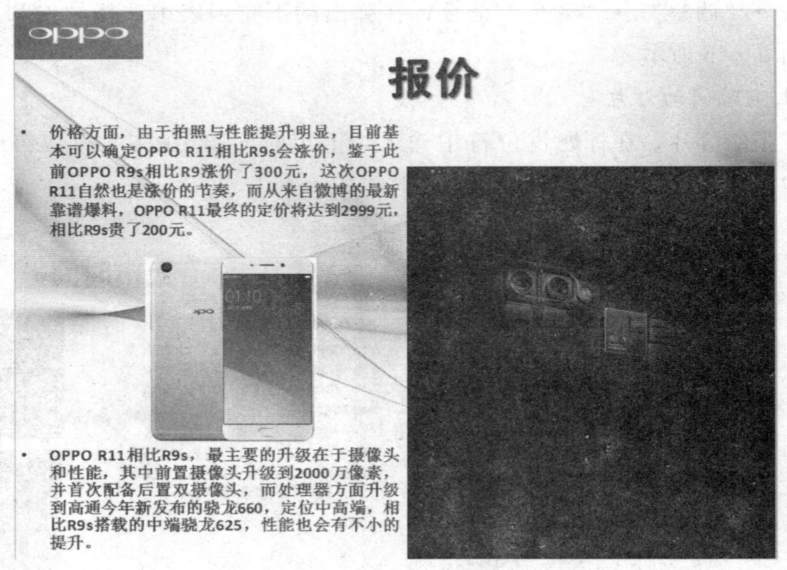

图 5－49　第 6 张幻灯片

7. 制作拍照效果幻灯片

新建第 7 张幻灯片，在标题占位符输入“拍照效果”，输入文本内容，插入图片，为图片设置饱和度，结果如图 5－50 所示。

图 5－50　第 7 张幻灯片

8. 制作评测行情幻灯片

新建第 8 张幻灯片，在标题占位符输入“评测行情”，输入文本内容，插入图片，为图片设置饱和度，结果如图 5－51 所示。

图 5-51 第 8 张幻灯片

9. 为前 8 张图片、文本设置动画效果

(1) 设置出现动画。选择“动画”，在“动画”下拉菜单中的“强调”栏中选择“放大/缩小”（也可选“旋转”“陀螺旋”），为幻灯片中的各个图片设置出现动画。选择“动画”→“计时”，设置“开始、延迟”为“上一动画之后、02.00”，如图 5-52 所示。

图 5-52 设置图片出现动画

(2) 选择动作路径。在“动画”下拉菜单中的“动作路径”中选择“弧形”选项。

(3) 编辑动作路径。拖动幻灯片中出现的红色箭头，将其移动到幻灯片左边。选择“动画”→“计时”，设置开始为“上一动画之后”。

(4) 设置退出动画，在“动画”下拉菜单中的“退出”栏中选择“淡出”“擦除”“轮子”等。选择“动画”→“计时”，设置“开始、持续时间”为“与上一动画同时、02.00”。

按 Ctrl+S 组合键保存演示文稿。

三、创建、删除与移动幻灯片

在幻灯片编辑模式中，单击窗格左侧“幻灯片”选项卡，显示幻灯片的缩略图（在每张图的前面有该幻灯片的序列号和动画播放按钮），如图 5-53 所示。单击标题幻灯片缩略图，即可在右边的幻灯片编辑窗格中进行编辑修改。如果创建的幻灯片不符合我们的要求，还可以进行删除、移动与复制等编辑操作。具体操作步骤如下：

1. 创建视频幻灯片

为了在给客户介绍产品性能时，更好地吸引客户的注意，可以在演示文稿中插入一段视频文件。具体操作步骤如下：

(1) 新建第 9 张幻灯片，在相应占位符中输入文本。选择“设计”→“背景”命令，选中“隐藏背景图形”复选框，选择合适的颜色作为视频幻灯片的底色。

(2) 选择“插入”→“媒体”→“视频”→“文件中的影视频”命令，在本地磁盘中找到一张“OPPO R11”的视频文件，插入到幻灯片中，会弹出要求确认放映方式的对话框，单击“自动”按钮（切换至该张幻灯片时自动播放视频文件）即可。

(3) 单击选中插入的影片，用鼠标拖动的方法调整大小和位置，效果如图 5－54 所示。按 Ctrl＋S 组合键保存演示文稿。

2. 制作结束语幻灯片

新建第 10 张幻灯片，在标题占位符中输入文本“前后 2000 万，拍照更清晰。”，在正文占位符中输入文本“谢谢观赏!”，设置合适的字体格式，调整两者的位置。

选择“设计”→“背景”命令，选中“忽略母版的背景图形”复选框，选择“浅蓝色”作为该幻灯片的底色，效果如图 5－55 所示。

按 Ctrl＋S 组合键保存演示文稿。

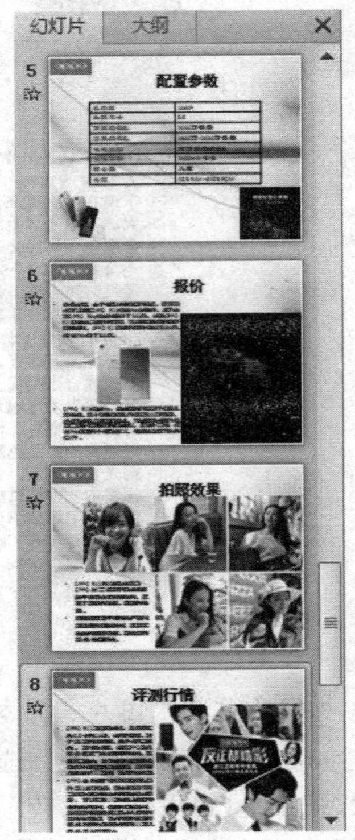

图 5－53　幻灯片缩略图

图 5－54　第 9 张幻灯片效果

图 5－55　第 10 张幻灯片效果

3. 移动与删除幻灯片

上面创建的第 9 张视频幻灯片，其位置应该放在整个演示文稿的前面，效果更好。这样就需要将此幻灯片调整位置，具体操作步骤如下：

（1）在“幻灯片”选项卡中，按住 Shift 键，单击选中第 9 张幻灯片，右击选中的对象，选择快捷菜单中的“剪切”命令。

（2）将指针定位在标题幻灯片之后的空白处，再次打开右键菜单，选择“粘贴”命令，即可将两张幻灯片移至指定位置。如果对修改后的幻灯片效果感到不满意，可以选中该幻灯片右键直接删除。

（3）按 Ctrl＋S 组合键保存演示文稿。

小提示：①幻灯片的位置发生变化后，可能会沿袭新位置的“配色方案”，这就需要重新进行配色和背景的设置。也可以使用左键拖动的方法，实现上述的移动——当看到两张幻灯片之间空白处出现一条黑色横线时松开鼠标左键。③多余的幻灯片也可以使用上述方法进行删除处理。

四、输出演示文稿

制作好的演示文稿除了可以播放以外，还可以用各种方式输出，如打印到纸张上方便阅读、发布到 Internet 上在线浏览等。

1. 打印演示文稿

（1）选择“文件”→“打印”命令，出现“打印”对话框，如图 5-56 所示。

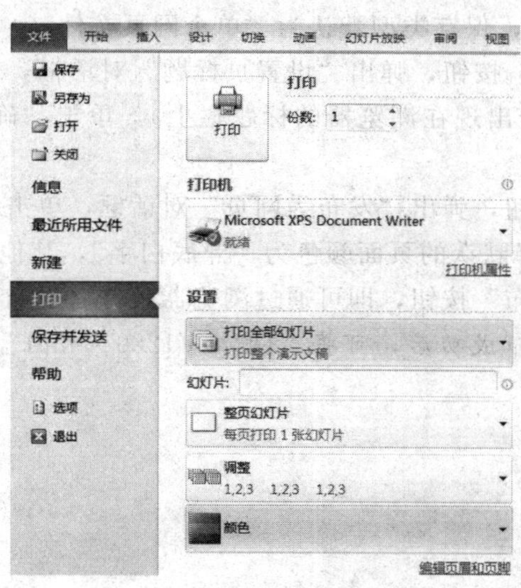

图 5-56 “打印”对话框

（2）在“设置”处选择“打印全部幻灯片”，将“打印份数”设置为“2”份，排放为“6 张水平放置的幻灯片”，颜色为默认，如图 5-57 所示。

（3）单击“打印”按钮即可开始打印。

2. 以网页方式播放幻灯片

演示文稿可以发布到 Web 站点上，供其他人通过 Internet 在浏览器中观看。这尤其适合于公司内部培训、在线教学方面的应用。

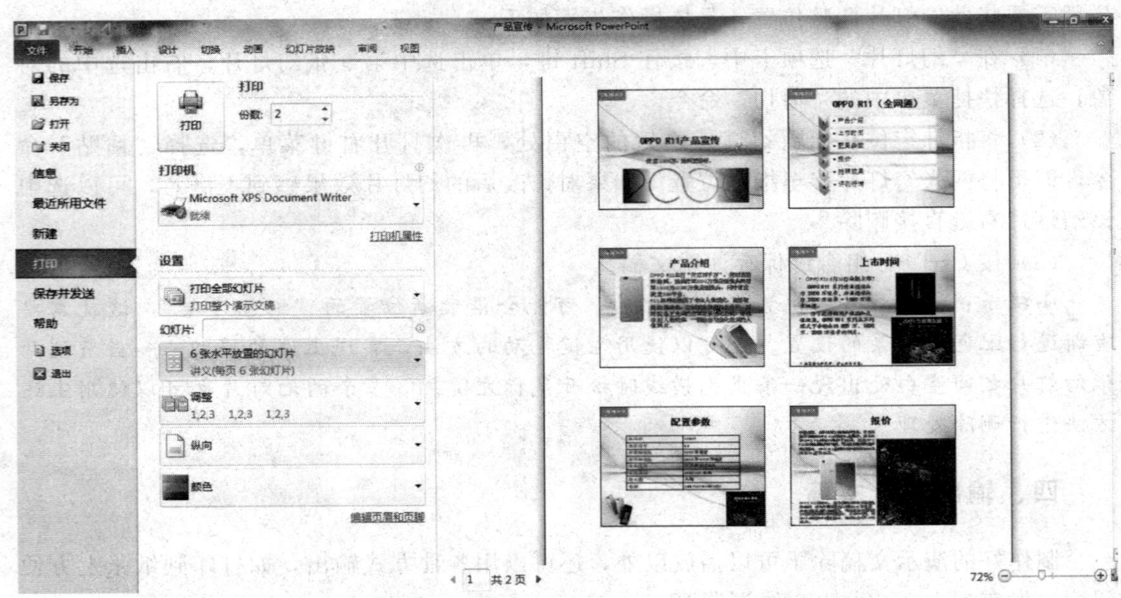

图 5-57 设置打印参数

(1) 选择“文件”→“另存为”命令，打开“另存为”对话框，在“保存类型”将文件命名为“DC-V1280T”，保存类型默认为“单个网页文件（*.mht，*mhtml）”。

(2) 单击“更改标题”按钮，弹出“设置页标题”对话框，在“页标题”文本框中输入“OPPO R11”（将来会出现在浏览器的标题栏上），单击“确定”按钮返回“另存为”对话框。

(3) 单击“发布”按钮，弹出“发布为网页”对话框，单击“Web 选项”按钮，弹出“Web 选项”对话框。选择默认的页面颜色为“黑底白字”，其他取默认值即可，单击“确定”按钮返回，单击“发布”按钮，即可通过浏览器观看演示文稿效果。

小提示：演示文稿发布成功后，可将“DC-V1280T.mht”文件上传到公司网站上，供他人浏览。

项目六

常用工具软件应用

学习目标

1. 会使用 Foxit Reader，CAJ 软件阅读文档，会使用 PDF 打印机将 Word 文档转换成 PDF 格式。

2. 能够使用压缩软件对文件进行压缩、分卷压缩、加密压缩。

3. 会使用 ACDSee 浏览查看各种图像，会使用 ACDSee 批量修改文件名。

4. 会使用暴风影音播放影音文件，会使用迅雷下载所需要的文件。

办工软件种类繁多，本项目只对日常办公中常用的阅读器、压缩软件、图片处理等软件的基本使用方法做简单介绍。

任务一　常见阅读器

任务要求

掌握本任务介绍的几种阅读器的使用方法，并上机实践基本操作。

任务实施

互联网中，文件的格式多种多样，针对不同的文件格式，要使用专用的阅读器才能打开。下面简单介绍几种常见的文档阅读器的使用方法。

一、Adobe Reader 阅读器

Adobe Reader 是用于打开和使用在 Adobe Acrobat 中创建的 PDF 的工具，可以对 PDF 文件进行查看、打印和管理，如果收到审阅 PDF 的邀请，则可使用注释和标记工具为其添加批注，使用 Reader 的多媒体工具可以播放 PDF 中的视频和音乐。由于 PDF 格式标准是由 Adobe 公司提出制定的，因此 Adobe Reader 也是最早和知名度最高的一个 PDF 文档阅读器。

PDF（Portable Document Format）文件格式是 Adobe 公司开发的电子文件格式。这

种文件格式与操作系统平台无关，也就是说，PDF 文件不管是在 Windows，Unix 还是在苹果公司的 Mac OS 操作系统中都是通用的。这一特点使它成为在 Internet 上进行电子文档发行和数字化信息传播的理想文档格式。越来越多的电子图书、产品说明、公司文告、网络资料、电子邮件开始使用 PDF 格式文件。PDF 格式文件目前已成为数字化信息事实上的一个工业标准。

Adobe 公司设计 PDF 文件格式的目的是为了支持跨平台上的、多媒体集成的信息出版和发布，尤其是提供对网络信息发布的支持。为了达到此目的，PDF 具有了许多其他电子文档格式无法相比的优点。PDF 文件格式可以将文字、字体型号、格式、颜色及独立于设备和分辨率的图形图像等封装在一个文件中。该格式文件还可以包含超文本链接、声音和动态影像等电子信息，支持特长文件，且文件集成度和安全可靠性都较高。

Adobe 公司推出的针对 PDF 文档的处理有两个功能不同的软件：一个是免费的 Reader，只能对 PDF 文档进行阅读；一个是要收费的 Acrobat，它除了能阅读 PDF 文档外，还可以用于生成和编辑 PDF 文档。下面我们只介绍免费的 Adobe Reader。

1. 安装 Adobe Reader 阅读器

通过 Adobe Reader 官方网站 http://www.adobe.com/cn 即可下载免费的 Adobe Reader 最新版本（也可通过系统安装的 360 软件管家进行快速安装）。

双击下载的 .exe 文件，系统自动开始准备安装，如图 6-1 所示，随后弹出如图 6-2 所示的对话框，单击“确定”，系统会自动完成安装，直至出现如图 6-3 所示的对话框，即完成 Adobe Reader 阅读器的安装。

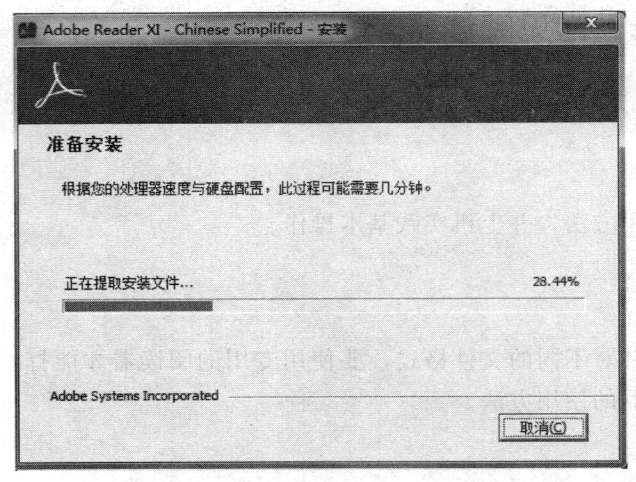

图 6-1　准备安装 Adobe Reader

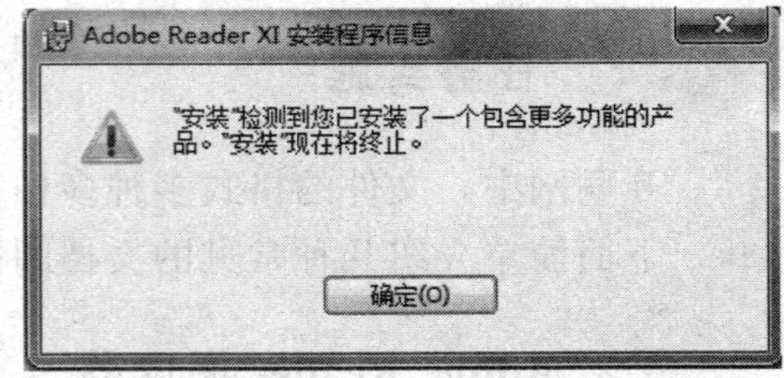

图 6-2　“Adobe Reader XI 安装程序信息”对话框

2. 使用 Adobe Reader 阅读器

（1）打开文档。可以直接在桌面上双击 Adobe Reader 快捷图标；也可以直接双击需要打开的 pdf 文件；或选中文件，单击右键，在弹出的快捷菜单中选择打开方式，在其中选择 Adobe Reader。

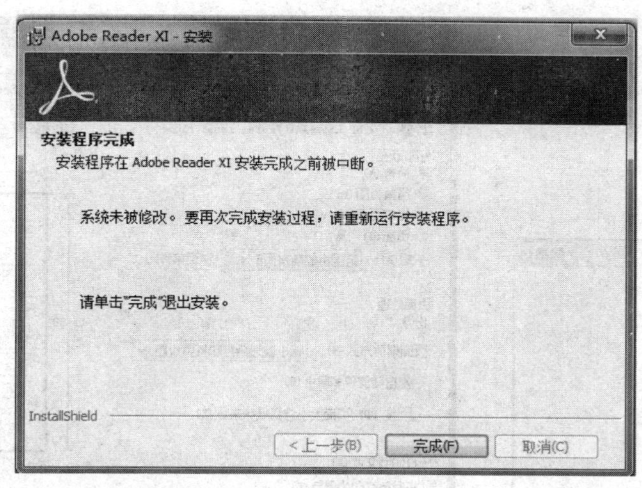

图 6－3　安装完成

（2）查看和搜索 PDF。在 Reader 工具栏中，使用缩放工具和“放大率”菜单可以放大或缩小页面。使用“视图”菜单上的选项可以更改页面显示方式。“工具”菜单上有更多选项，可以更多方式调整页面以获取更好的显示效果。默认打开的 Adobe Reader 工具栏，如图 6－4 所示，主要包括文件工具栏、页面导览工具栏、选择和缩放工具栏、页面显示工具栏、查找工具栏。

图 6－4　Reader 工具栏

（3）在 PDF 中搜索信息。选择“编辑”→“搜索”（或单击工具栏中的“搜索”按钮 搜索），在文档显示区右边会打开如图 6－5 所示的窗口，可以搜索页面内容，包括层、表单域、批注、书签和数字签名等。

小提示：若要查找文档中的某些字段，可使用快捷键组合“Ctrl＋F”，在打开的“查找”对话框输入查找关键字进行查找。

（4）复制文字。使用鼠标选中对象，单击“编辑”菜单栏中的“复制”命令可以复制内容到剪切板，打开 word 文件就可以把剪切板上的内容粘贴到文件中。

（5）复制图片。选择“工具”→“选择和缩放”→“快照工具”，围绕着要保存的图像拖画一个矩形，然后释放鼠标，所选内容自动复制到剪切板上，可以将复制的图像粘贴到其他应用程序的文档中。

（6）打印文件。选择“文件”→“打印”命令（也可直接单击菜单栏中的“打印”按钮），弹出如图 6－6 所示对话框，进行打印设置后，单击“确定”即可打印文件。注意对于大于标准页面大小的文档，要进行页面缩放。

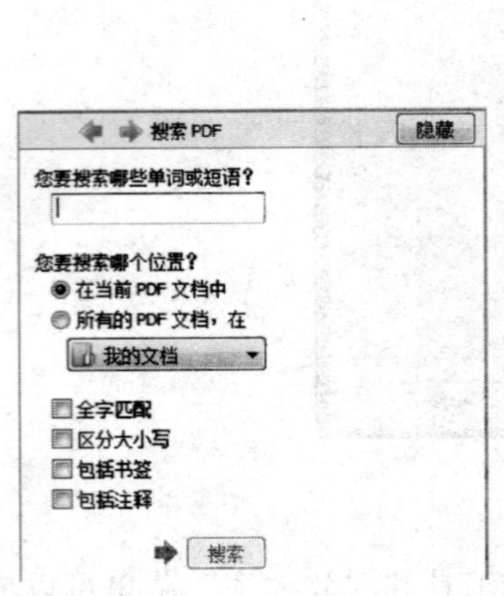

图 6-5　PDF 搜索信息窗口

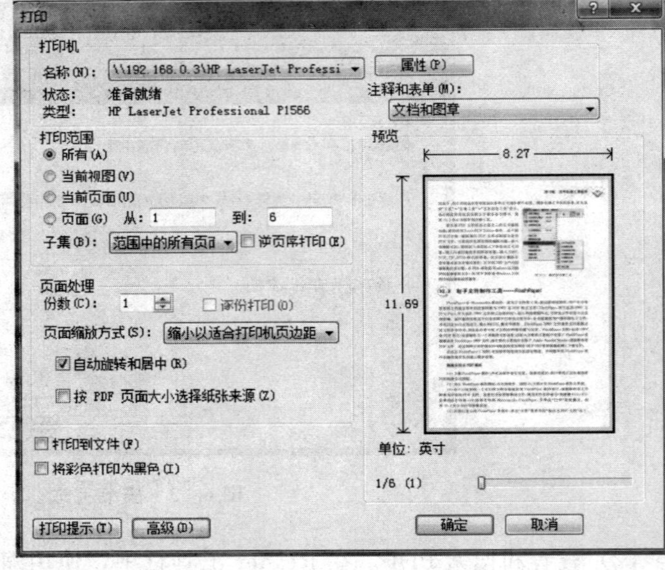

图 6-6　“打印”对话框

（7）填写表单。方便地填写、保存和以电子方式提交表单，即使在移动设备上也是如此。首先，选择“手形”工具或“选择”工具。将指针放在交互表单域上时，指针会变为相应的图标：①将指针置于按钮、单选钮、复选框或列表中的项目上时，将显示“手指指针”或“手形加号”工具。②选择列表中的项目时，显示“选择”工具。③在表单域中键入文本时，显示“I 形光标”工具。

按 Tab 键可以从一个表单域移动到下一个表单域。要删除某项，按 Esc 键。完成表单时，单击“提交表单”按钮。如果 PDF 作者已在表单上启用本地保存功能，则还可以选择“文件”→“另存为”重命名该文件，保存含有您的信息的表单而不提交。

（8）签名 PDF。签名 PDF 时，可以帮助发件人将 PDF 送达其预期收件人。在 Reader 中，只能对启用了 Reader 使用权限的 PDF 签名。（在 Acrobat 中，“高级”→“Adobe Reader 扩展功能”）。单击签名面板中的“签名”按钮，或者选择“文档”→“签名”→“签名文档”。按说明创建用于签名的位置，然后完成“签名文档”对话框。使用“预览文档”功能可以在静态和安全的状态下查看和签名文档。这时，将阻止动态内容（如多媒体和 JavaScript）。

（9）参加审阅。收到要审阅的 PDF 时，可以使用注释和标记工具对其进行批注。只有 PDF 作者已启用注释功能时才可以使用这些功能。“注释和标记”工具栏如图 6-7 所示。

（10）追踪审阅。要追踪文档审阅或查看审阅状态，选择“视图”→“审阅追踪器”，如图 6-8 所示。“追踪器”显示已参与审阅的人以及每个人已经发布注释的数目。“追踪器”的左侧显示受管理的审阅中所有的 PDF 文档。右侧的信息面板列出发送 PDF 的日期和时间以及受邀审阅人的列表。指向共享 PDF 的链接提供了其他信息，包括最后期限

（如果已设置注释和每个审阅人提交的注释数目）。在“追踪器”中删除链接不会删除 PDF 文件。“最新更新”对审阅所做的最新更改进行汇总。

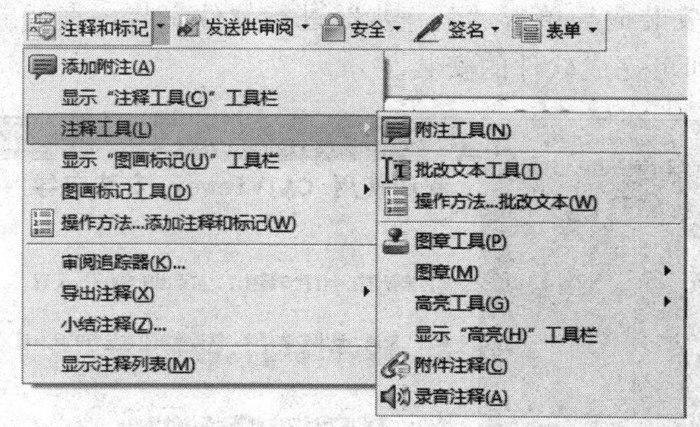

图 6－7 “注释和标记”工具

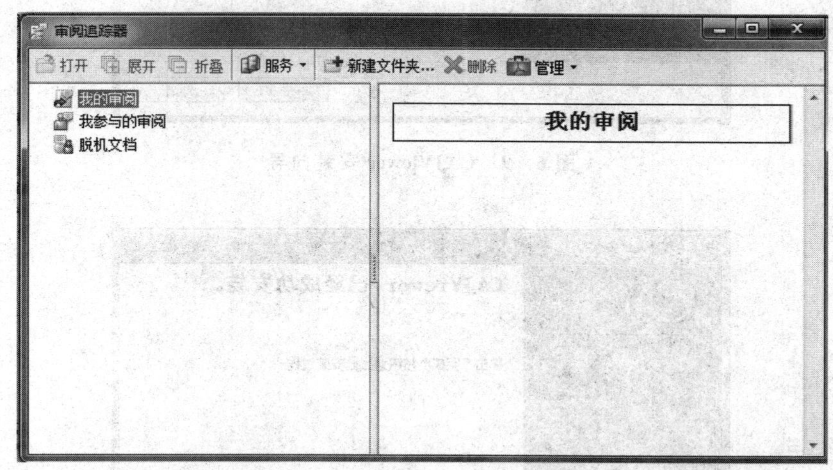

图 6－8 “审阅追踪器”

二、CAJViewer 阅读器

CAJ 全文浏览器是中国期刊网专用的全文格式阅读器，支持 CAJ，NH，KDH，PDF 格式文件，用于阅读中国知网源数据库中的期刊、学位论文、会议论文、报纸和专业知识仓库中的学术文献。CAJ 全文浏览器可以配合网上原文的阅读，也可以阅读下载后的中国知网全文，而且它的打印效果与原版的效果一致。CAJViewer 是知网读者与研究人员查阅文献必不可少的工具软件。CAJViewer 的浏览和打印功能被使用者所熟悉，但是该软件还包括了一些诸如学术文献标注、学术文献识别、学术文献搜索等方面功能强大的部分。

不同版本的 CAJViewer 软件在操作细节及功能上略有差别。在此以 CAJViewer 7.2 为例，对该软件的使用方法进行简述。

1. 安装 CAJViewer 软件

获取 CAJViewer 软件后，进入保存软件的目录并双击安装程序将进入自动安装向导，如图 6-9 所示，按照安装向导单击“下一步”进行软件安装，直至出现如图 6-10 所示对话框，单击“完成”即可完成软件的安装。

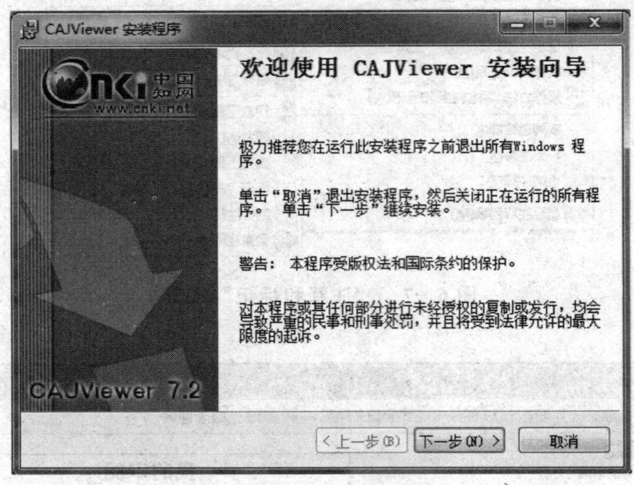

图 6-9　CAJViewer 安装向导

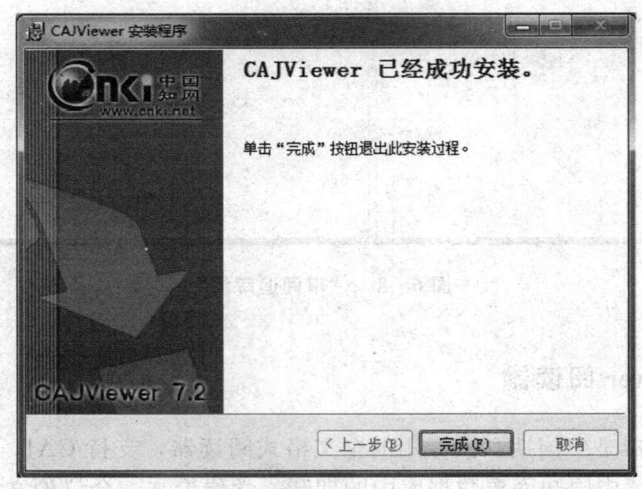

图 6-10　CAJViewer 安装完成

2. 知网学术文献阅读

使用浏览器打开中国知网 CNKI 数据库，并使用数据库的用户名和密码（用户名和密码可由单位图书馆提供，或者自行购买获取）登录。在知网数据库页面，单击“高级搜索”按钮，在弹出的页面中输入所要搜索下载的文献关键词——文献题目和期刊名称后，单击“搜索”按钮即可找到文献。然后，打开搜索到的文献页面，将该文献下载到本地计算机中。这时打开 CAJViewer 软件，单击“文件”菜单中的“打开”命令，即可将下载到的文献打开并阅读。

在阅读文献时，用得最多的是缩放文本显示、选择文本区域图像进行复制、图形标注、旋转等工具。下面简单介绍上述几个工具的使用。

缩放文本显示工具用以调整文献阅读的显示尺寸大小。主要用软件工具栏中的“缩小”“放大”“全屏”“适合宽度”“适合页面”“实际大小”等按钮进行调整。一般地，打开文献后，单击“适合宽度”按钮，阅读的效果比较好。在实际阅读过程中。可以单击“放大”或“缩小”按钮后，在需要放大或缩小的文献处单击显示。当需要往下翻阅文献时，可以使用鼠标的滚动轮键盘向下滑动翻阅，或者单击使用工具栏中的“手形工具，按动文献向下滑动。”图 6－11 所示为包含“放大”“缩小”等按钮的“布局”工具。

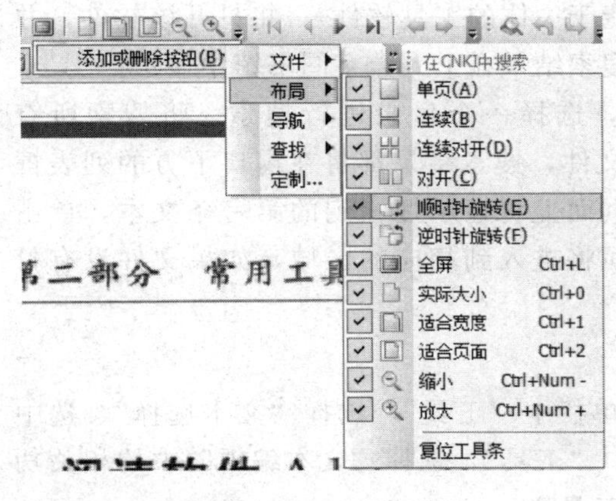

图 6－11 “布局工具”

选择文本区域进行复制用以将选定的文献区域内的文字识别出来，并加以复制处理。在实际阅读过程中，用“文本选择”工具（单击“工具”菜单中的“文本选择”命令即可）将所需的文字段落内容选取，若选取成功文字内容以黑色高亮状态显示，然后在右键快捷菜单中选择“复制”命令即可。另外一种方式为：在找到需要摘录相关语句时，单击“工具”菜单中的“文字识别”命令，再用鼠标框选区域，即可实现功能。单击“工具”菜单中”的“选择图像”命令，然后用鼠标框选区域指定为选定图像，会在史献区域出现一个矩形框，单击右键选择命令，通过出现的菜单命令可以实现图像（发送图像到 Word 或复制）或文字（文字识别）的复制。

对于有价值的学术文献，用户可能要反复研读，重点的内容还需要做上不同的标注。图形标注工具可以将重要或特殊文字段落内容以特殊的标志显示出来。在实际阅读使用时，单击“工具”菜单中选择“矩形工具”“椭圆工具”“直线工具”等命令即可。

另外，旋转工具包括顺时针旋转和逆时针旋转两种。注释工具则和 Foxit Reader 软件的类似。

3. 知网学术文献搜索

在阅读知网文献的过程中，CAJViewer 软件可以搜索与用户提供的关键词匹配的内容。首先，启动 CAJIViewer 软件。单击“编辑”菜单中的“搜索”命令（也可按快捷键“Ctrl＋F”)，在软件右侧出现如图 6－12 所示的窗口，输入所要搜索的文本以及选择搜索的范围。选择搜索的范围主要有如下几种。

(1) 在当前活动文档中搜索，搜索结果都将在窗口下方的列表框中显示，搜索完成后主页面上将显示搜索到的第一条文本，单击不同的搜索结果，主页面会进入到相应的区域。

(2) 在所有打开的文档中搜索，搜索结果都将在窗口下方的列表框里显示，搜索完成后主页面上将显示搜索到的第一条文本。单击不同的搜索结果，主页面将进入到相应的区域。

(3) 在 PDF 中搜索，如果安装好了个人数字图书馆（个人数字图书馆 PDL 是一个集书架管理、文献管理、订阅频道管理、网站收藏管理以及检索功能于一体的工具软件），将打开该软件，并在该软件中完成搜索，搜索结果在个人数字图书馆中显示。

(4) 选择范围搜索，选择一个目录进行搜索，将搜索所有 CAJViewer 可以打开的文件，搜索结果都将在窗口下方的列表框中显示，搜索完成后主页面上将显示搜索到的第一条文本，单击不同的搜索结果，主页面将进入到相应的区域，如果文件没有打开将首先打开文件。

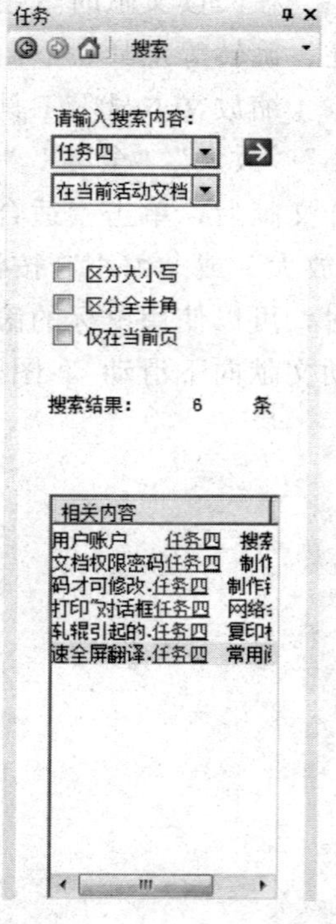

图 6-12 “搜索”窗口

4. 使用 CAJ 阅读器

点击 CAJ 阅读器菜单栏中“工具”，选择“文本选择”，选中文章，然后点击菜单栏中“工具”，选择“文本编辑”中的相关功能。图 6-13 为 CAJ 的工具栏。

图 6-13 CAJ 工具栏

如果想用 Word 编辑文档，可通过如下方法进行。

(1) 编辑文字。点击 CAJ 阅读器菜单栏中“工具”，选择“文字识别”，如图 6-14 所示，选中文字后系统会显示识别结果，提示发送到 Word 文档，如图 6-15 所示。

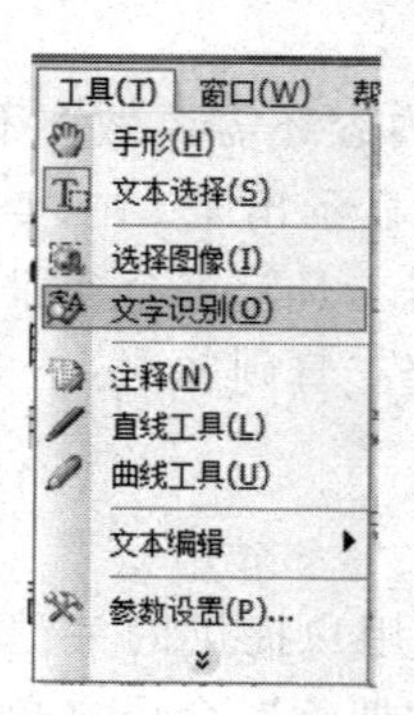

图 6-14 文字识别

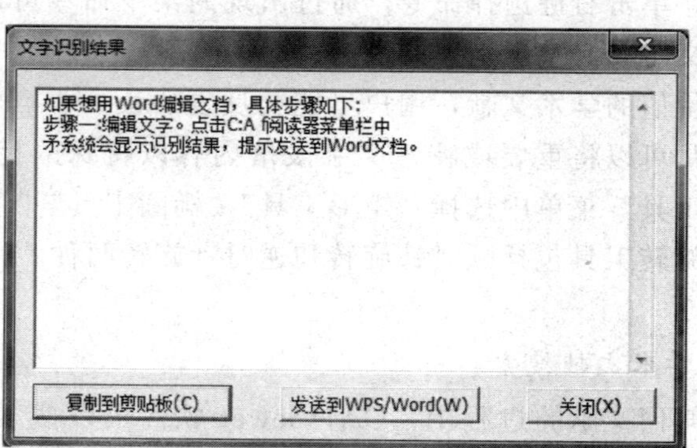

图 6-15 文字识别结果

（2）编辑图片。点击CAJ阅读器菜单栏中“工具”，选择“选择图像”，选中图片后复制粘贴到Word文档。

（3）整篇编辑文章。请点击CAJ阅读器菜单栏中“文件”，选择“另存为”，将文章保存为.txt文本文件，如图6-16所示。

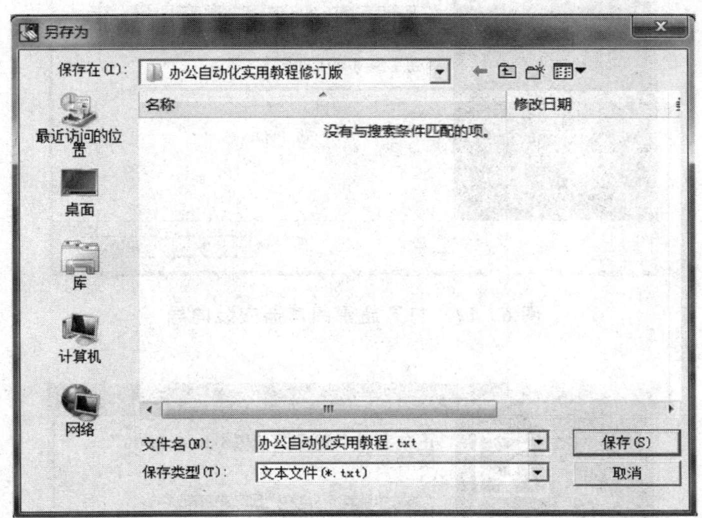

图6-16 整篇编辑文章

三、超星阅读器（SSReader）

超星阅读器是超星公司拥有自主知识产权的图书阅览器，是专门针对数字图书的阅览、下载、打印、版权保护和下载计费而研究开发的，经过多年不断改进，已成为国内外用户数量最多的专用图书阅读器之一。

1. 安装超星阅读器

阅读超星数字图书馆的电子图书（pdf）需要下载并安装专用阅读工具——超星阅读器（SSReader）。在图书馆电子图书的页面下载超星阅读器安装程序，下载完毕后，进入保存超星阅读器的目录，并双击安装程序，进入自动安装向导，如图6-17所示，按照向导引导，单击“下一步”，直至出现如图6-18所示对话框，单击“完成”即完成超星阅读器的安装。

2. 使用超星阅读器

这里以超星阅览器SSReader5.4为例，介绍其常用功能。

（1）图书阅读。单击页面左侧的章节目录区中的标题，页面右侧的文档显示区将显示该标题的文章内容。也可利用鼠标的滚动球滚动浏览，或单击“手形工具”按钮。利用鼠标拖曳查看。在页面下方的 37% 状态栏处，可以进行页面显示比例的设置。

（2）翻页功能。单击文章显示区中的向左、向右的箭头，或在 3/217 处输入页码，可以跳转到相应页面进行继续阅读。

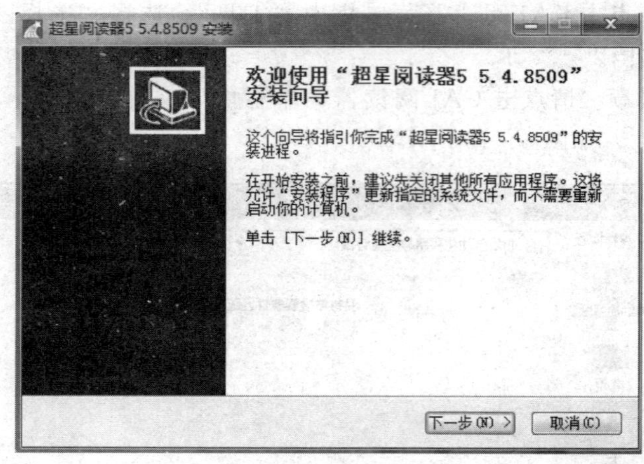

图 6－17　打开超星阅读器安装向导

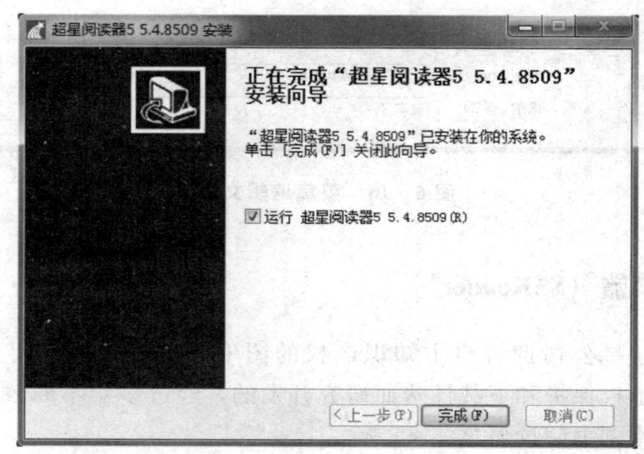

图 6－18　安装完成

（3）文字摘录。单击工具栏中的 Tr 按钮，鼠标箭头变为“＋”，选择需要摘录的文字，弹出如图 6－19 所示的窗口，可在窗口中对文字进行编辑、修改，然后将文字复制粘贴到其他文档中。

小提示： 由于图书格式的不同，在进行阅读时，工具栏上可能会出现不同按钮，其操作方式会有所差异。

（4）标注工具。阅读图书时，单击工具栏中的“标注绘制”按钮会弹出标注工具栏，如图 6－20 所示。单击浮动工具栏中的“批注工具”按钮，然后在文章显示区想要做批注的地方单击，在弹出的面板中填写批注内容，在空白处单击即可完成标注。如需进一步操作，可在已做批注处单击鼠标，进行重新编辑。

（5）图书下载。在线浏览图书的时候，在正文任何位置单击鼠标右键，在弹出的快捷菜单中选择“下载”命令，即可将图书下载至本地。

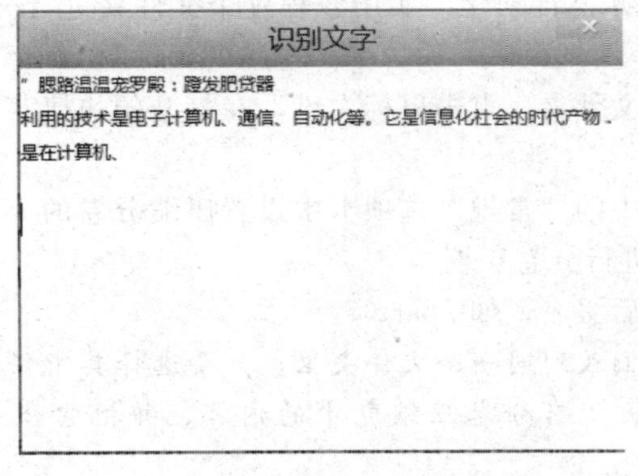

图 6-19 “识别文字”窗口

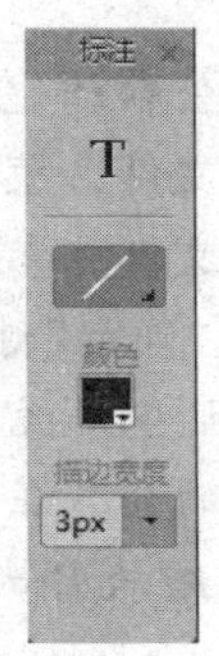

图 6-20 标注工具

任务二 压缩软件

在网络技术发达与多媒体数据普及的今天，文件压缩软件是日常使用最为频繁、用户最为熟知的装机软件。

任务要求

了解压缩软件压缩与解压文件的相关基础知识，并按操作步骤上机实践。

任务实施

一、压缩文件

目前最为流行的压缩解压工具主要有 360 压缩、WinRAR、Winzip 等。它们功能强大，完全支持 RAR，ZIP 格式文件，并且支持 ARJ，CAB，LZH，ACE，TAR，GZ，UUE，BZ2，JAR，ISO 等多种类型文件。它们压缩率高，速度快，界面友好，使用方便，具有分片压缩、资料恢复、资料加密等功能。

下面以“办公自动化”实用教程文件夹为例来学习如何压缩文件。具体步骤如下：

选中“办公自动化”实用教程文件夹，点击鼠标右键，在打开的快捷菜单中选择“添加到压缩文件办公自动化.rar”菜单项，如图 6-21 所示。会自动在根目录下生成一个名为“办公自动化”的压缩文件，如图 6-22 所示。

二、分卷压缩文件

在发送邮件时经常要发送附件，在网上论坛中也常常要上传一些附件，利用压缩软件的分卷压缩功能就可以轻松地解决这个问题，而且不需要人工将文件进行分割压缩或用专门的分割软件去分割文件。下面还以“办公自动化”实用教程这个文件夹进行分卷压缩，具体步骤如下：

（1）选中“办公自动化”实用教程文件夹，点击鼠标右键，在打开的快捷菜单中同样选择“添加到压缩文件”菜单项。

（2）在“压缩文件和参数”对话框中的“常规”选项卡中设置压缩分卷的大小，如图6-23所示。单击“确定”按钮，开始进行分卷压缩。

（3）分卷压缩后的压缩包以数字为后缀名，如.part01。

小提示：下载的分卷压缩包，把它们放到同一个文件夹里，只要选择其中任意一个压缩包进行解压，压缩软件都会自动解出所有分卷压缩包中的内容，并把它合并成一个文件。

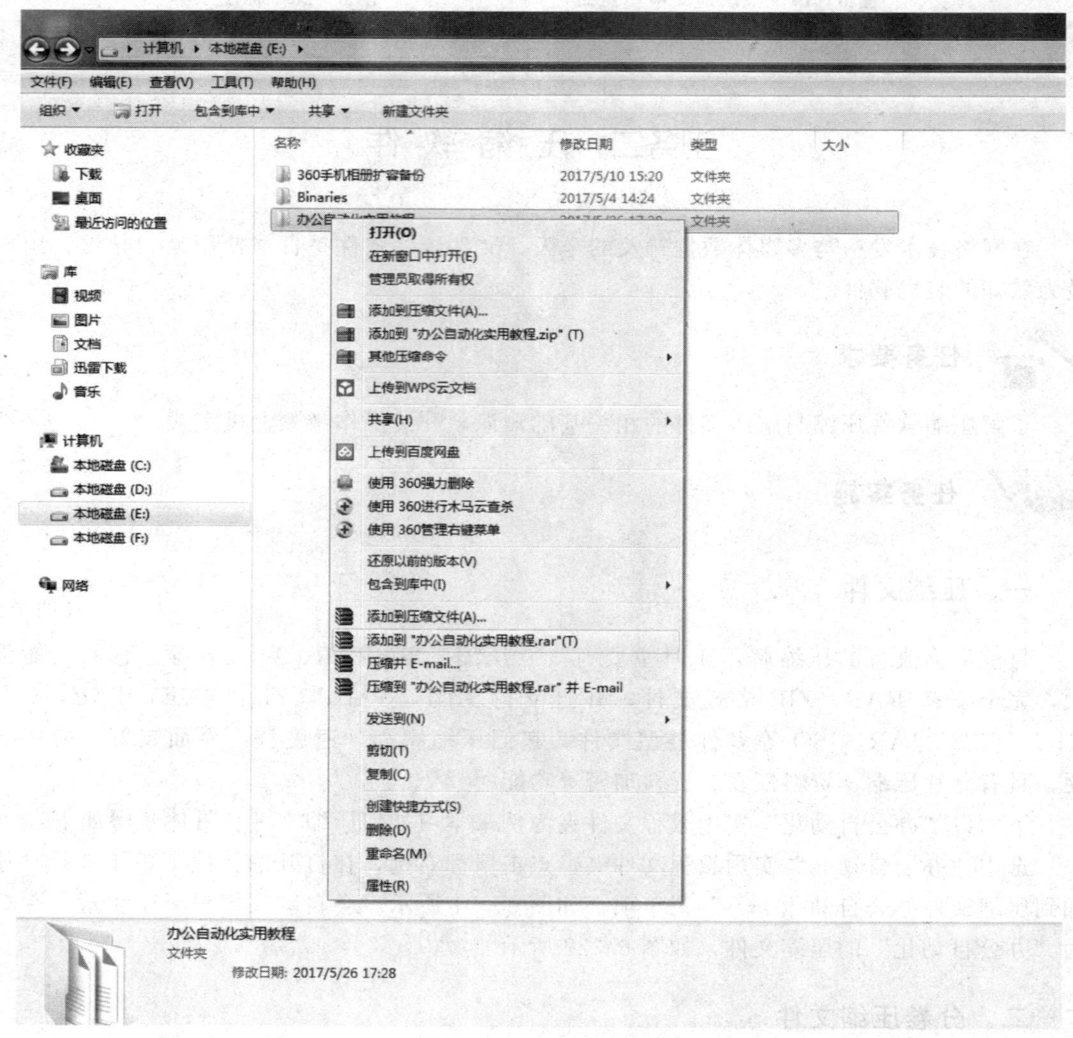

图6-21 压缩文件

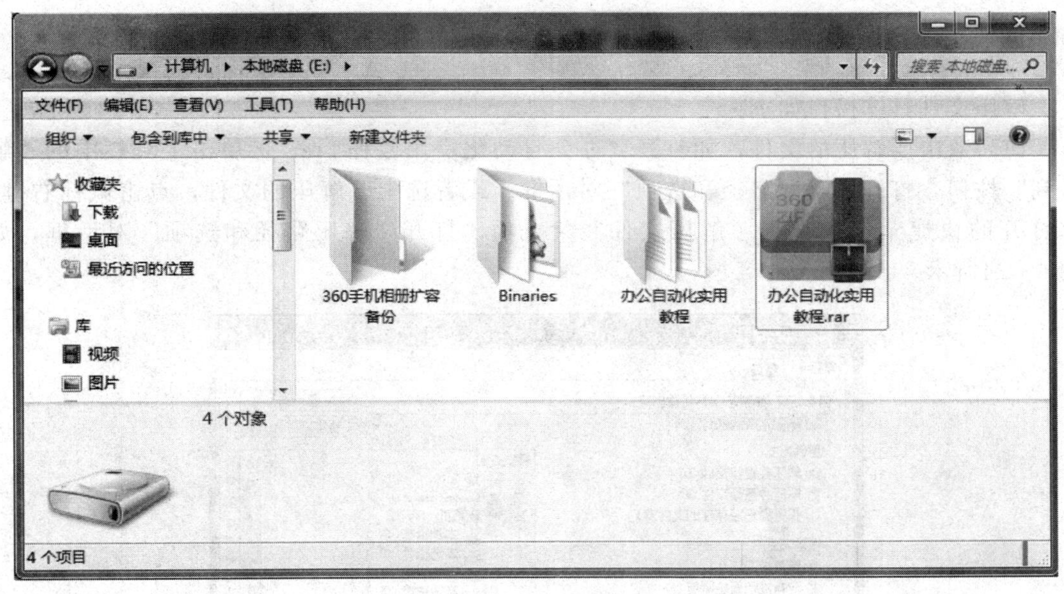

图 6－22　压缩后的文件

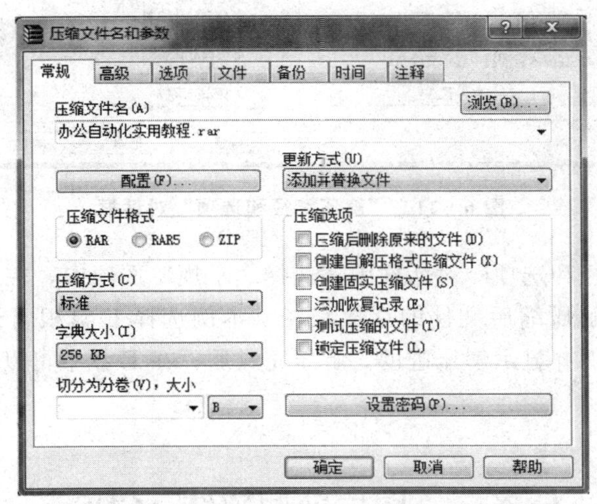

图 6－23　“压缩文件和参数”对话框

三、加密压缩文件

Winrar 在压缩文件时可以对压缩文件进行加密。此功能的实现很简单，就是在压缩时进行密码设置。选中要压缩的文件或文件夹，点击鼠标右键，从打开的快捷菜单中选择“压缩文件名和参数”选项，在“常规”中点击“设置密码”（见图 6－23），输入密码后单击“确定”按钮即可。

四、解压文件

解压文件具体操作如下：

（1）双击要解压的文件，如打开“办公自动化实用教程.rar”，单击工具栏中的“解压到”按钮，打开“解压路径和选项”对话框。或者选中要解压的文件，点击鼠标右键，在打开的快捷菜单中选择“解压文件”菜单项，打开“解压路径和选项”对话框，如图 6-24所示。

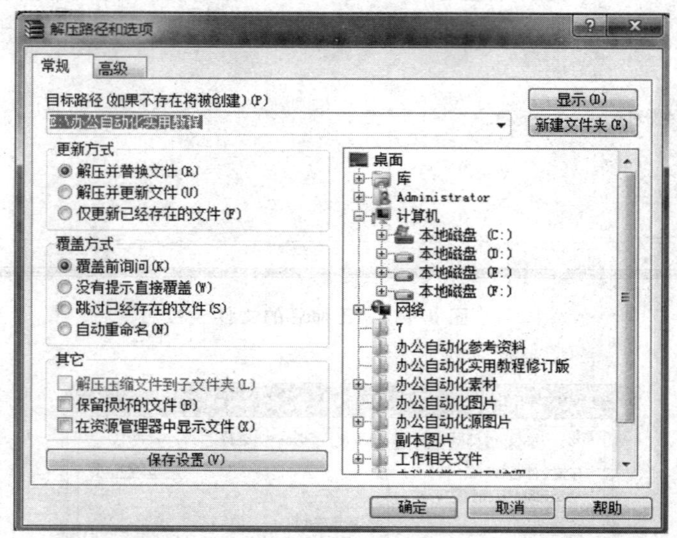

图 6-24　“解压路径和选项”对话框

（2）在“解压路径和选项”对话框中，选择“常规”选项卡，在目标路径下拉框中选择（或者直接输入）解压缩后文件的存放路径（本例选择 E 盘根目录下），单击“确定”按钮，即开始解压文件并显示解压进度。解压完成后，在 E 盘中可以看到“办公自动化实用教程”文件夹。

任务三　图片处理软件 ACDSee

任务要求

了解几种常用的图片浏览器和常用的图像处理软件。使用 ACDDSee 对图片文件进行批量处理。

任务实施

一、常用的图片浏览器

目前，常用的图片浏览器有 Windows 图片和传真查看器，ACDSee 及 FR－Photostudio，GraphicConcerter，GbroswerWindows 等。

Windows 图片和传真查看器是 Windows 系统自带的一款图片浏览器，使用起来非常方便，若没有安装其他图片浏览器，直接双击要浏览的图片即可；或选择图片，点击鼠标右键，选择“打开方式”→“Windows 图片和传真查看器”，进入图片浏览窗口，单击窗口下侧按钮区的向前、向后浏览以及图片的缩放、旋转、复制、打印与删除等按钮进行相应操作，如图 6－25 所示。

图 6－25　使用 Windows 图片查看器浏览图片

二、常用的图像处理软件

不同领域对图像处理的要求也不尽相同，目前在各应用领域软件都有很多著名产品，如 Photoshop，CorelDraw，ACDSee，Fireworks 等。下面详细介绍 ACDSee。

ACDSee 是目前最流行的数字图像处理软件，广泛应用于图片的获取、浏览、管理、优化及编辑。它是最优秀的看图软件，能够快速、高质量，并以多种方式显示图片，再配以内置的音频播放器，能够播放和处理动画文件、音频文件及如 MPEG 之类的常用视频文件。利用 ACDSee 可以轻松处理数码影像，制作桌面墙纸、屏幕保护程序，制作HTML相册，批量处理图片等。

三、使用 ACDSee 处理图片

1. 浏览图片

ACDSee 图片浏览器支持超过 30 种的图像格式，可利用该浏览器打开 PSD，TIFF 和 RAW 等格式的图像文件。

（1）选择一个照片文件，并以 ACDSee 图像浏览器打开。

（2）在界面左上角单击“浏览”按钮，将直接切换至该照片所在文件夹位置中所有照片显示状态，如图 6－26 所示。

图 6－26　使用 ACDSee 浏览图片

（3）双击该照片文件夹中任意照片缩览图，则可以适合屏幕大小的形式预览该照片。

（4）单击“下一张”按钮，可切换至下一张照片的显示状态，而单击“幻灯片”按钮，则自动播放该照片文件夹中的照片。

2. 批量修改文件名

对于大量的文件要重新命名时，如果采用传统的重命名方法，既浪费时间，又降低工作效率，可以用 ACDSee 来实现批量修改文件名，具体操作步骤如下：

（1）启动 ACDSee 软件，选中要重新命名的多个文件，选择“编辑”→“批量重命名”选项，如图 6－27 所示。

（2）弹出“批量重命名”对话框，在“开始于”数值框中设置起始编号，在“模板”下拉列表框中输入“2010cipy0＃＃”，单击“确定”按钮，如图 6－28 所示。

（3）弹出“正在重命名”对话框，单击“完成”按钮。

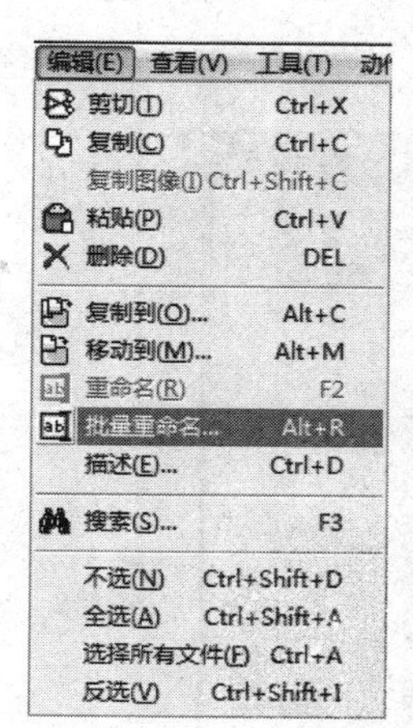

图 6－27　批量命名

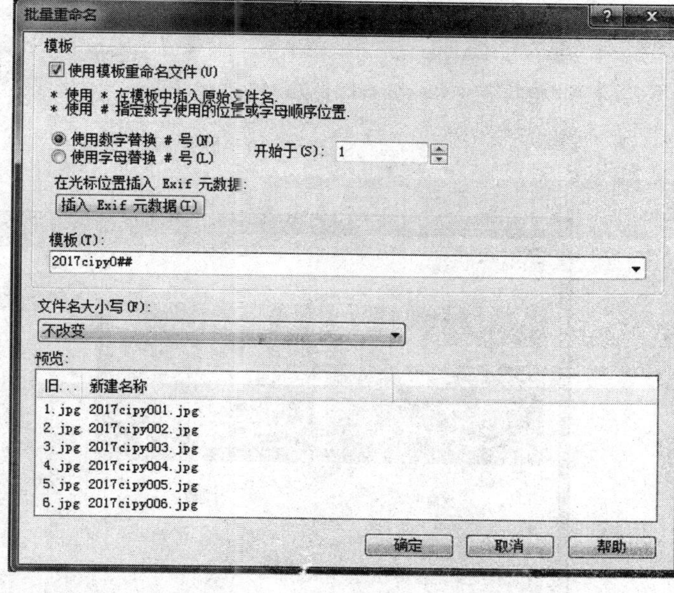

图 6－28　“批量命名”对话框

(4) 批量重命名完成，所选图片均按设置进行重命名，如图 6－29 所示。

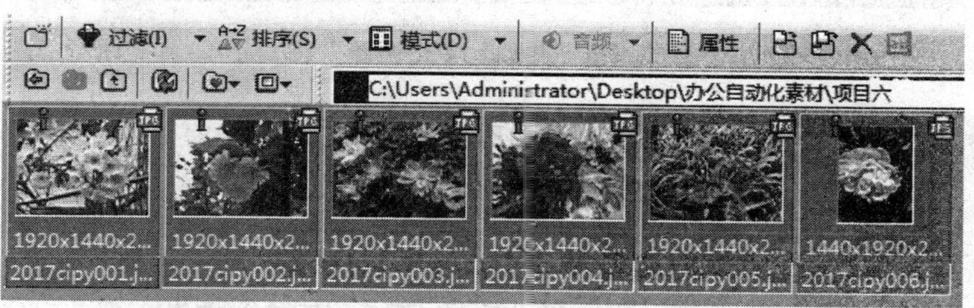

图 6－29　批量命名完成结果

小提示：ACDSee 不但可以对图片文件进行重命名，而且对所有类型的文件都可以批量重命名，操作方法与图片的重命名方法相同。

3. 编辑图像

ACDSee 自带图像编辑器，在编辑模式中可以对图片进行旋转、翻转、调整大小、裁剪、调整光线和颜色、消除红眼等各种操作。

有些图像采集后不能满足媒体作品的需要，需要对图像亮度、对比度、颜色、大小进行调整，使用 ACDSee 查看窗口的编辑任务工具栏中的各种工具可以调整图像属性。

(1) 用 ACDSee 打开需要编辑的图片。

(2) 单击图片查看器窗口右上方的“编辑”按钮，打开图片编辑面板，如图 6－30 所示。

(3) 单击“曝光”按钮（见图 6－30），打开“图像曝光调整”窗口，如图 6－31 所示。拖动“色阶”下的滑块可以调整图片曝光的相应参数值。

图 6－30　图片编辑面板

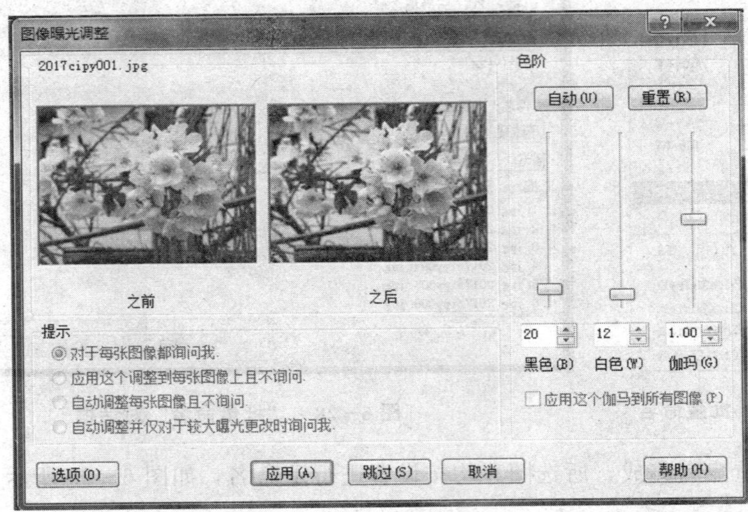

图 6－31　“图像曝光调整”窗口

（4）曝光参数设置完成后，单击“应用”，返回图片管理器窗口，则会出现一个重新曝光的图片。

任务四　媒体播放器和下载软件

任务要求

掌握本任务重点介绍的两款软件的基础操作知识，并上机实践。

任务实施

一、暴风影音播放器

1. 常用媒体播放软件

目前，流行的媒体播放软件主要有暴风影音、Mplayer、RealPlayer、爱奇艺、土豆等。暴风影音依靠其支持格式多、占用资源少、易于使用等特点迅速普及，成为互联网上最流行的播放器之一。

2. 暴风影音播放器

暴风影音播放器是由暴风网际公司精心制造的一款万能媒体播放软件。它诞生于2003年，经过14年的发展，暴风影音能够支持400多种格式，支持高清硬件加速，全高清文件CPU占用率10%以下，MKV可进行多音频、多字幕的自由切换，支持最多数量的手持硬件设备视频文件，是目前中国最大的播放软件。现以暴风影音5为例，来学习它的使用方法。

3. 启动暴风影音播放器

暴风影音在计算机中安装之后，可以通过选择“开始”→“程序”→“暴风影音”菜单项，或双击桌面上暴风影音快捷图标的方式启动，进入暴风影音主窗口，如图6-32所示。

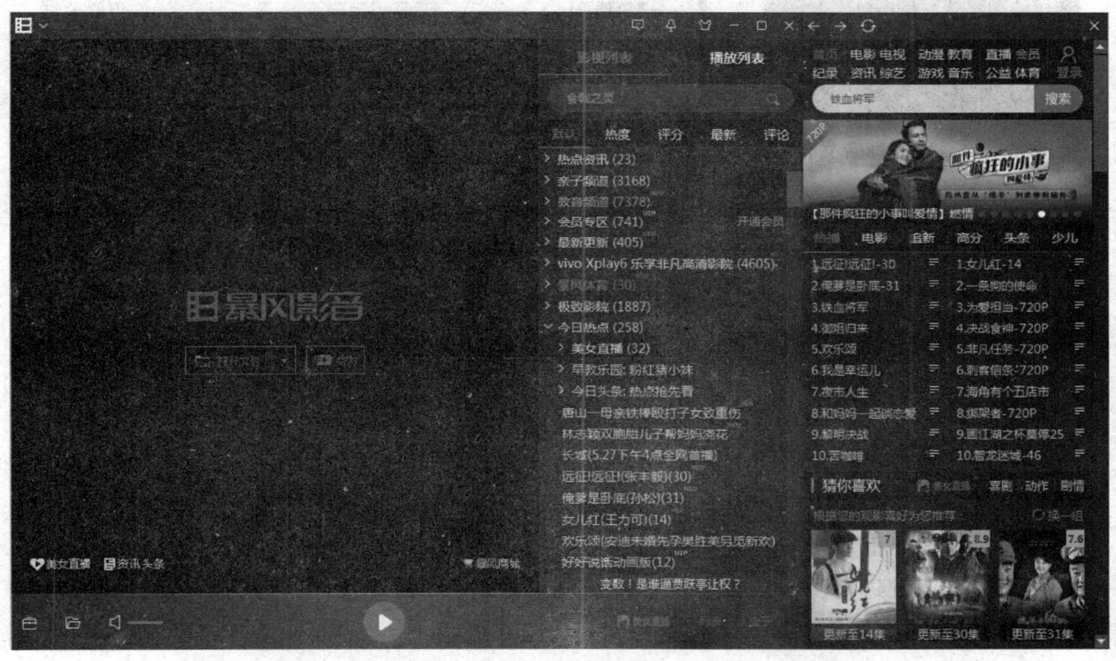

图6-32 暴风影音主窗口

4. 播放暴风影音文件

(1) 单击“文件”菜单栏→“打开文件”，或单击“正在播放”右端的下拉按钮，在下拉菜单中选择“打开文件”菜单项，或按Ctrl+O组合键，如图6-33所示。

(2) 进入“打开”对话框，找到要播放的影音文件，单击“打开”按钮，如图6-34所示，暴风影音开始播放影音文件。

5. 设置暴风影音的播放界面

暴风影音的“显示”菜单用来对播放界面进行各种设置。

(1) 全屏。全屏是屏幕全屏播放，可以按Ctrl+Enter组合键完成。双击播放界面可在全屏播放与比例播放间进行转换。

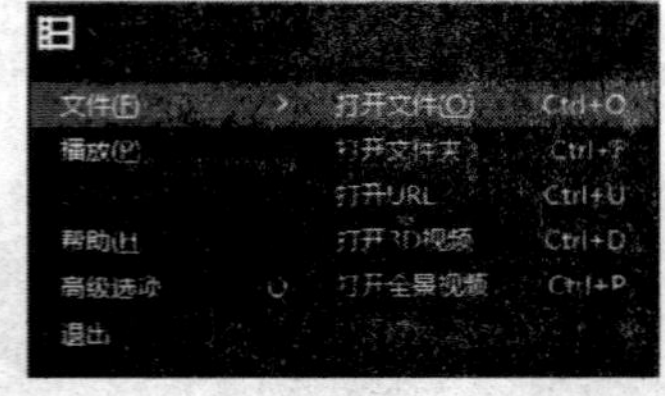

图 6-33 播放影音文件

图 6-34 “打开”对话框

(2) 显示比例。显示比例指定播放界面按一定比例显示。

(3) 最小界面。按最小设置显示播放界面，且标题栏、菜单栏、播放列表、播放进度条及播放按钮区均不显示。要退出最小界面状态，只需在播放器界面点击鼠标右键，在打开的快捷菜单中选择“标准界面”即可。

6. 暂停播放与还原播放

在播放影音文件过程中，要暂停播放或还原播放，可通过 3 种方式实现。

(1) 单击播放按钮区的“暂停”按钮，暂停播放，此时“暂停”按钮变成“播放”按钮，要想还原播放，单击“播放”按钮即可。

(2) 在播放界面单击鼠标左键进行暂停播放与还原播放间的转换。

(3) 按空格键进行暂停播放与还原播放间的转换。

7. 在播放列表中显示影音文件

当需要同时欣赏多个影音文件时，不必看完一个再打开另一个，在暴风影音播放器中可以打开多个影音文件。其方法是单击播放器右侧播放列表中的“添加”按钮来添加影音文件，在“打开”对话框中找到要添加影音文件打开，所有打开的影音文件都将显示在播放列表的列表框中。通过选择“播放”菜单中的“播放列表”级联菜单中的各项，可以设定播放列表中的各影音文件的播放方式。

二、迅雷

1. 常用下载软件

目前，常用的下载软件有迅雷、Bitcomet（比特彗星）、QQ 旋风、快车等。

迅雷是基于多资源超线程技术的下载软件，是宽带时期的下载工具。它针对宽带用户做了特别的优化，能够充分利用宽带上网的特点带给用户高速迅雷下载体验。下面就以迅雷为例，学习下载软件的使用方法。

2. 使用迅雷

只要用左键按住链接地址，拖放至悬浮窗口，松开鼠标即可使用迅雷。这和点击鼠标右键，点击链接“使用迅雷下载”一样，会弹出存储目录的对话框，只要选择好存放目录即可。用户不但在迅雷页面的左下方可以看到下载文件的名称、大小以及下载速度等信息，而且在下载软件的过程中，可以浏览网页、听歌，甚至玩游戏，都不会耽误下载软件的进程，小小的悬浮窗口会显示下载百分比及线程图示。

3. 个性化悬浮窗口

个性化悬浮窗口可以让用户有更个性化的选择。单击鼠标右键，点击“悬浮窗口”，在“配置”里选择“图形配置”，即可以改变悬浮窗口的前景色、背景色、透明度等，来配合自己的桌面。

4. 小技巧

技巧一：让迅雷悬浮窗格给用户更多帮助。如果迅雷并没有出现悬浮窗格，有可能给用户下载带来不便。只要单击迅雷主窗口中的“查看”菜单，选中“悬浮窗”项，即可出现相应的图标。在浏览器中看到喜欢的内容，直接将其拖放到此图标上，即可弹出下载窗口。

技巧二：更改下载目录。在默认情况下，迅雷安装后会在 C 盘创建一个 tddownload 目录，并将所有下载的文件都保存在这里，一般 Windows 都会安装在 C 盘，但由于使用中系统会不断增加自身占用的磁盘空间，如果再加上不断下载的软件占用的大量空间，很容易造成 C 盘空间不足，引起系统磁盘空间不足和不稳定。另外，Windows 并不稳定，经常还要格式化 C 盘重装系统，这样就可能造成下载软件的无谓丢失，因此建议最好改变迅雷默认的下载目录。单击迅雷主窗口中的“常用设置”→“存储目录”命令，在打开窗口中设置默认文件夹。

技巧三：不让迅雷伤硬盘。现在下载速度很快，因此如果缓存设置得较小，极有可能会对硬盘频繁进行写操作，时间长了，会对硬盘不利。事实上，只要单击“常用设置”→“配置硬盘保护”→“自定义”，然后在打开的窗口中设置相应的缓存值，如果网速较快，设置得大些；反之，则设置得小些，建议值为 2048KB。

技巧四：将迅雷作为默认下载工具。如果认为迅雷很好用，则完全可以将其设置为默认的下载工具，这样在浏览器中单击相应的链接，将会用迅雷下载：选择“工具”→“迅雷作为默认下载工具”命令，即可弹出相应的提示窗口，提示设置成功。

技巧五：资料下载完后自动关机。在迅雷主窗口中选择“工具”→“完成后关机”项，这样，一旦迅雷检测到所有内容下载完毕就会自动关机。此技巧在用户晚上下载时特别有用，再也不用担心计算机会“空转”，乱用电了。完成后按下“确定”按钮，迅雷会弹出一个确认对话框，建议选中“同样修改子类别的目录属性”和“移动本地文件”，这样，软件会同时将 C：\tddownload 下默认创建的“软件”“游戏”“音乐”和“电影”等子文件夹一并移动，并且还会移动其中已经下载的文件。

技巧六：批量下载任务之高效应用。有时在网上会发现很多有规律的下载地址，如遇到成批的 mp3、图片、动画等。比如，某个有很多集的动画片，如果按照常规的方法需要一集一集地添加下载地址，非常麻烦，其实这时可以利用迅雷的批量下载功能，只添加一次下载任务，就能让迅雷批量地将它们下载下来。

小提示：文件名出现“*”是代表任意字符的意思。例如，a.*就代表文件基本名是a，扩展名是任意的所有文件。因为*可以代替任意字符，所以称之为通配符。这里下载的文件都是zip文件（.zip），而前面的文件名为英文，但不相同，那么可以写为*.zip，并且选择“从……到……”，根据实际情况改写要填入的字母。

项目七

网络办公应用

学习目标

1. 学会设置有线网络与无线网络。
2. 学会设置共享文件。
3. 学会设置打印机共享。
4. 学会使用网络会议软件 NetMeeting。

任务一　组建办公网络

任务要求

使用计算机、路由器、交换机和网线等部件，组建一个简单的办公网络。

任务实施

一、设置有线网络

1. 准备工作

所需的硬件设备包括计算机（服务器/客户机）12 台、路由器 1 个、D-Link DES-1016D 以太网交换机 1 个（16 口）、若干网线和水晶头。

2. 布线

如果是光纤接入方式，可以将光纤直接接到路由器 WAN 端口上；如果是 ADSL 接入方式，应选择 ADSL 路由器，将进户线接到 ADSL 路由器 WAN 端口上。

取出网线，网线一端接到路由器 LAN 端口上，另一端接到交换机上。

取出网线，网线的一端接到交换机的端口上，另一端接到计算机（服务器/客户机）的网卡接口上。

办公网络设备的连接如图 7-1 所示。

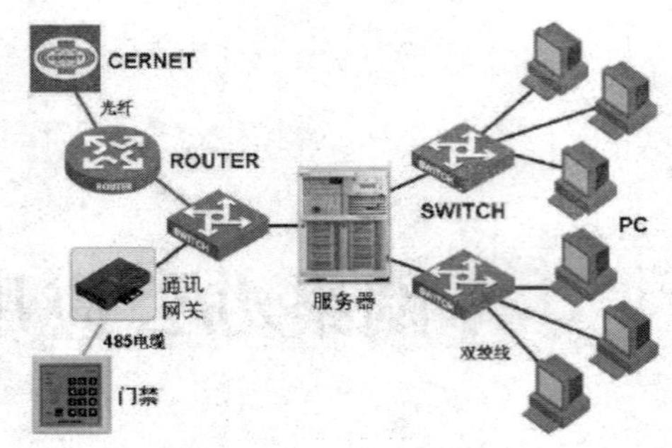

图 7-1　办公网络设备连接图

3. 设置路由器

(1) 打开浏览器，输入“http：//192.168.1.1”，打开如图 7-2 所示的网页，输入用户名和密码。如果读者没改过用户和密码，都是“admin”；若改过，则路由器上有个标识为 RESET 的圆孔，拔掉路由器电源，用尖状物按住 RESET 键不松手，再插上电源，等待约 5～10 秒钟松开 RESET 键，即复位成功。

(2) 有设置向导就可以按照向导完成；若没有，就在图 7-2 所示的网页里的“网络参数”设置接口。

1) LAN 口设置。IP 地址：192.168.1.1。子网掩码：255.255.255.0。

2) WAN 口设置。接口类型选择“静态 IP”。输入计算机的 IP、子网掩码、网关、DNS 服务器。

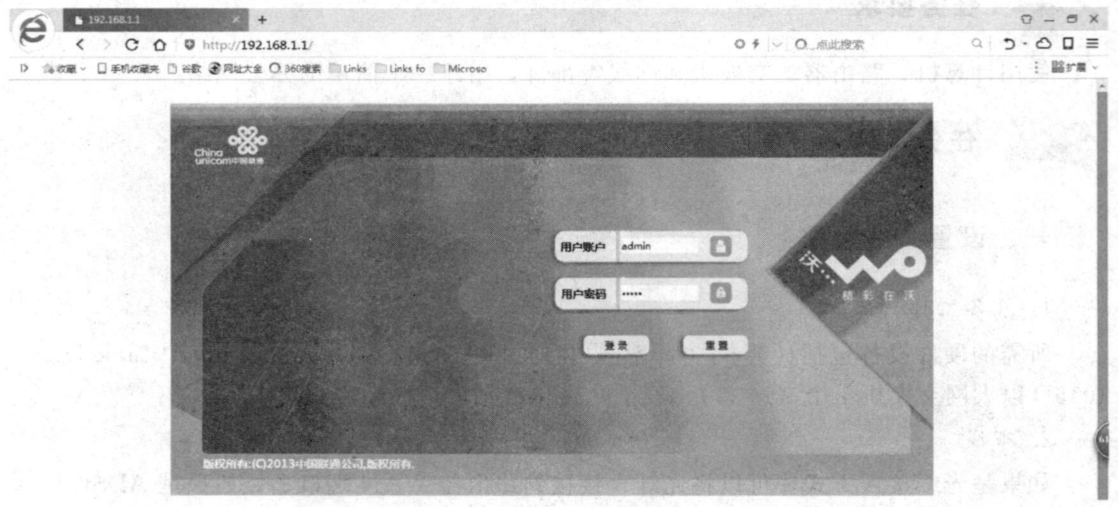

图 7-2　路由器登录页面

4. 设置计算机

(1) 设置 IP 地址。双击桌面上“网络”图标，单击顶部的“网络共享中心”，如图 7-3所示。进入 Win7 网络共享中心之后，单击左侧的“更改适配器设置，如图 7-4

所示。之后就可以看到电脑本地连接设置入口了，如图 7－5 所示。选择”本地连接，右键单击，在弹出的菜单中，选择“属性”，如图 7－6 所示。至此就可以打开 Win7 的本地连接属性了，在此可以更改本地连接 IP 地址，操作步骤如图 7－7 所示。按照以上方法，点击属性之后，就可以看到 Win7 本地连接设置界面了，如图 7－8 所示。

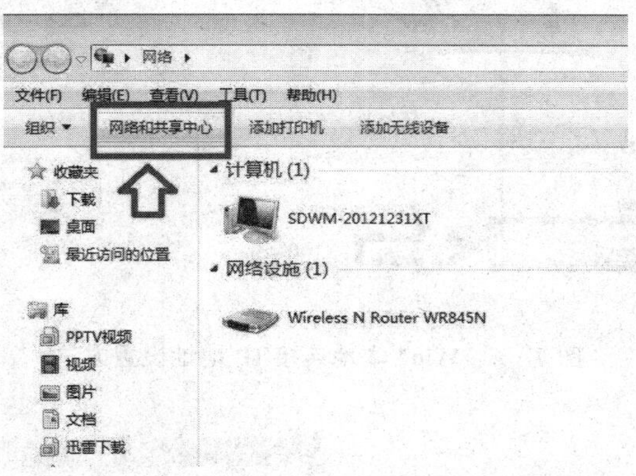

图 7－3　进入 Win7 网络共享中心

图 7－4　选择更改网络适配器

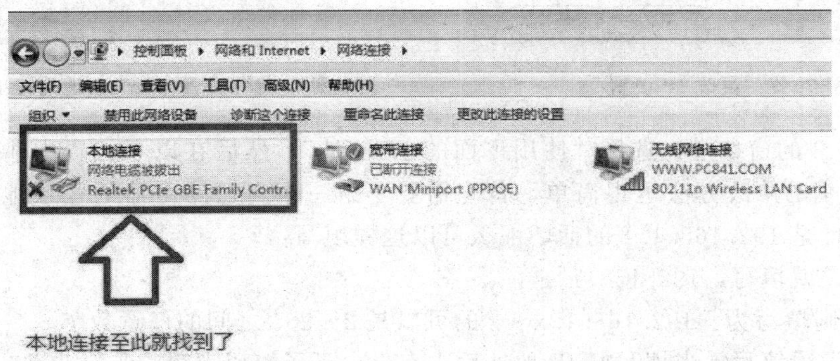

图 7－5　Win7 本地连接

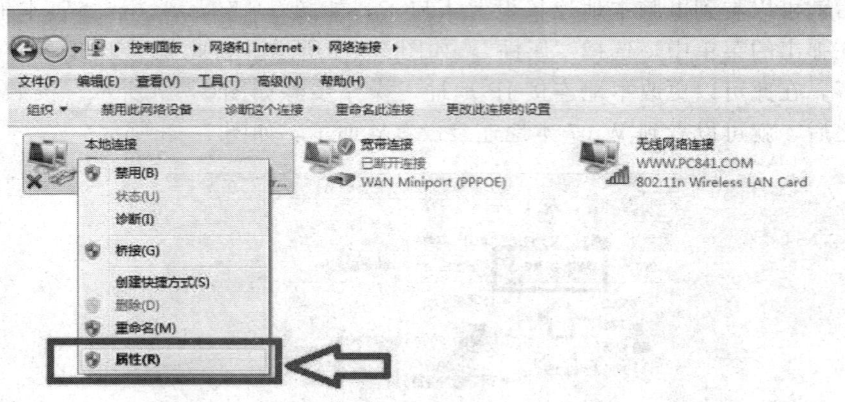

图 7-6 Win7 本地连接 IP 地址设置方法

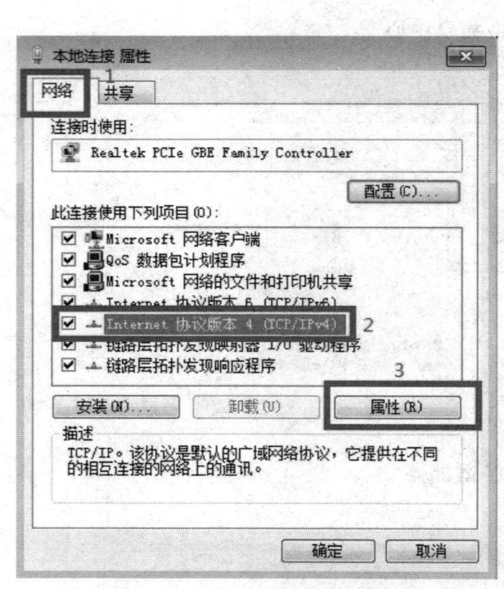

图 7-7 更改 IP 设置

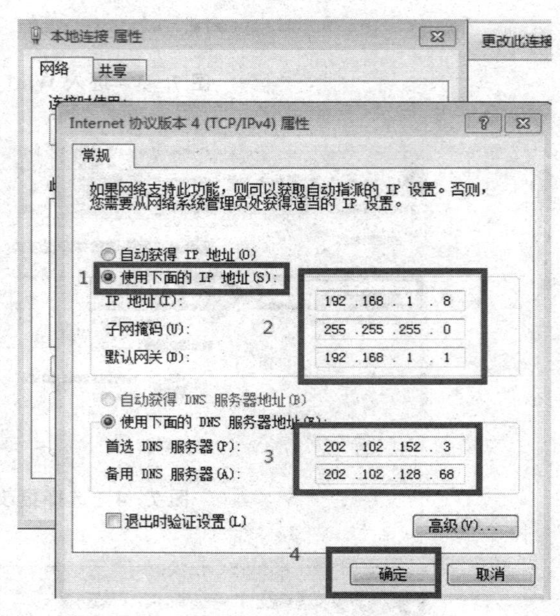

图 7-8 设置 Win7 本地连接 IP

在图 7-8 的窗口中，选择“使用下面的 IP 地址”，然后在以下位置中输入要更改的 IP 地址。这里的修改方法也很简单，首先需要了解一下自己路由器的登录地址，如果您的路由器地址是 192.168.1.1 的话，那么可以这样填写：

默认网关就填写：192.168.1.1

IP 地址则填写为：192.168.1.x（x 的可以是 2～255 之间的任意数字）

子掩码无须填写，当填写好 IP 地址后，点击一下子掩码那里会自动生成。

（2）更改不同的计算机名，设置相同的工作组。选中“我的电脑”，单击鼠标右键，选择“属性”，打开“系统属性”对话框，选择“计算机名”选项卡，点击“更改”，打开“计算机名称更改”对话框，如图 7-9 所示，更改计算机名称和工作组名称，注意每台计算机的名称不一样，可设置成 jsj01，jsj02 等，工作组名称要一致，可都设置成“MSHOME”。

二、设置无线网络

1. 连接无线路由器

（1）选择一个合适的桌面安放路由器。本例中使用的路由器是 TP - Link 340。

（2）将路由器电源适配器的一端插入电源插座，另一端插入路由器后部的电源插口。路由器本身没有电源开关，通电就开始工作。

（3）将局域网输出网线插入到路由器的 WAN 口（WAN 口功能是上连上级网络设备）。

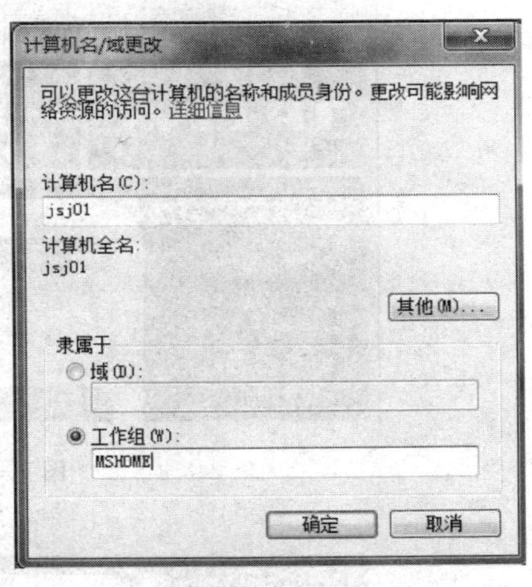

图 7 - 9 “计算机名称更改”对话框

2. 设置无线路由器

在浏览器地址栏中输入路由器的 IP：192.168.1.1，确定后即可进入路由器的 WEB 设置界面。路由器在进入 WEB 设置界面时，需要管理员密码，如第一次输入，输入原始密码即可（默认 IP 和原始密码，在路由器的背面或说明书上都有），如图 7 - 10 所示。

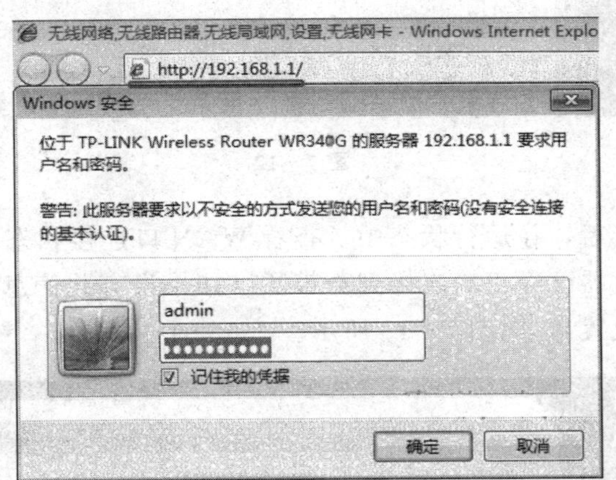

图 7 - 10 输入用户名和密码

输入正确的用户名和密码后，单击“确定”，进入无线路由器设置界面，如图 7 - 11 所示。下要我们要做的是设置网络参数和无线参数，设置网络参数，是设置路由 WAN 口，即设置路由与宽带连接；设置无线参数，是无线网络相关设置。

点击网络参数，选择 WAN 口设置，在此设置界面中，分为常用的几种连接类型。如果是网通或电信等 ADSL 虚拟拨号网络，在 WAN 口连接类型中选择 PPPoE 模式，然后输入 ISP 运营商给的账号和口令，在下面的连接模式中，选择自动连接，然后点保存，路由将自动重启，并进行拔号。在这里，以最常用的家庭 ADSL 虚拟拨号（PPPOE）拔号方式为例，如图 7 - 12 所示。

图 7－11　无线路由器设置页面

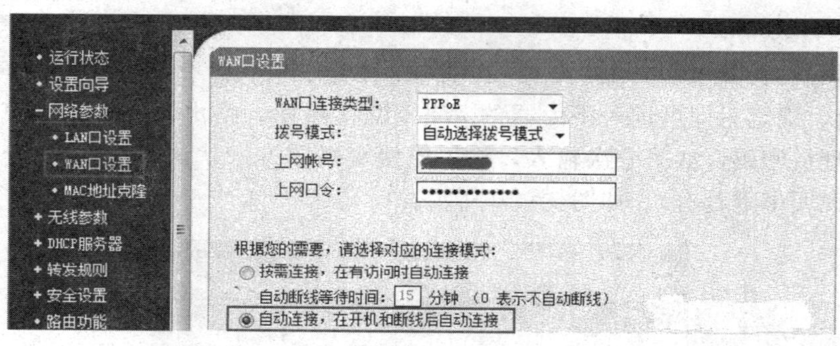

图 7－12

路由重启自动连接后，在运行状态中，查看 WAN 口连接状态；如果 WAN 口显示出连接数据了，表明路由器已经正确连接到宽带了（如果没有此信息，检测路由器与 ADSL 连接，检查 WAN 口设置），如图 7－13 所示。

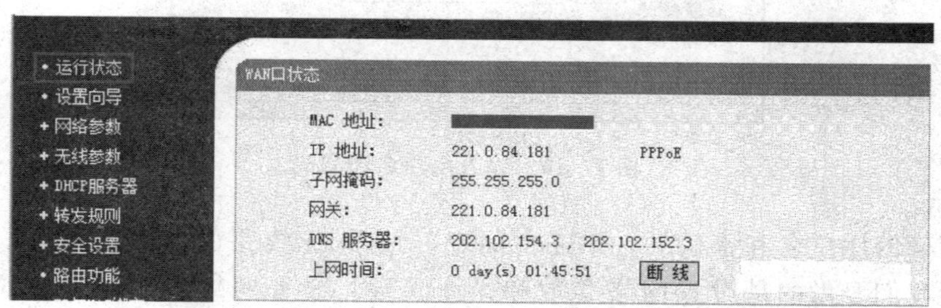

图 7－13　WAN 口连接状态

现在可以设置无线网络了，如图 7－14 所示，点击无线参数，设置 SSID 号，也可选择系统默认的，确定开启了无线功能程允许 SSID 广播，然后开启安全设置，选择最高端的 WPA－PSK/WPA2－PSK 加密，安全选项选择自动选择，加密方式选择 AES，密码设置 8 位 ASCII 码，你可以按上面设置的内容，也可按自己需要设置。

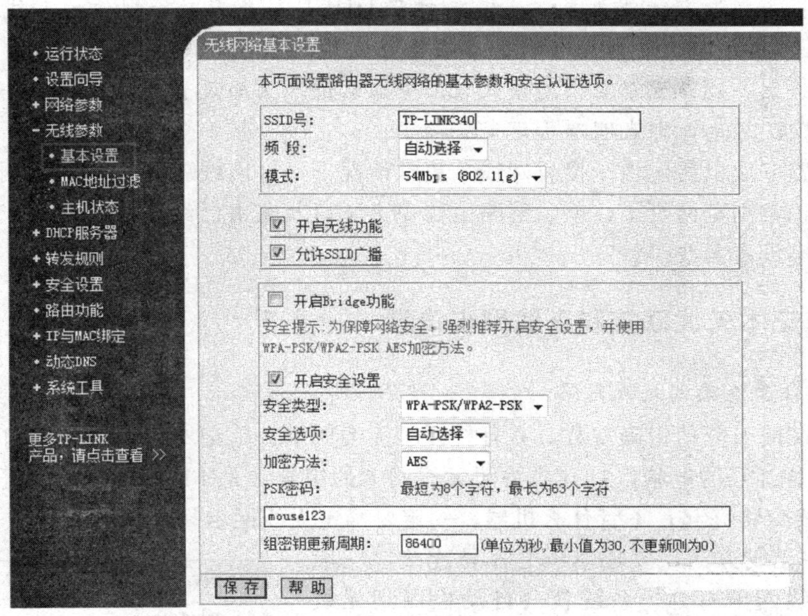

图 7－14　设置无线网络

小提示：一定要记好 SSID 号，以及加密方式和密码，在下面无线网卡设置中要用到。密码设置看清楚，选择 WPA2 加密时，密码最短为 8 个字符，最长为 63 个字符，密码位数少了或多了都不行，切记！如果不明白，按上面的设置即可。

设置完成后保存，路由器将自动重启。

如果想让下面的客户机方便地配置网络，可以在路由器中打开 DHCP 服务，这样，所有与路由器连接的局域网中的电脑的 TCP/IP 协议设置为“自动获得 IP 地址”，路由器即可自动为每台机器配置网络。这样无须每台机器分别指定 IP 地址，当然，就是打开了 DHCP 服务，也可手动为每台电脑指定 IP 地址。路由默认 DHCP 服务是打开的，可进入 DHCP 服务器选项查看，如图 7－15 所示。

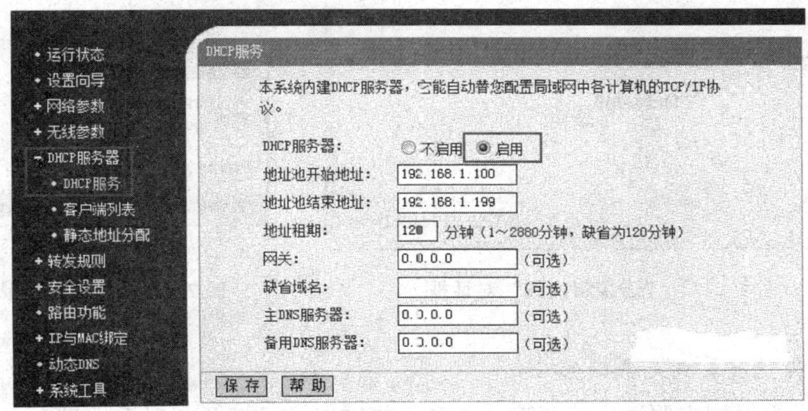

图 7－15　查看 DHCP 服务器

小提示：如果没有特殊要求，一定要打开DHCP服务器，否则你的无线连接会无法分配IP地址，造成无法连接成功。每一项设置完成以后，一定要保存，保存后路由器将自动重启，否则一切设置都会恢复默认值。重启后进入上面设置的选项中看一下，如果全部设置成我们设置的，即表明路由设置正确了。

以上设置完成以后，由于接着网线，正常情况下通过网线就可正常浏览网页了。如果通过网线可正常浏览网页了，就说明路由器WAN口及路由已经正确设置完成，此时拔下网线，就可来设置无线了。

三、笔记本无线联接和无线网卡设置

1. 系统自动连接到无线网络

确定无线网卡驱动正确安装，并且打开了无线网卡；笔记本多由组合键打开或关闭无线网卡，如DELL的电脑，打开或关闭无线网卡的组合键是Fn＋F2键，打开后，面板上的WIFI无线灯将亮起；不管什么机器，一定要确定无线网卡打开。

Win7在无线方面，要比XP更容易连接，一般只要确定无线网卡打开，系统就会自动检测到无线网络，在桌面的右下角，可看到无线连接标志，如图7－16所示；鼠标点击这个连接标志，会出现连接标识；此时显示未连接。

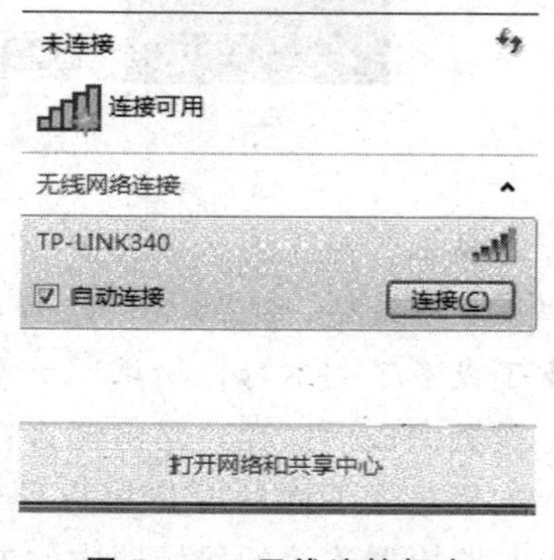

图7－16　无线连接标志

点击“连接”按钮，由于在设置无线时，我们已经设置了无线密码，因此系统会提示输入密码，这里我们假设设置密码为mosue123，输入无线密码，如图7－17所示，单击“确定”，系统将与无线网络连接。连接成功后，显示如图7－18所示。

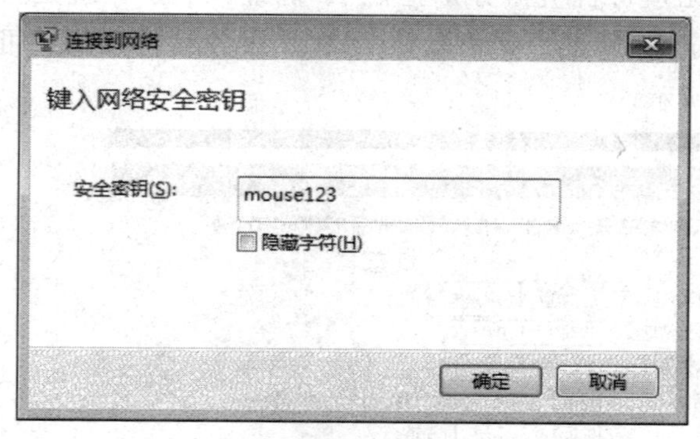

图7－17　“连接到网络”对话框

图7－18　无线连接状态

2. 手动设置连接到无线网络

如果确定无线网卡驱动安装正确，并且无线网卡已经打开，但系统没有自动检测到无线网络，这里就需要手动设置无线；选择“计算机”→“打开控制面板”→“网络和

Internet”→“网络共享中心”→“设置新的网络或连接”，如图 7－19 所示。在选项界面中，选择“手动连接到无线网络”，单击“下一步”，如图 7－20 所示。

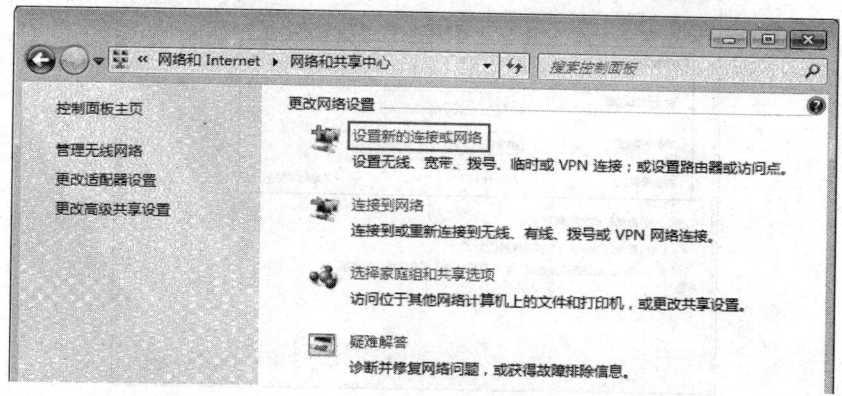

图 7－19　手动设置无线

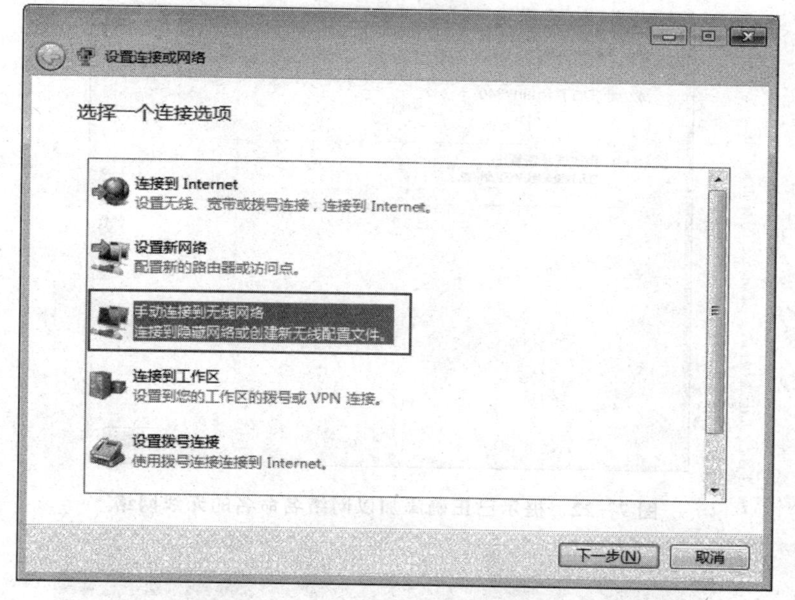

图 7－20　手动连接到无线网络

在图 7－20 界面中，按路由器中的设置，正确将网络名及加密方式和密码输入。如此例中，网络名：TP－LINK340，安全类型：WPA2 -个人，加密类型：AES，安全密钥：mouse123，正确对应输入后，选择自动启动此连接，按“下一步”，如图 7－21 所示。系统将提示已正确添加以网络名命名的无线网络，此时点关闭退出，如图 7－22 所示。然后在设置连接或网络界面中，点击“连接到网络”，如图 7－23 所示。

桌面右下角将显示无线连接标识，鼠标点击，选择网络名名为 TP－LINK340 的无线连接，点连接即可连接到无线网络。

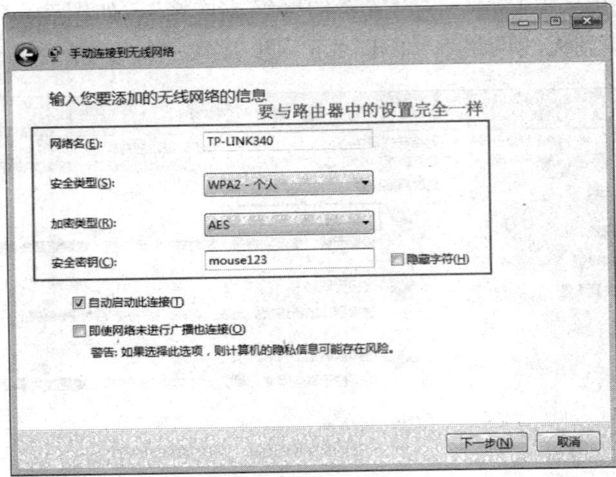

图 7-21　输入网络名及加密方式和密码

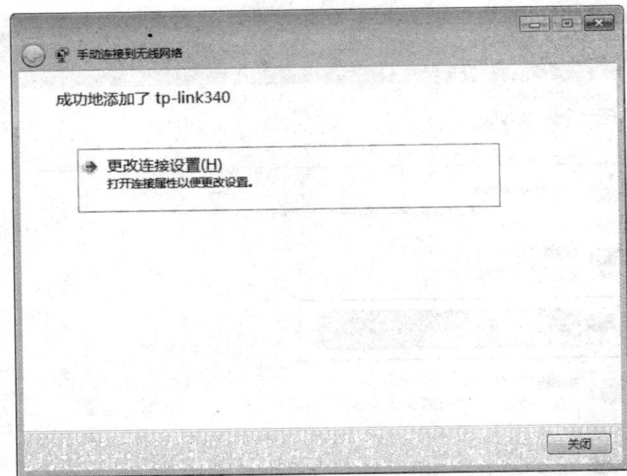

图 7-22　提示已正确添加以网络名命名的无线网络

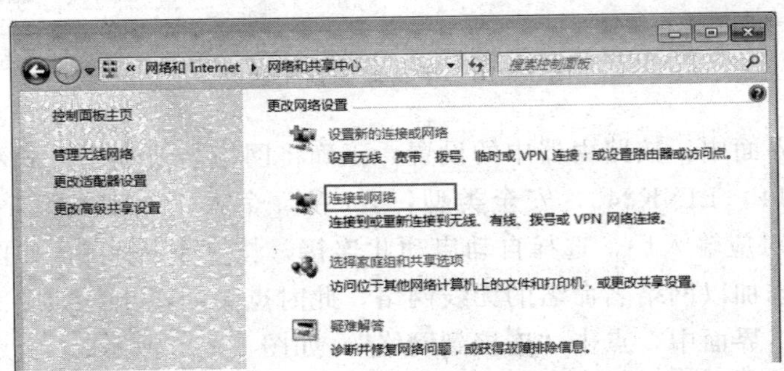

图 7-23　设置连接或网络界面

小提示：其实无线设置还是很简单的。只要进入路由器设置好 WAN 口及无线参数，基本都可顺利连接网络的。①如果无法搜到无线网络，要确定无线路由中已经打开了无线功能，并且电脑的无线网卡已经正确安装驱动并打开。②如果搜到网络，无法连接，要确定搜到的无线是你自己设置的无线网络，这个看网络名名即可确定。再就是密码设置及密码位的长度，不同的加密方式，密码最大或最小长度是不一样的，密码使用 ASCII 码，即数字和字母。③如果连接成功后，但无法浏览网页，进入路由器设置，检查 WAN 口设置，在 WAN 口状态中查看是否已经正确连接到外网了。④在设置无线时，先用网线连接好路由器，等一切设置好后。使用有线测试网络是否通，如果通了再设置无线，这样就简单了。⑤无线连接后，无法上网，最简单测试无线是否与路由器正确连接的方法，就是拔下网线，在 IE 输入路由器的 IP，看可否进入路由器设置，以此判断是否正确与无线路由器连接。

任务二　设置文件共享

任务要求

设置一个办公局域网，要求每一台成员机均可相互共享文件。

任务实施

享受共享服务的计算机必须在同一个工作组或家庭组中，如图 7－24 所示。

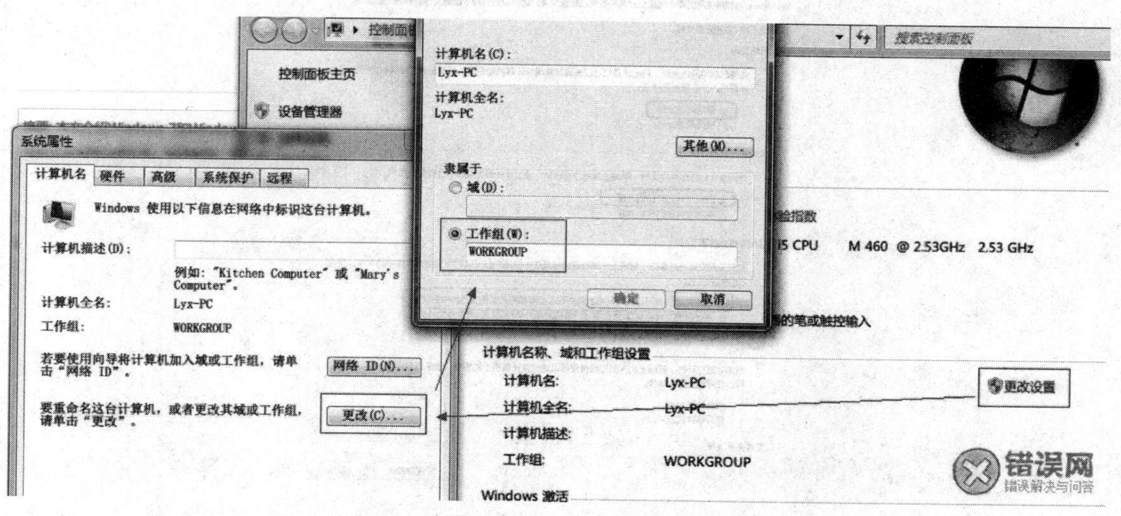

图 7－24　享受共享服务的计算机组

Win7 局域网设置文件共享的具体步骤如下：

（1）右击桌面上的“网络”图标，在弹出的快捷菜单中选择“属性”，打开如图 7－25

所示的对话框，选择“更改高级共享设置”，打开如图 7－26 所示窗口。

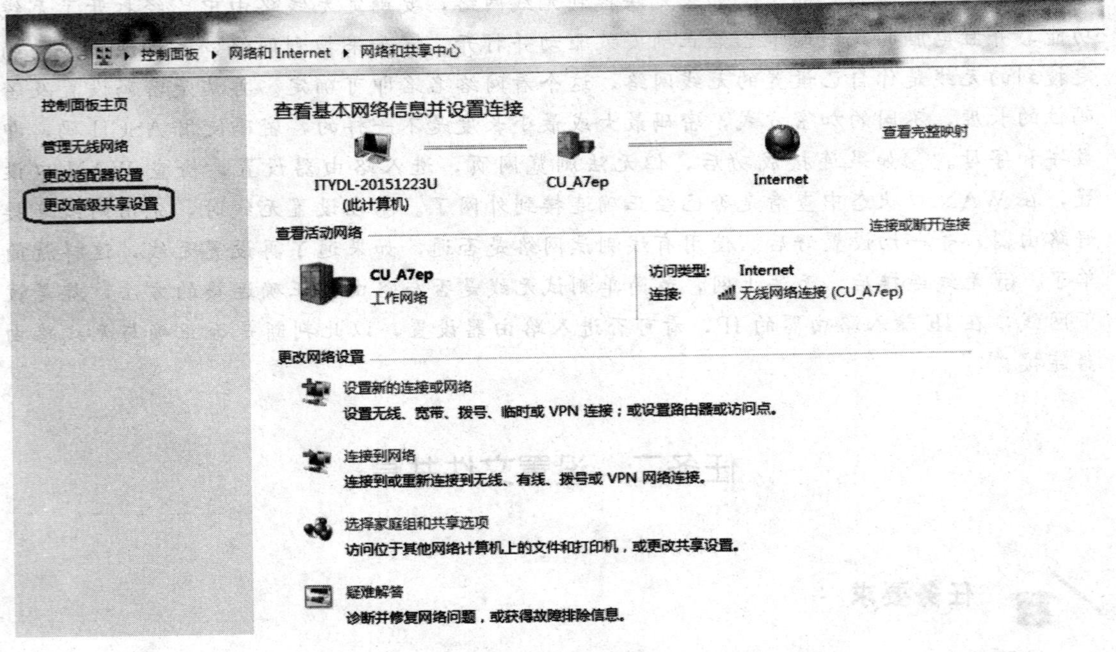

图 7－25　“网络和共享中心”窗口

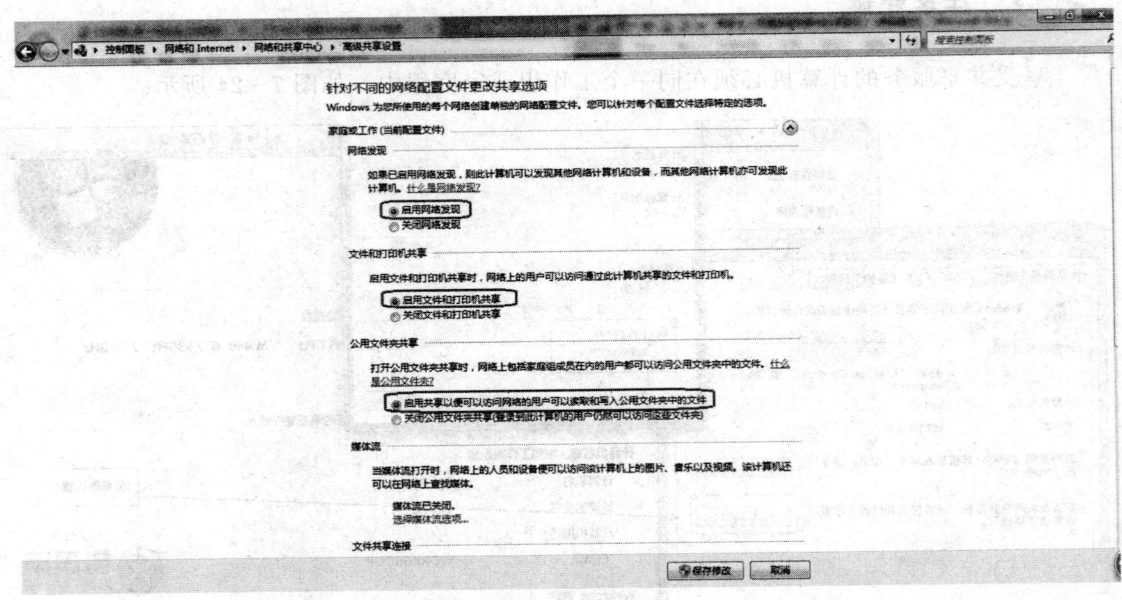

图 7－26　“高级共享设置”窗口

（2）选择以下选项：“启动网络发现”“启动文件和打印机共享”“启用共享一边可以访问网络的用户可以读取和写入公用文件夹中的文件”（可以不选），关闭“密码保护共享”，单击“保存修改”。

（3）选择需要共享的文件夹，右键单击，在弹出的快捷菜单中选择“属性”，打开如图 7－27 所示对话框。选择“共享”选项卡，单击“共享（S）”，弹出如图 7－28 所示的“文件共享”对话框，单击“添加左侧的下拉按钮，选择“Guest”（选择“Guest”是为了降低权限，以便于所有用户都能访问），单击“共享。

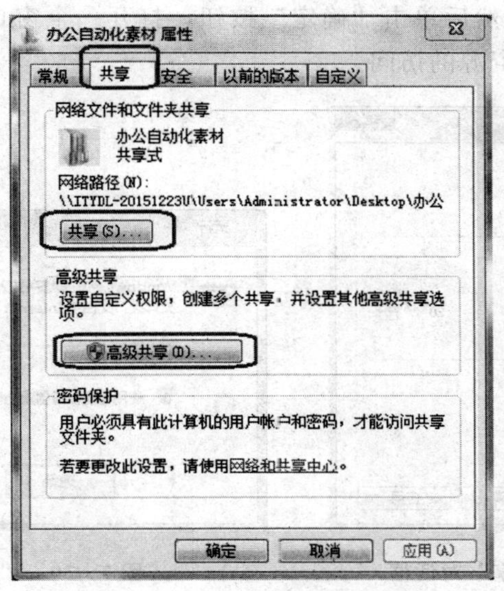

图 7－27 “属性”对话框

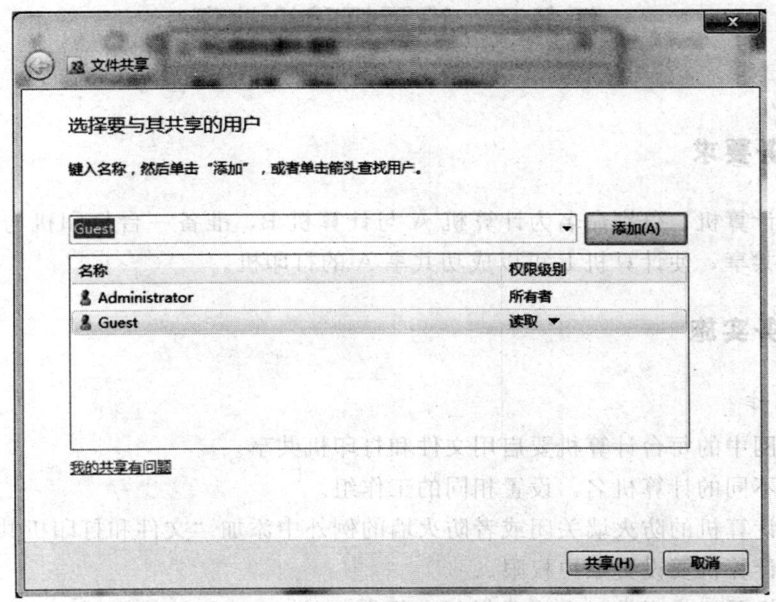

图 7－28 “文件共享”对话框

（4）在图7－27中选择“高级共享”，弹出如图7－29所示对话框，选择“共享此文件夹（S）”，单击“确定”。

（5）通过“开始”菜单的“运行”可访问共享资源。具体步骤是：点击“开始”菜单，在“搜索程序和文件”框中输入“运行”，在“运行”中输入要访问的计算机的IP地址，如输入“\\10.0.3.128\\”（注意IP地址前面的两个“\”必须添加，否则无法访问），如图7－30所示。然后单击“确定”按钮，打开一个窗口，该窗口显示了共享文件夹或磁盘，实现了共享资源的访问。

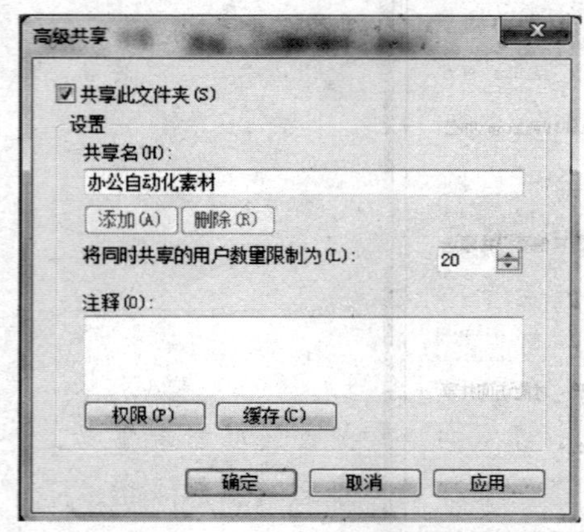

图7－29 “高级共享”对话框

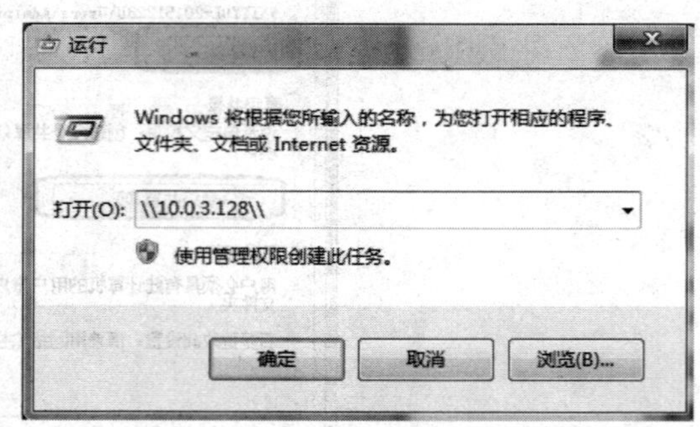

图7－30 “运行”对话框

任务三 设置打印机共享

任务要求

准备两台计算机，分别命名为计算机A与计算机B，准备一台打印机与计算机A连接。设置打印共享，使计算机B可以成功共享A的打印机。

任务实施

1．准备工作

（1）局域网中的每台计算机要启用文件和打印机共享。

（2）更改不同的计算机名，设置相同的工作组。

（3）每台计算机的防火墙关闭或者防火墙的例外中添加“文件和打印机共享”。

（4）每台计算机要设置账户权限。

（5）打印机要工作正常，需要确保每台机器上的Printer Spooler服务处于运行状态。检查这个服务是否处于运行状态，步骤如下：点击“开始”菜单，在“搜索程序和文件”框中输入“运行”，打开“运行”对话框，输入“services.msc”，然后按回车键，打开

“服务”窗口。在窗口右侧找到“Print Spooler”选项，双击打开“Print Spooler 属性”对话框，如图 7－32 所示；确保“启动类型”是“自动”，“服务状态”是“已启动”，如果没有启动，单击“启动”按钮。

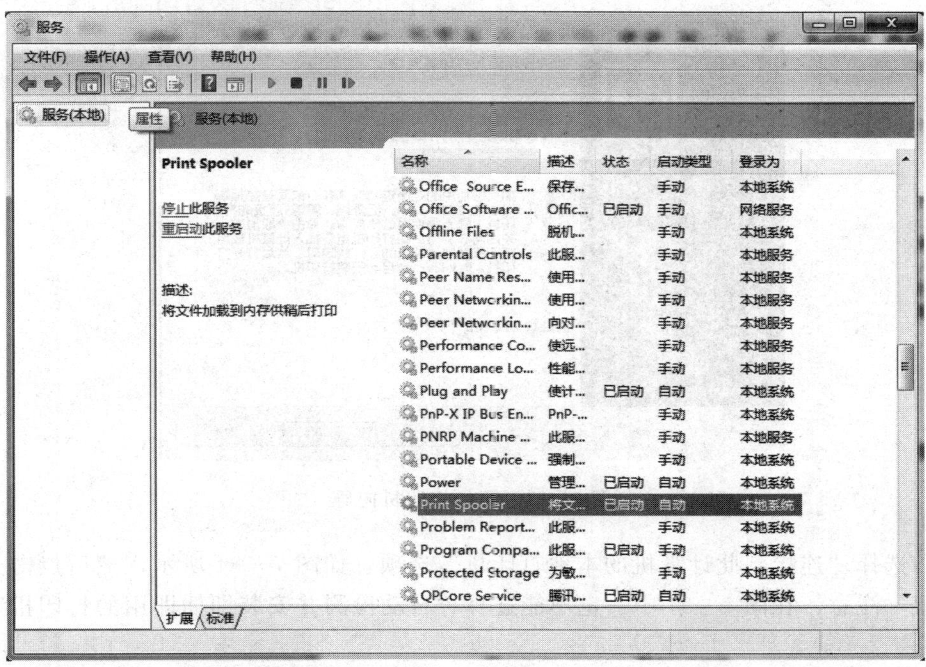

图 7－31　“服务”窗口

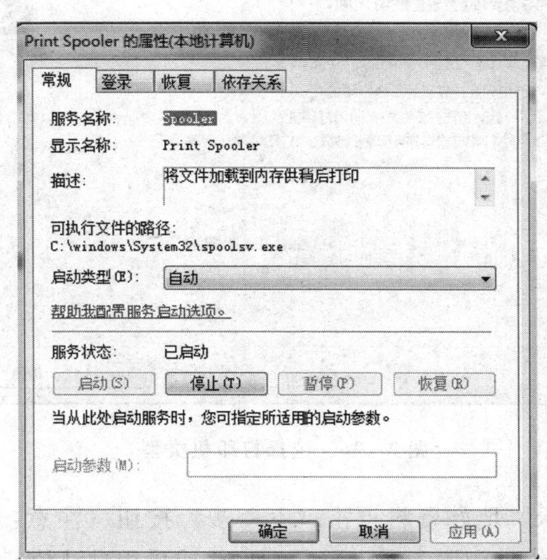

图 7－32　“Print Spooler 属性”对话框

2. 在计算机 A 上配置打印机

(1) 在“控制面板”中打开“打印机和传真”，在左边的选项或右键快捷菜单中选择“添加打印机”，打开“添加打印机向导”，如图 7－33 所示，点击“下一步”按钮。

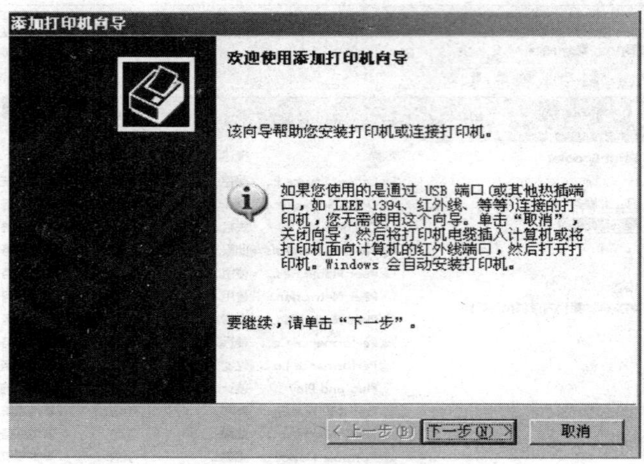

图 7－33　添加打印机向导

(2) 选择“连接到此计算机的本地打印机”选项，如图 7－34 所示，然后点击“下一步”按钮（注意：在图 7－34 中一定不能选择“自动检测并安装即插即用的打印机”这个复选框）。

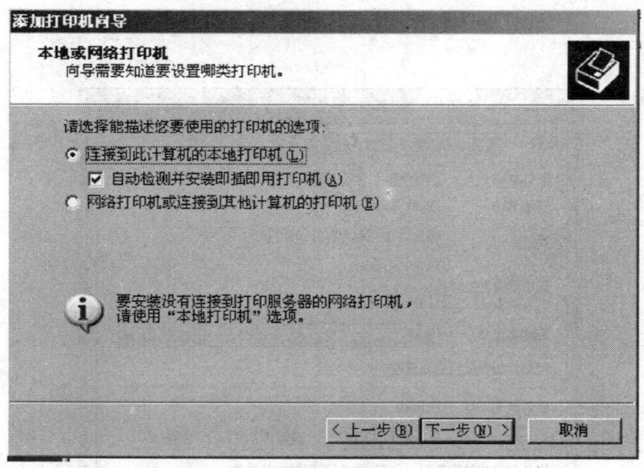

图 7－34　选择打印机类型

(3) 如图 7－35 所示，填好资料点击“下一步”按钮（注意：要给打印服务器设 IP 地址，“端口名”处输入给打印服务器设置的端口名或采用默认值）。

(4) 如图 7－36 所示，根据实际情况作出选择后点击“下一步”按钮（注意：在此处选择在打印服务器的相应的端口（上面的步骤中已选择的端口）上连接打印机的厂家和型号）。

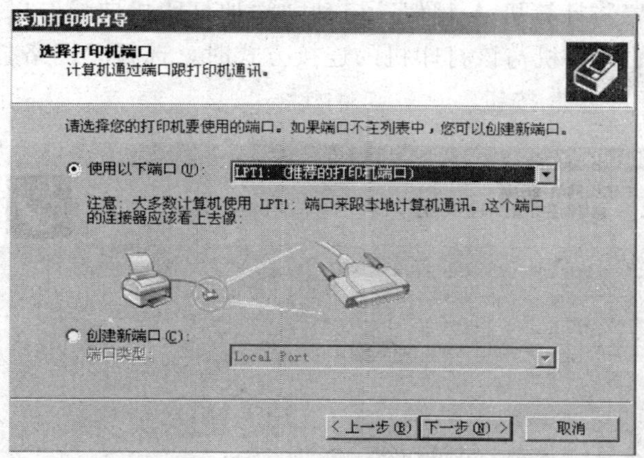

图 7－35　设置打印机端口

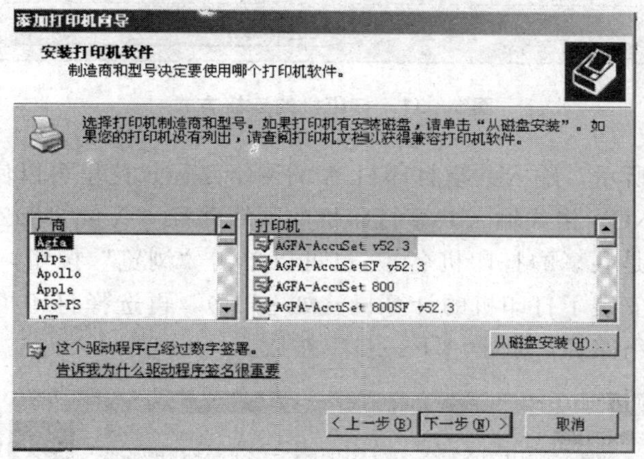

图 7－36　安装打印机软件

（5）填完后点击“下一步”按钮，根据提示正确安装完打印机驱动程序即可。

3. 共享打印机

这一步骤是关键，是关系到“A 计算机”上的打印机能否给“B 计算机”共享使用的问题，希望读者注意。

（1）安装好打印驱动程序后，点击“控制面板”→“打印机和传真”，在文件夹中会出现已正确安装的打印机图标。选中图标，点击鼠标右键，打开“打印机属性”对话框。选择“共享”选项卡，在“共享”选项卡中单击“共享这台打印机”，在“共享名”中填上需要共享的名称，如 ZSB，然后单击“确定”按钮。

（2）这时应该可以看到打印机的图标与其他共享设置一样，都会在图标上加了一只小手。如果看到了打印机的小手，就说明打印机已经共享成功。

4. 计算机 B 的配置

A 计算机上的工作已经基本完成，下面要对需要共享打印机的 B 计算机进行配置。

(1) 算机 B 的配置与计算机 A 相似，启动"添加打印机向导"以后，点击"下一步"按钮，当向导询问你的计算机与该打印机的连接方式时，选择"网络打印机"选项，如图 7－37 所示，点击"下一步"按钮。

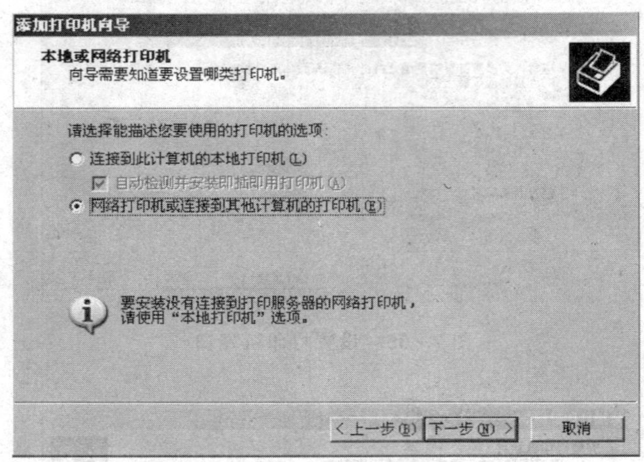

图 7－37　打印机的连接方式

(2) 如图 7－38 所示，输入共享打印机 A 的网络路径，这里可以使用访问网络资源的"通用命名规范"(UNC) 格式输入共享打印机的网络路径"\ jsj01 \ ZSB"(jsj01 是 A 计算机的用户名，ZSB 是共享的打印机名)。也可以单击"浏览"按钮，在工作组中查找共享打印机，选择已经安装了打印机的计算机（如 jsj01），再选择打印机后点击"确定"按钮，选定打印机的网络路径，点击"下一步"按钮。

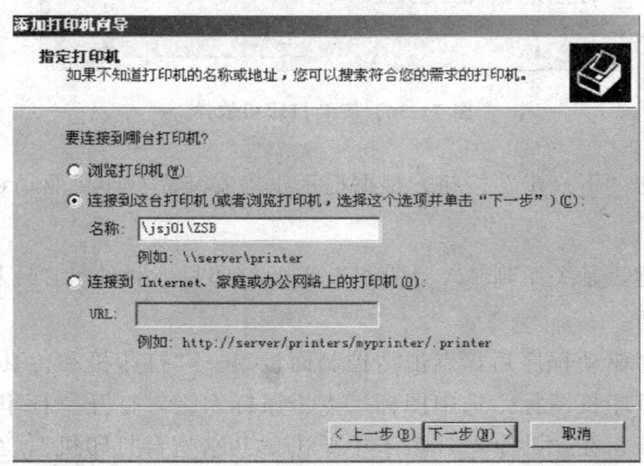

图 7－38　连接共享打印机 A

(3) 这时系统将要再次输入打印机名，输入完后，单击"下一步"按钮，接着按"完成"按钮，如果对方设置了密码，这里就要求输入密码。最后在打印机窗口中添加打印机图标，到这里，网络打印机就安装完成了。

5. 共享打印机的使用

在打印时，打开"打印"对话框，如图 7-39 所示，打开其中的"打印机名称"选项，选择刚才所设置的共享打印机的名称即可。

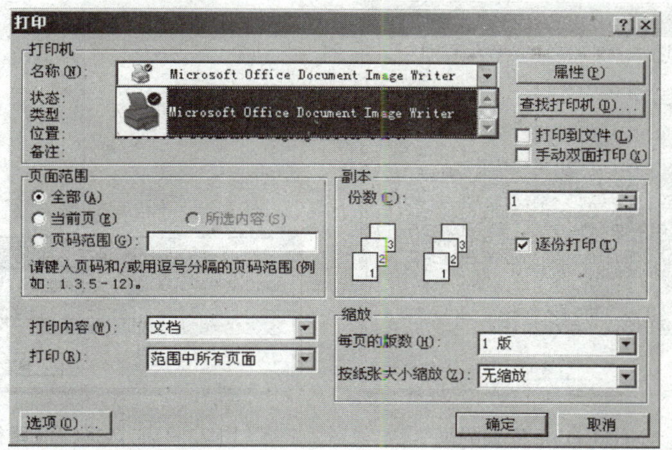

图 7-39　"打印"对话框

任务四　使用网络会议软件 NetMeeting

任务要求

Microsoft NetMeeting 为全球用户提供了一种通过 Internet 进行交谈、召开会议、工作以及共享程序的全新方式。NetMeeting 具备以下多种功能：通过 Internet 或 Intranet 向用户发送呼叫；通过 Internet 或 Intranet 与用户交谈；看见呼叫的用户与其他用户共享同一应用程序；在联机会议中使用白板画图检查快速拨号列表，看看哪些朋友已经登录；发送在交谈程序中键入的消息；在自己的 Web 页上创建呼叫链接；向参加会议的每位用户发送文件。

了解了 NetMeeting 的基本功能后，请下载该软件进行安装，并要求其可以正常使用。

任务实施

1. 下载 NetMeeting

打开浏览器，在搜索引擎中输入查找关键字"NetMeeting"，按回车键后可以得到很多搜索结果，选择其中一个搜索结果，登录到相关的网站进行下载。

2. 安装 NetMeeting

双击下载的 NetMeeting. exe 可执行文件，打开 NetMeeting 安装窗口，如图 7-40 所示，点击“是”按钮，打开安装路径窗口，如图 7-41 所示，选择安装的本地路径，单击“确定”按钮，进行软件的安装，如图 7-42 所示，安装完成后，弹出如图 7-43 所示的安装结束对话框，单击“确定”按钮，完成 NetMeeting 的安装操作。

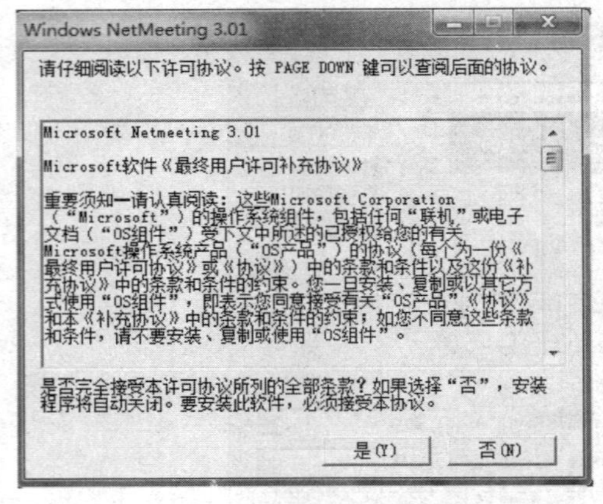

图 7-40　NetMeeting 安装界面

图 7-41　选择安装路径对话框

图 7-42　安装进度对话框

图 7-43　安装结束对话框

3. 设置 NetMeeting

（1）打开 NetMeeting。点击“开始”菜单的“程序”，选择“NetMeeting”软件，打开如图 7-44 所示的对话框，该对话框显示了 NetMeeting 的基本功能，单击“下一步”按钮。

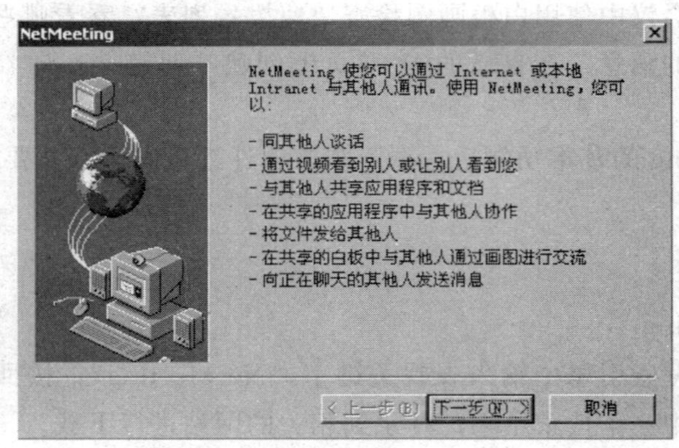

图 7-44　NetMeeting 基本功能介绍

（2）打开如图 7－45 所示的对话框，输入相关的信息，单击“下一步”按钮。

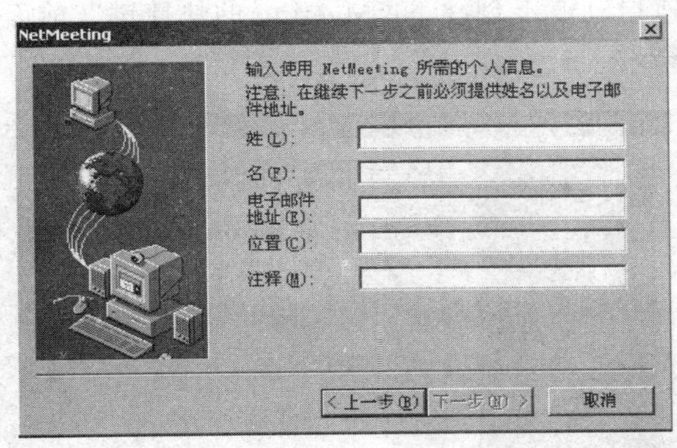

图 7－45 输入个人信息

（3）打开如图 7－46 所示的对话框，在“当 NetMeeting 启动时登录到目录服务器”前画钩，单击“下一步”按钮。

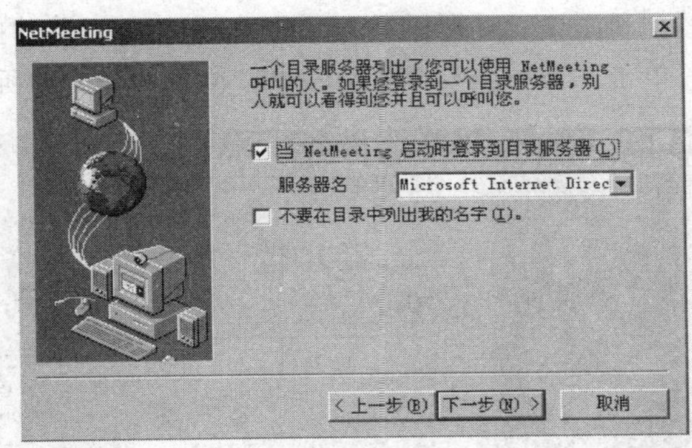

图 7－46 NetMeeting 服务器设置对话框

（4）打开如图 7－47 所示的对话框，选择“局域网”连接方式，单击“下一步”按钮。

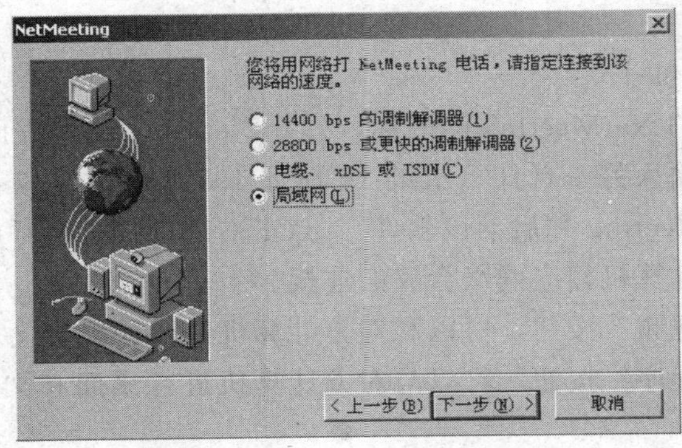

图 7－47 网络连接方式对话框

（5）打开如图 7-48 所示的对话框，在“请在桌面上创建 NetMeeting 的快捷键”前面画钩，在“请在快速启动栏上创建 NetMeeting 的快捷键”前面画钩，单击“下一步”按钮。

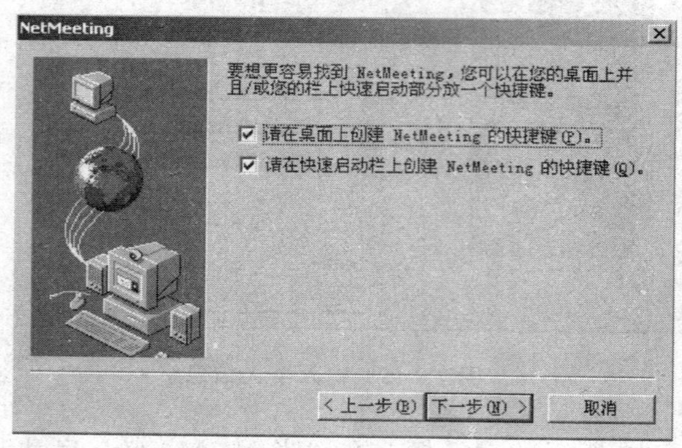

图 7-48　创建快捷方式对话框

（6）打开如图 7-49 和图 7-50 所示的对话框，进入音频调节向导，调整声音并测试麦克风是否正常工作，单击“下一步”按钮，完成 NetMeeting 的所有设置。

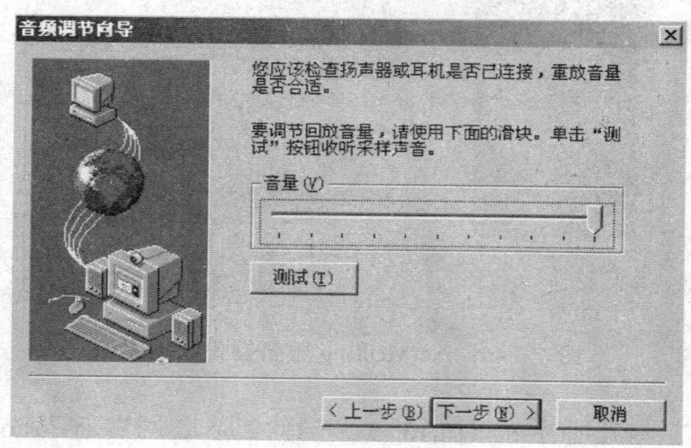

图 7-49　“音频调节向导”对话框

4. 使用 NetMeeting

（1）点击桌面上的 NetMeeting 的图标，打开 NetMeeting，界面窗口如图 7-50 所示。

（2）在地址栏处输入另一台计算机的 IP 地址 192.168.1.2 或者计算机名（另一台计算机也必须安装 NetMeeting 并启动该软件），点击右侧的“进行呼叫”按钮，在对方响应后，完成了与另一台计算机建立网络会议的连接。

（3）点击“开始视频”按钮，可以和对方计算机进行视频会议。

（4）点击“共享程序”按钮，可以与对方计算机进行桌面和文件的共享，如图 7-51 所示。

图 7－50　NetMeeting 界面

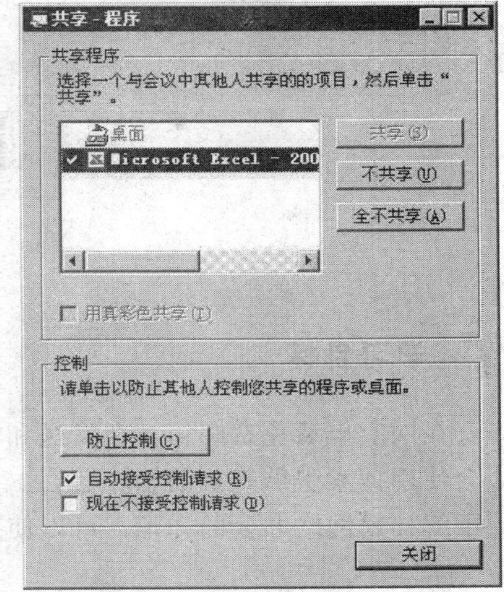

图 7－51　"共享"窗口

（5）点击"聊天"按钮，可以与对方计算机进行聊天，如图 7－52 所示。

（6）点击"白板"按钮，可以与对方计算机在"绘图"软件中白板通信，如图 7－53 所示。

（7）点击"传送文件"按钮，可以与对方计算机进行文件的传送。

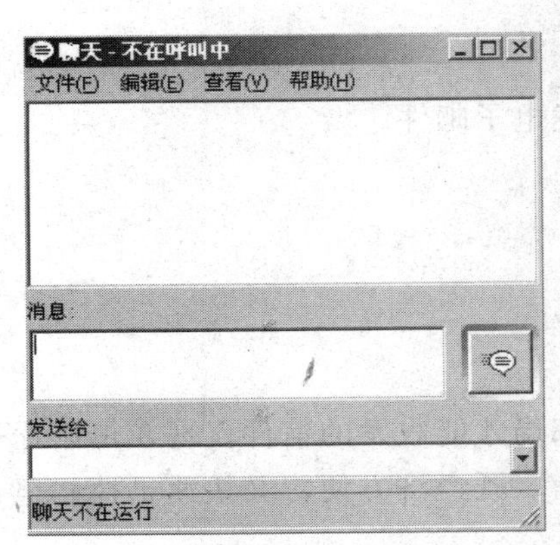

图 7－52　"白板"窗口

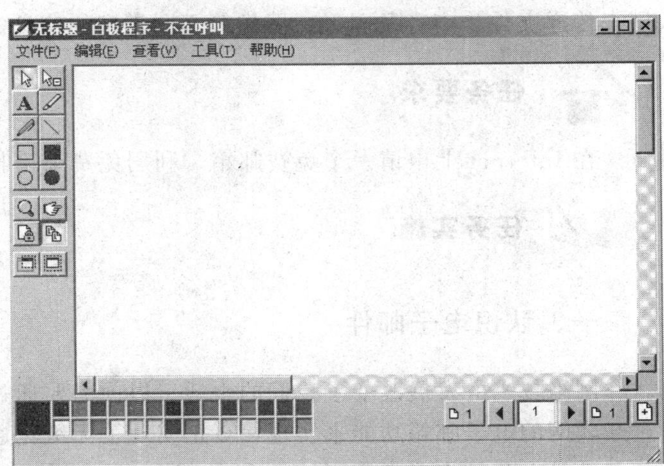

图 7－53　文件传送窗口

项目八

网络通信应用

学习目标

1. 会在网上申请免费邮箱，会发送和删除电子邮件。
2. 会使用搜索引擎查找信息。
3. 了解移动网络办公的知识，可以使用移动终端进行办公。

任务一 使用电子邮件

电子邮件（Electronic mail，E－mail）是互联网上使用最为广泛的一种服务，是使用电子手段提供信息交换的通信方式，通过连接全世界的 Internet，实现各类信号的传送、接收、存储等处理，将邮件送到世界的各个角落。E－mail 不只局限于信件的传递，还可用来传递文件、声音及图形、图像等不同类型的信息。

任务要求

在 Internet 上申请一个免费邮箱，利用免费邮箱收发电子邮件。

任务实施

一、认识电子邮件

网络技术的发展改变了我们的生活。以前需要通过邮局才能收发的信件，现在可以通过互联网的电子邮箱功能来实现，真正实现了无纸化通信，既经济方便，又快速迅捷。电子邮件是办公、交友的实用工具之一。

电子邮件是指通过计算机网络进行传送的邮件，它是 Internet 的一项重要功能。电子邮件是现代社会进行通信、传输文字、图像、语音等多媒体信息的重要渠道之一。电子邮件与人工邮件相比，具有速度快、可靠性高、价格便宜等优点，而且不像电话那样要求通信双方必须同时在场，可以一信多发，或者将多个文件集成在一个邮件中传送等。所以，电子邮件也是电话和传真所无法比拟的。

二、电子邮件地址格式

使用电子邮件要有一个电子邮箱，用户可以向 Internet 服务提供商提出申请。电子邮箱实际上是在邮件服务器上为用户分配的一块存储空间，每个电子邮箱对应着一个邮箱地址（或称为邮件地址），其格式为：用户名@域名。其中，用户名是用户申请电子信箱时与 ISP 协商的一个字母与数字的组合；域名是 ISP 的邮件服务器；字符“@”是一个固定符号，发音为英文单词“at”。例如 orange@sina. com 就是一个电子邮件地址。

三、申请免费电子邮箱

Internet 上有很多网站都为用户提供了免费电子邮箱，下面以申请 163 邮箱为例，介绍申请免费电子邮箱的方法。

（1）启动 IE 浏览器并在地址栏中输入“http：//email. 163. com”，按下回车键，进入网易邮箱网页，单击其中的“注册网易免费邮”文字链接，如图 8－1 所示。

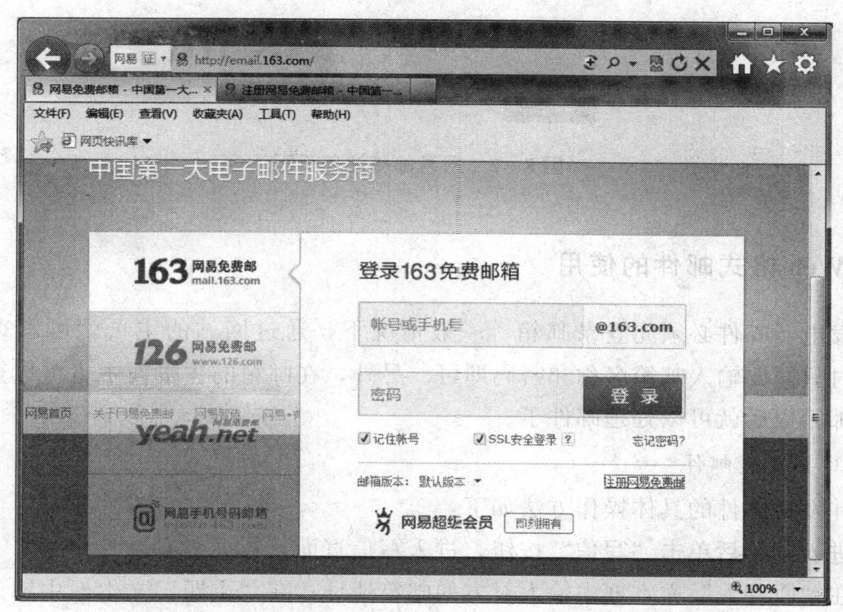

图 8－1　网易邮箱网页

（2）进入申请网易邮箱的注册页面，如图 8－2 所示。这里提供了两种免费的注册方式：一是注册字母邮箱；二是注册手机号码邮箱。这里选择前一项并根据提示输入邮箱地址、密码和验证码，然后单击“立即注册”按钮。

（3）这时进入注册邮箱的第二步，要求输入验证码。用户输入手机号码以后，单击“免费获取短信验证码”按钮，手机稍后会收到一条短信获得验证码，输入验证码。

（4）单击“提交”按钮，稍后就会弹出提示已经注册的页面，即完成免费邮箱的申请。

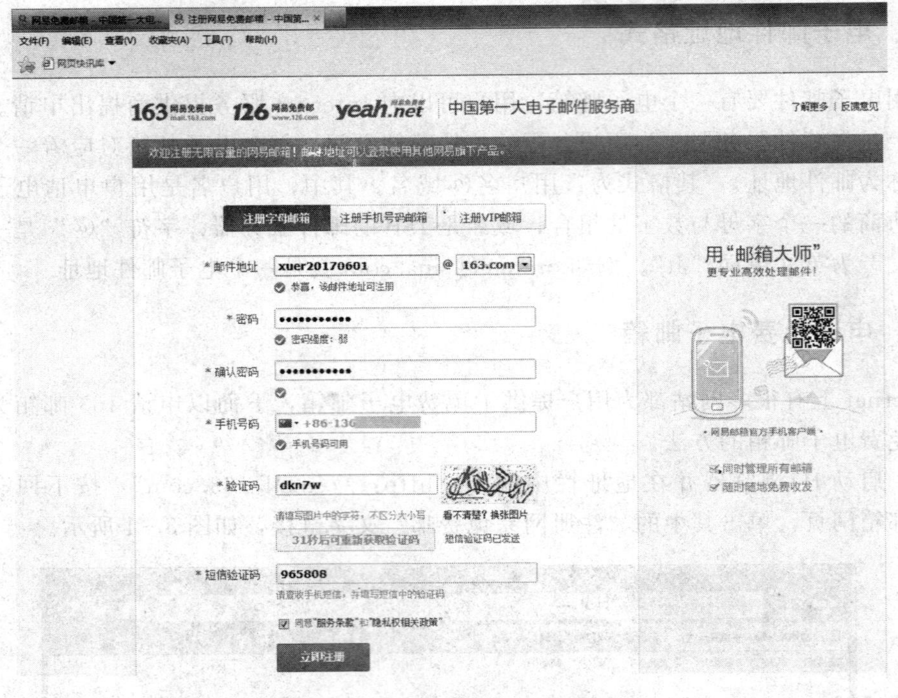

图 8－2　网易邮箱注册页面

四、Web 格式邮件的使用

要收发电子邮件必须先登录邮箱。一般情况下，通过网站的主页就可以直接登录邮箱，登录时只需要输入邮箱名称和密码即可。另外，在邮箱的主页面中也可以直接登录邮箱，进入邮箱以后就可以处理邮件了。

1. 编写并发送邮件

编写并发送邮件的具体操作方法如下：

（1）进入邮箱后单击“写信”按钮，进入写信页面。

（2）在“收件人”文本框中输入对方的邮箱地址；在“主题”文本框中输入邮件内容的简短概括，方便收件人查阅，如图 8－3 所示。

（3）在邮件编辑区中输入邮件的正文内容，利用格式工具栏可以格式化文本，编辑完成信件以后，单击“发送”按钮即可发送邮件。

小提示：如果要把同一封电子邮件发送给多个人，可在“收件人”文本框中输入多个收件人的地址，邮箱地址之间用“,”（逗号）分隔。

2. 邮件附件

附件是一个单独的文件，可以附在邮件中一起发给对方，撰写邮件时，一般情况下只写邮件正文，而其他的文件，如图片、音乐或动画等文件则可通过添加附件的方式发送给对方。

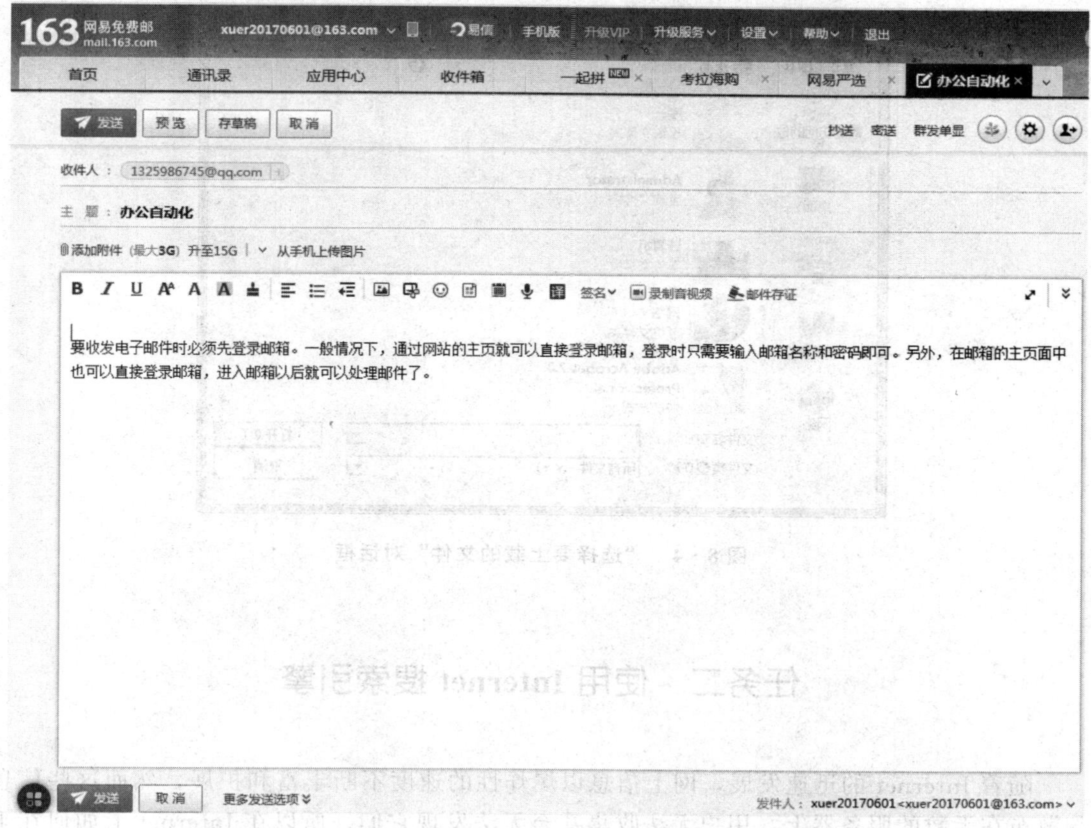

图 8－3　编辑并发送邮件

添加附件时，由于不同网站的邮箱容量不一样大，对附件的大小要求也不一样，因此添加附件前要了解邮箱对附件大小的要求，同时还要知道对方邮箱容量的大小，如果添加的附件较大，可以将它们压缩，以减小附件大小，并缩短收发邮件的时间。添加附件的具体操作方法如下：

（1）按照前面的方法撰写邮件，分别写好收件人地址、主题、邮件正文等，然后单击“添加附件”按钮，弹出如图 8－4 所示的“选择要上载的文件”对话框。

（2）选择要添加的文件，单击“打开”按钮将文件添加为附件。

（3）用同样的方法，可以添加其他附件。如果要删除已添加的附件，可以单击附件名称右侧的“删除”按钮将其删除。

（4）单击“发送”按钮，则附件将与邮件正文一起发送到对方的邮箱中。

五、删除邮件

邮箱的容量是有限的，当旧邮件过多时，新的邮件可能就收不进来了，因此需要及时清理邮箱，将没用的邮件删除。删除邮件的操作方法很简单，在收件箱的邮件列表中选择要删除的邮件，单击“删除”按钮即可。

图 8-4 “选择要上载的文件”对话框

任务二 使用 Internet 搜索引擎

随着 Internet 的迅速发展，网上信息以爆炸性的速度不断丰富和扩展，然而这些信息却散布在无数的服务器上，用户无法收集甚至无法发现它们。所以在 Internet 上如何在千百万个网站中快速有效地找到想要得到的信息是需要解决的问题。搜索引擎（Search Engine）正是为解决用户查询问题而出现的。如果说 Internet 上的信息浩如烟海，那么搜索引擎就是海洋中的导航灯。正确、熟练使用 Internet 搜索引擎是用好 Internet 的关键。

任务要求

根据下面知识的学习，可以熟练使用常用搜索引擎搜索资料。

任务实施

一、搜索引擎的主要作用及工作过程

搜索引擎是 Internet 上的一个网站，它的主要任务是在 Internet 上主动搜索 Web 服务器信息并将其自动索引，其索引内容存储于可供查询的大型数据库中。当用户输入关键词（Keyword）查询时，该网站会告诉用户包含该关键词信息的所有网站或网页地址，并提供通向该网站或网页的链接。

对于各种搜索引擎，它们的工作过程基本一样，包括 3 个方面：①派出“网页搜索程序”在网上搜寻所有的信息，并将它们带回搜索引擎；②将信息进行分类整理，建立搜索引擎数据库；③通过 Web 服务器端软件，为用户提供浏览器界面下的信息查询。

二、优秀搜索引擎的特点

目前各种各样的中西文搜索引擎繁多，比较著名的搜索引擎有 Google，Baidu，Yahoo，360，Bing 等。每个搜索引擎都有其各自的特点，有的以查询速度快见长，有的以数据库容量大占优。总的来说，一个优秀的搜索引擎应具有以下几个特点：①支持全文检索；②支持目录式分类结构；③能够区分搜索结果的相关性；④检索方法多样，查找手段完备；⑤具有查询速度快、较好的可维护、可更新性能，系统稳定可靠，具有完整的容错、备份、崩溃修复机制。

三、搜索引擎的语法规则

搜索引擎一般是通过搜索关键词来完成自己的搜索过程，即填入一些简单的关键词来查找包含此关键词的文章或网址。这是使用搜索引擎最简单的查询方法，但返回的结果并不是每次都令人满意。如果想要得到最佳的搜索效果，就要使用搜索的基本语法来组织要搜索的条件。

1. 使用逻辑操作符

搜索引擎中常用的操作逻辑符是 AND，OR，NOT。

AND 表示逻辑“与”，可用“&”表示，用于同时搜索包括两个以上关键词的情形，可以帮助改善并限制搜索结果。现多数搜索引擎可用“空格”表示与运算，“,”表示或运算。例如：计算机 AND 设计，则查询出既包含“计算机”也包含“设计”的文档。

OR 表示逻辑“或”，可用“I”来表示。OR 操作符与 AND 操作符相反，寻找用 OR 连接的几个关键词中至少包含一个的文档。当使用 OR 操作符时通常返回大量的结果。例如：图形 OR 图像，则查询结果为或者包含“图形”或者包含“图像”的文档。

NOT 表示逻辑“非”，可用“!”来表示。使用 NOT 寻找包含 NOT 前的关键词但排除 NOT 后的关键词的文档。例如：新闻 NOT 经济，则查询结果为包含“新闻”但排除其中有“经济”这个词语的文档。

组合逻辑操作符时，还应当考虑它们的顺序规则。因为逻辑操作符优先级不同，执行时有一定的顺序，“与”和“非”命令通常在“或”命令前执行。

2. 使用“＋、－”连接号和通配符

(1) 要求的单词。如果要求特定单词包含在索引的文档中，可以在它前面加一个“＋”号，如：＋Internet。并且在＋号和单词之间不能有空格。

(2) 排除的单词。如果要排除含有特定单词的文档，可以在它前面加一个“－”号。如果想查找联想的计算机产品而不含有“同禧”系列，应这样写：＋联想－同禧。

(3) 通配符。进行简单查找的时候，可以在单词的末尾加一个通配符来代替任意的字母组合。通配符一般为“*”号，如：Compu * 可以代表 Computer，Compuldion，Conpunication等。星号不能用在单词的开始或中间。

3. NEAR 操作符

有些搜索引擎提供了＜NEAR＞操作符，它用于寻找在一定区域内同时出现的检索单词的文档，但这些单词可能并不相邻，间隔越小的排列位置越靠前。其彼此间距控制是：＜near＞/n，n 为数值，意为检索单词的间距最大不超过 n 个单词。例如：computer NEAR/100 game，即查找 computer 和 game 的间隔不大于 100 个单词的文档。

4. 使用逗号、括号或引号进行词组查找

（1）逗号。其作用类似于 OR，也是寻找那些至少包含一个指定关键词的文档，不同的是“越多越好”是它的原则。因此查询时找到的关键词越多，文档排列的位置越靠前。例如，查询关键词是“计算机、多媒体、Windows”，则查询时同时包含“计算机”“多媒体”和“Windows”的文档将出现在前面。

（2）括号。其作用和数学中的括号相似，可以用来使括在其中的操作符先起作用。例如：（网址 OR 网站）AND（搜索 or 查询），则实际查询时，关键词就是“网址搜索”“网址查询”，或是“网站搜索”“网站查询”。

（3）引号。其作用是将引号内的多个单词作为一个关键词进行搜索。例如要查找关于电子杂志方面的信息．可以键入“electronic magazine”，这样就将其当作一个短语来搜索。相反，如果不加双引号，搜索引擎就会查出包含“electronic”（电子）及“magazine”（杂志）的网页，严重偏离主题。

5. 不要滥用空格

在输入汉字作关键词时，不要在汉字后追加不必要的空格，因为空格的作用与 AND 一样。如输入关键词“飞机”，中间加了一个空格，会被认为是需要查找所有同时包含“飞”“机”两个字的文档，这个范围就要比以“飞机”作为关键词的查询结果大得多，更是偏离了本来的含义。

四、常用的关键词查询方法

（1）单关键词查询。直接在搜索引擎网站主页关键词栏中输入查询即可。

（2）多关键词查询。以 AND 方式查询在各关键词之间使用半角空格分隔输入即可。以 OR 方式方式查询在关键词之间使用英文“，”号分隔输入即可。

（3）站内关键词查询。在关键词栏输入“关键词 site：网址”。如在天极网站查询“注册表”，输入：“注册表 site：yesky. com”。关键词与 site 之间使用半角的空格，网站地址前不能带 http：//，网站地址前也不要用 www。使用 www 会导致错过网站内的内容，因为很多网站的频道是没有 www 的。

（4）在包含特定词的链接中查询。在超链接地址中包含有特定词的超链接中查询某个关键词可以使用“关键词 inurl：特定词”。如要在链接地址中包含 jiqiao 的所有超链接中查询关键词数码照相机，则输入：数码照相机 inurl：jiqiao。

（5）在标题中含有特定词的网页中查询。在网页标题中包含有特定词的所有网页中查询指定关键词的内容可以大大缩短查询时间和查询范围。例如，在网页标题包含有“物流”的所有网页中查询“电子商务”，则输入：“电子商务 intitle：物流”。

(6) 在指定文件名类型的文件中查询。许多重要文档在 Internet 上存在的方式，往往不是网页格式，而是 Office 文档或者 PDF 文档。为了快速、准确地搜索该类信息，可使用该方法。例如，查询所有 PDF 文件中包含“霍金 黑洞”关键词的查询则输入：“霍金 黑洞 filetype：pdf”。常用的文件类型有 PDF，DOC，PPT，XLS，TXT 等。

五、常用搜索引擎

1. Google（http：//www. google. com/）

Google 开发出了世界上最强大的搜索引擎，提供了最便捷的网上信息查询方法。通过对海量网页进行整理，可为世界各地的用户提供适需的搜索结果，而且搜索时间通常不到半秒。现在，Google 每天平均处理的数据为 20 000TB（1TB＝1 024GB）。Google 是由英文单词“googol”变化而来。“googol”是美国 Milton Sirotta 创造的一个词，表示 1 后边带有 100 个零的数字。Google 使用这个词代表公司想征服网上无穷无尽资料的雄心。现在，Google 每天需要提供几亿次查询服务。

2. 百度中文搜索引擎（http：//www. baidu. corn/）

百度搜索引擎拥有目前世界上最大的中文搜索引擎，其采用智能化中文语言处理技术，具有信息量大、相关性好、刷新率高、速度快、可扩展性好、高准确性、高查全率、更新快以及服务稳定的特点，深受用户的喜爱。它拥有目前世界上最大的中文信息库，百度每天接受数亿次查询服务。

3. Yahoo!（http：//www. yahoo. com）

Yahoo! 是目前最常用的搜索引擎之一。Yahoo! 使用简单，可直接输入关键字查找，也可按分类主题进行分类查询。返回的结果有 3 种：满足条件的 Yahoo 目录，可利用它们进行交叉引用；满足条件的实际网站；满足条件的网页索引目录，这是一种更广泛的交叉引用。Yahoo! 提供高级查询，遵从上面介绍的查询语法规则。控制每页显示的结果数目为 10，25（默认），50，100。

4. 雅虎中国（http：//cn. yahoo. corn/）

“雅虎中国”是在中国正式注册的网站，是雅虎公司全球的 24 个网站之一。雅虎的中文网站收录了 Internet 上数以千万计的中文网站，不论你要找的网站是用国标码简体字、大五码繁体字还是图形中文，只要是中文网站，都可在这里找到。支持主题式分类目录查找和关键字查找。在关键字前加 t，仅查询网站名称；加 u，仅查询网址（URLs）。

5. 搜狐（http：//www. sohu. corn/）

搜狐公司于 1998 年推出中国首家大型分类查询搜索引擎，经过数年的发展，每日浏览量超过 800 万。到现在已经发展成为中国影响力最大的分类搜索引擎。累计收录中文网站达 150 多万，每日页面浏览量超过 800 万，每天收到 2 000 多个网站登录请求。搜狐的特点是目录导航式搜索引擎完全由人工加工而成，相比机器人加工的搜索引擎来讲具有很高的精确性、系统性和科学性。分类专家层层细分类目，组织成庞大的树状类目体系。利用目录导航系统可以很方便地查找到一类相关信息。

6. 网易（http：//search.163.corn/）

网易搜索引擎最大的特色之一是采用“开放式目录”管理方式，在功能齐全的分布式编辑和管理系统的支持下，现有 5 000 多位各界专业人士参与可浏览分类目录的编辑工作，极大地适应了互联网信息爆炸式增长的趋势。新版搜索引擎在此基础上，更增加了全新搜索技术及广告搜索服务，这一举措将可使用户检索高达 16 亿条的信息和及时的新闻内容。

7. 360（https：//hao.360.cn/）

360 搜索，原好搜搜索，是安全、精准、可信赖的新一代搜索引擎，依托于 360 母品牌的安全优势，全面拦截各类钓鱼欺诈等恶意网站，提供更放心的搜索服务。2016 年 2 月 1 日，好搜搜索更名为 360 搜索，域名也从“haosou.com”切换为更易记忆、更易输入的“so.com”。360 搜索属于全文搜索引擎，是目前广泛应用的主流搜索引擎。360 搜索包括新闻、网页、问答、视频、图片、音乐、地图、百科、良医、购物、软件、手机等应用。从便利性、安全、可信赖、实时性、本地化服务、社交功能等多个方面，满足用户在移动环境下使用搜索的习惯和需求。360 搜索是具有自主知识产权的搜索引擎，包含网页、新闻、影视等搜索产品，为用户带来更安全、更真实的搜索服务体验。360 不仅掌握通用搜索技术，而且独创 People Rank 算法、拇指计划等创新技术。目前已建立由数百名工程师组成的核心搜索技术团队，拥有上万台服务器，庞大的蜘蛛爬虫系统每日抓取网页数量高达十亿，引擎索引的优质网页数量超过数百亿，网页搜索速度和质量都已领先业界。

任务三　移动网络办公

任务要求

在手机或其他智能终端上下载移动办公软件，熟悉移动办公软件的基本功能。

任务实施

一、移动办公简介

“移动办公”也可称为“3A 办公”，即办公人员可在任何时间（Anytime）、任何地点（Anywhere）处理与业务相关的任何事情（Anything），如图 8-5 所示。它是当今高速发展的通信业与 IT 业交融的产物，将通信业在沟通上的便捷、用户上的规模与 IT 业在软件应用上的成熟、业务内容上的丰富完美地结合到一起，成为继计算机无纸化办公、互联网远程化办公之后的新一代办公模式。这种全新的办公模式可以让办公人员摆脱时间和空间的束缚。随时随地通畅地交流单位信息，使工作更加轻松有效，整体运作更加协调。手机的移动信息化软件使手机也具备了和计算机一样的办公功能，摆脱时间和场所的局限，人们随时进行随身化的管理和沟通，有效提高管理效率。它不仅使办公变得轻松，而且使得使用者无论身处何种紧急情况下都能高效迅捷地开展工作，对于突发性事件的处理、应急性事件的部署都有极为重要的意义。

二、移动办公的优点

（1）使用方便。不需要计算机，不需要网线，只要一部可以上网的手机等移动智能终端，即使下班也可以很方便地处理一些紧急事务。

（2）高效快捷。即使在外出差，也可以及时审批公文、浏览公告、处理个人事务等。将以前不可利用的时间有效利用起来，自然提升了工作效率。

（3）功能强大。随着移动终端功能日益智能化以及移动通信网络的日益优化，大部分计算机上的工作都可以在移动终端上完成。

（4）灵活先进。针对不同行业领域的业务需求，可以对移动办公进行专业的定制开发，大到软件功能，小到栏目设置，都可以自由组装。

（5）信息安全。通过移动 VPN、专有 APN、SSI、CA 数字签名、GUID 与远程自毁等安全措施，能较好保证系统通信数据的安全性。

三、移动办公系统

移动办公系统是一套以手机等便携终端为载体实现的移动信息化系统，该系统将智能手机、无线网络、OA 系统三者有机结合，开发出移动办公系统，实现任何办公地点和办公时间的无缝接入，提高了办公效率。如图 8－6 所示，它可以连接客户原有的各种 IT 系统，包括 OA、邮件、ERP 以及其他各类个性业务系统，使手机也可以操作、浏览、管理公司的内部工作事务，还提供了一些无线环境下的新特性功能。其设计目标是帮助用户摆脱时间和空间的限制，随时随地地处理工作，提高效率，增强协作效果。

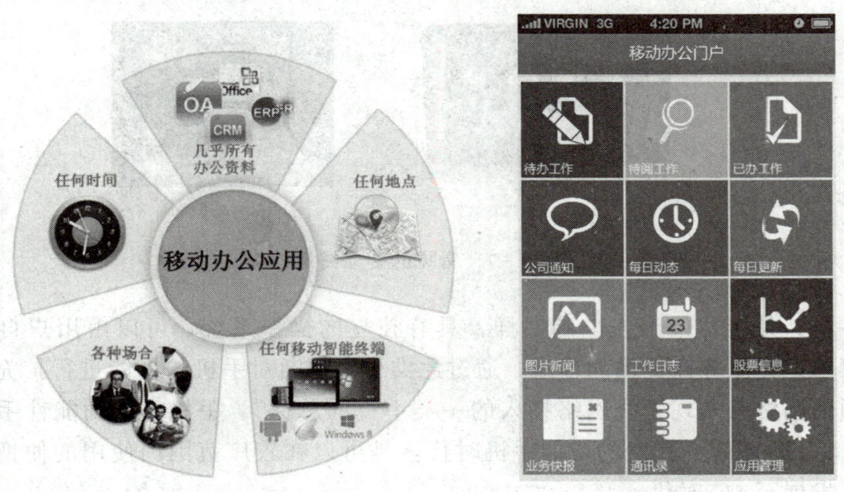

图 8－5　　　　图 8－6

移动 OA 是组织管理信息化进入到移动时代的必然结果，是组织通过移动通信技术延伸其协同应用和信息交流的必要手段。组织成员可以通过移动协同应用向领导和其他成员提供实时信息和服务，更方便地与客户、上级组织、同行业或上下游企业随时保持灵动的信息交流。当领导、相关审批流程的审批人出差或外出时，可以通过手机终端登录移动信息空间门户，实时了解单位最新信息，查阅内部资料，随时查看审批请求，以实现审批结果的快速回复。

在移动OA的帮助下，移动办公融合了4G移动技术、智能移动终端、VPN、数据库同步、身份认证及Web Service等多种移动通信、信息处理和计算机网络的前沿技术，以专网和无线通信技术为依托，使系统的安全性和交互能力有了极大提高，为用户提供了一种安全、快速的现代化移动执法机制，广受青睐，市场潜力无限。移动OA并不是把OA搬到手机上，而是与智能手机深度融合，为手机创造新的系统。它不仅有传统OA办公系统的功能，还拥有了其不具备的众多优势。比如，利用智能手机的通话、拍照、定位、信息推送、信息同步功能，引领出手机邮件、手机阅读、手机微博、手机社区等全新的体验模式。

四、利用智能终端移动办公

移动智能终端拥有接入互联网的能力，通常搭载各种操作系统，可根据用户需求定制各种功能。常见的智能终端包括智能手机（Smartphone）、平板电脑、车载智能终端、智能电视、可穿戴设备等，如图8-7所示。其中智能手机和平板电脑最为流行。

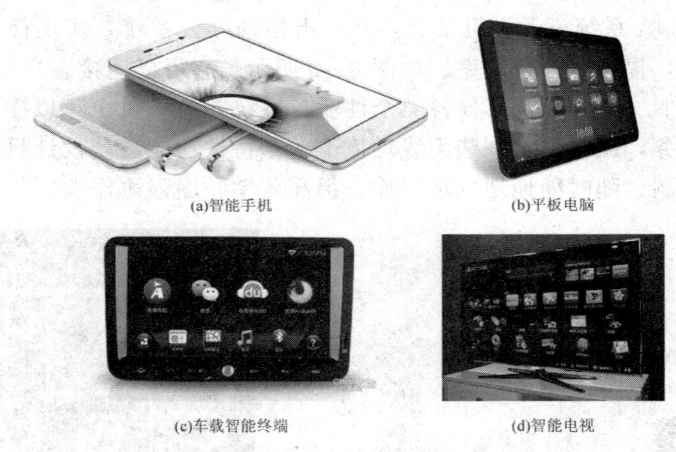

图8-7　常见的智能终端

智能手机，是指“像个人电脑一样，具有独立的操作系统，可以由用户自行安装软件、游戏等第三方服务商提供的程序，通过此类程序不断对手机的功能进行扩充，并可以通过移动通信网络来实现无线网络接入的一类手机的总称”。手机已从功能性手机发展到以Android、IOS系统为代表的智能手机时代，是可以在较广范围内使用的便携式移动智能终端，已发展至4G时代。

平板电脑（Tablet Personal Computer）是一种小型、方便携带的个人电脑，以触摸屏作为基本的输入设备。它拥有的触摸屏（也称为数位板技术）允许用户通过触控笔或数字笔来进行作业，而不是传统的键盘或鼠标。用户可以通过内建的手写识别、屏幕上的软键盘、语音识别或者一个真正的键盘（如果该机型配备）进行输入。平板电脑的概念最初由比尔·盖茨提出，支持来自 Intel、AMD 和 ARM 的芯片架构，从微软提出的平板电脑的概念产品上看，平板电脑就是一款无须翻盖、没有键盘、小到放入女士手袋但却功能完整的 PC。当前最流行的平板电脑主要运行 IOS、Android 及 Windows 操作系统。

1. 在移动终端操作 Web 办公

在移动终端上操作 Web 和在 PC 上操作 Web 没有本质的区别，主要是操作方式不同，在移动终端上操作主要依赖特殊移动终端浏览器，依赖触摸操作。目前流行的移动终端浏览器有 UC 浏览器、Safari 浏览器、Opera 浏览器和 Chrome 浏览器等。下面以 QQ 浏览器为例说明基本 Web 的使用方法。

在手机上启动 QQ 浏览器后，其首页上有很多网站导航，单击上方的“搜索或输入网址”，在文本框中输入网址（如 http：//mail. 163. com）后，即可打开邮箱页面，在其中输入用户名和密码，登录就可处理电子邮件了，如图 8－8 所示。按照这个方法，使用移动浏览器可以访问那些支持移动设备的 Web 应用（包括移动 OA 的 Web 版）。

2. 移动即时通信

即时通信、实时传信（Instant Messaging，IM）是一种可以让使用者在网络上建立某种私人聊天室的实时通信服务，前边讲述的 QQ 就是其中一种。移动设备上有很多即时通信工具，如腾讯手机 QQ、微信、百度 Hi、飞信、易信、阿里旺旺、YY、Skype、Google Talk、ICQ、FastMsg 等。

手机 QQ 实现即时通信有以下几种方式：①利用手机 QQ 实现文字通信，这种方式和 PC 版的 QQ 文字通信类似；②利用手机 QQ 实现语音通信，手机 QQ 语音通信的使用和打电话很类似，使用十分方便，在有些场合甚至可以替代电话；③利用手机 QQ 可以实现视频通话。

3. 浏览和编辑文档

在手机和平板电脑上可以使用文字浏览和编辑工具处理文档，其中 WPS Office 移动版就是一款运行于 Android 和 IOS 平台上的办公软件。如图 8－9 所示，WPS Office 移动版内含 4 大组件：文字、演示、表格和 PDF 阅读器，兼容桌面办公需求。

小提示：WPS Office 内置自动同步服务，这意味着用户的文档可以在所有设备上使用。通过登录账号来开启服务，可以使用常用的 QQ 账号、微信账号、WPS 账号、小米账号或者微博账号登录。在任何一部设备做出的更改都会出现在用户所有的设备中，甚至是正在编辑的文件。

4. 日程管理

在移动设备上，也可以将每天的工作和事务安排在日期中，并做一个有效的记录，方便管理日常的工作和事务，达到工作备忘的目的。同 Outlook 一样，手机日程管理应用最重要的功能在于记事、提醒、与他人分享自己的日程。手机上的日程管理软件非常丰富，其中推荐量较大的移动日程管理软件有 91Todo 企业级日程管理、老皇历、Any. DO 待办事件列表等。

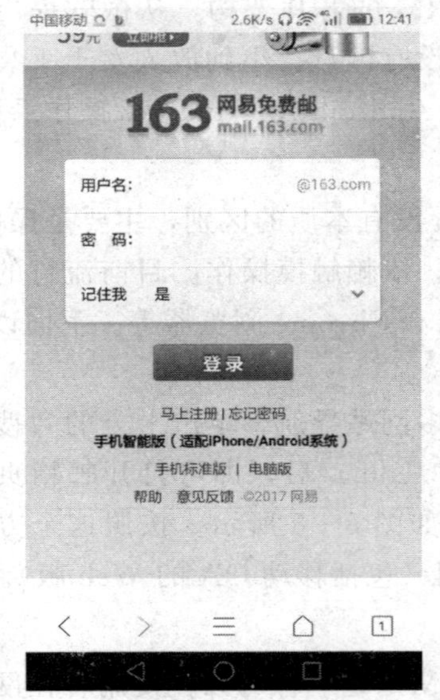

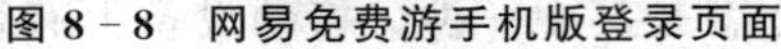

图 8-8　网易免费游手机版登录页面

图 8-9　WPS Office 移动版

91Todo 任务管理不仅能够帮助用户进行个人事务的智能安排及备忘提醒，更创新引入组织协作模式，是一款具有团队多成员间跨多平台（手机、网页、PC）任务同步分发、反馈、跟踪与免费短信、邮件提醒功能的软件。它能在移动互联网时代有效节约自己和他人的时间成本，达到事半功倍的目标。

如何在 91Todo 任务管理软件中添加新的事项呢？91Todo 任务管理将事件分为“无截止”“无截止”“已过期”“我收到”“我发起”“已完成”5 个类别，如图 8-10 所示。单击窗体上方的“+”按钮，即打开“新增任务”窗口，如图 8-11 所示。在其中添加相关信息后，单击上方的“确认”按钮即可。

图 8-10　91Todo 任务管理类别

图 8-11　91Todo“新增任务”窗口

项目九

办公设备应用

学习目标

1. 了解常用办公设备的功能、分类、特点及工作原理。

2. 学会安装打印机，可以熟练使用打印机进行打印作业，了解打印机日常维护保养和常见故障的排除方法。

3. 熟悉复印的操作程序，掌握双面复印、自动送稿、消除痕迹等必要的复印方法，了解复印机日常维护保养和常见故障的排除方法。

4. 学会安装扫描仪，熟练使用扫描仪进行扫描，了解扫描仪日常维护和常见故障的排除方法。

5. 学会安装光盘记录机，学会安装刻录软件 Nero，熟练掌握刻录视频光盘、数据光盘的方法。

6. 能够熟练使用移动硬盘和 U 盘，了解可移动磁盘使用的注意事项，学会连接和设置无线路由器。

现代化办公设备是提高工作效率的工具，几乎每个单位（甚至单位中的每个科室）都配备有若干种相关的办公设备，而一般单位并不会为每一种设备配备上相应的专职管理和使用人员。这就要求每个职场中人都必须是个多面手，既要在自己擅长的专业上独当一面，也要在各种办公设备的使用上毫不逊色。这样工作起来才能得心应手，游刃有余。所以，在当今社会，熟练使用和维护办公设备已成为人们求职及创业的必备技能，而能够熟练使用的前提是先要认识并熟悉身边的各种办公设备。

任务一　打　印　机

任务要求

在办公活动中，有许多文件需要打印出来存档，有许多电子资料需要打印出来分发讨论，更有许多票据、证明材料的打印本身就是办公环节之一，因此，打印机应该算是办公设备中使用频率较高的一种了。办公性质不同、用途不同，配备的打印机也会有所区别，本任务就以最常用的打印机和最通用的文稿为例，来介绍打印机使用和维护方面的知识。

任务实施

一、认识打印机

打印机是计算机的输出设备之一，用于将计算机处理结果打印在相关介质（主要是纸）上。衡量打印机好坏的指标有 3 项：打印分辨率、打印速度和噪声。

1. 打印机分类

打印机的种类很多，按照工作原理分为击打式和非击打式两大类，按照工作方式分为点阵式、针式、喷墨式、激光式打印机，按照用途分为办公和事务通用、商业、专用、便携式、网络打印机等。目前打印机的常见品牌有 HP（惠普）、Epson（爱普生）、Canon（佳能）、Brother（兄弟）、Lenovo（联想）等。图 9－1 所示为 3 种常用的打印机。

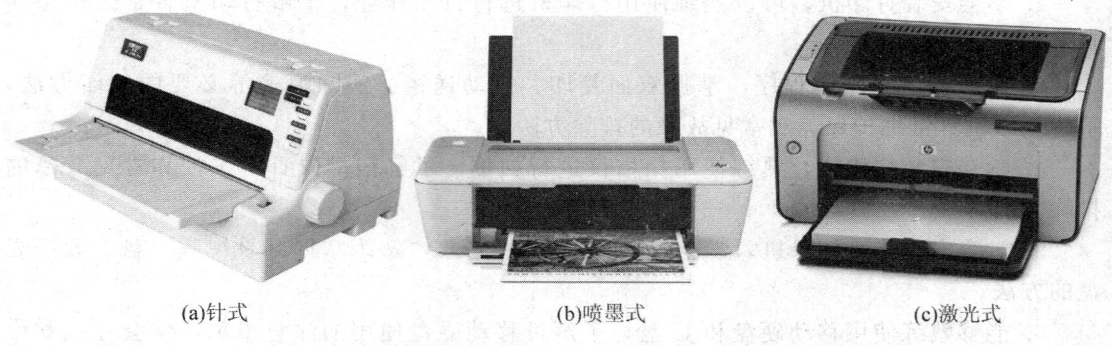

(a)针式　　(b)喷墨式　　(c)激光式

图 9－1　常用的 3 种打印机

2. 常用打印机原理及应用

（1）针式打印机。针式打印机利用机械和电路驱动原理，使打印针撞击色带和打印介质，进而打印出点阵，再由点阵组成字符或图形来完成打印任务。针式打印机在打印历史上曾经占有重要地位，从 9 针一直发展到 24 针。之所以几十年流行不衰，是因为它结构简单、技术成熟、性价比高、消耗费用低。但它也具有噪声高、分辨率低、打印针易损坏的缺点，现在的普通用户已很少购买。但近年来由于技术的发展，针式打印机的品质有所提高，并向专用化、专业化方向发展，其在银行存折打印、财务发票打印、记录科学数据连续打印、条形码打印、快速跳行打印和多份复制制作等应用领域具有其他类型打印机不可取代的功能。

（2）喷墨打印机。喷墨打印机是应用最广泛的打印机，其基本工作原理是带电的喷墨雾点经过电极偏转后，直接在纸上形成所需字形。其优点是组成字符和图像的印点比针式打印机小得多，因而字符点的分辨率高，印字质量高且清晰，可灵活方便地改变字符尺寸和字体。喷墨打印机具有灵活的纸张处理能力，在打印介质的选择上，既可以是信封、信纸等普通介质，也可以是各种胶片、照片纸、光盘封面、卷纸、T 恤转印纸等特殊介质，利用这种打印机可以直接在某些产品上印字，打印速度可达 500 字符/秒。

(3) 激光打印机。激光打印机是近年来高科技发展的一种新产物，也是有望取代喷墨打印机的一种机型。它的打印原理是先利用光栅处理器将要打印的位图图像数据转换为激光扫描仪的激光束信息，通过反射棱镜对感光鼓充电，感光鼓吸附碳粉盒中的碳粉颗粒，形成感光鼓表面的碳粉图像，当打印纸走过感光鼓时，由于正负电荷相互吸引，感光鼓的碳粉图像就转印到打印纸上，经过热转印单元加热使碳粉颗粒完全与纸张纤维吸附，形成打印图像。激光打印机的打印效果是所有打印机中最好的，几乎达到了印刷的水平。它打印速度快，噪声小，缺点是价格及耗材贵，激光打印机使用碳粉盒，一盒碳粉大约可以打印 3 000～5 000 页，而重新购买一个碳粉盒或者更换盒里的碳粉都是比较贵的；激光打印机对纸张的要求较高。激光打印机分为黑白和彩色两种，其中低端黑白激光打印机的价格目前已经降到几百元，达到了普通用户可以接受的水平，而彩色激光打印机几乎都在万元左右，应用范围较窄。

二、安装打印机

打印机的安装分两个步骤：硬件安装和驱动程序安装。这两个步骤的顺序不定，视打印机不同而不同：如果是串口打印机，一般先连接打印机，再安装驱动程序，如果是 USB 接口的打印机，一般先安装驱动程序，再连接打印机（具体顺序要按照打印机说明书要求设定）。本例中使用的 HP LaserJet 1020 打印机（见图 9－2）的数据传输线使用 USB 接口。

1. 安装驱动程序

打开计算机，进入操作系统后，将打印机驱动程序光盘放入光驱，直接运行 Setup. exe 可执行文件，按照安装向导提示一步一步完成即可。

图 9－2　HP LaserJet 1020 打印机

2. 安装打印机硬件

(1) 进行电源线的连接。将打印机电源线的一端插入到打印机背面板电源插头座，将另一端插入到已经接地的电源插座中。

(2) 进行数据传输线的连接。在连接该线缆之前，应确保打印机电源已经关闭，将打印机数据传输线的一端插入到打印机的数据端口（USB 接口）中，将另外一端插入到计算机的 USB 接口中，最后用手轻轻拉一下数据传输线，看看它是否已经被牢固地连接好了。

(3) 打开打印机电源开关，计算机桌面右下角很快会出现“发现新硬件”的提示，安装完成。

三、进行打印作业

1. 进行页面设置

(1) 打开要打印的 Word 文档。选择“文件”→“页面设置”命令，弹出“页面设置”对话框。

(2) 选择“纸张”选项卡，在“纸张大小”下拉列表中选择所需要的纸张类型为“A4”，纸张来源选择“默认纸盒”选项，选择将预览应用于“整篇文档”，如图 9－3 所示。

(3) 选择“页边距”选项卡，选择打印方向为“纵向”，装订线位置为“左”，在上、下、左、右页边距文本框中分别输入“2.5 厘米”“2.5 厘米”“2.4 厘米”“1.7 厘米”。

(4) 设置完成后，单击“确定”按钮。

2. 打印预览

选择“文件”→“打印预览”命令，进入预览窗口。单击预览窗口工具栏中的“单页”按钮，可一页一页地浏览，单击“多页”按钮，可一次显示多页。预览完毕后，单击工具栏中的“关闭”按钮，返回文档编辑窗口。

3. 打印设置

选择“文件”→“打印”命令（或单击“开始”菜单栏中的打印按钮，或按“Ctrl＋P”组合键），弹出“打印”对话框。在打印机“名称”下拉列表框中选择“HP LaserJet 1020”，设置要打印的页面范围为“全部”，打印份数为“1”，选中“手动双面打印”复选框。单击“选项”按钮，弹出“打印”对话框。在“打印”对话框中选中“逆页序打印”复选框，在“双面打印选项”选项组中选中“纸张正面”复选框，其余采用默认设置，如图 9－4 所示。

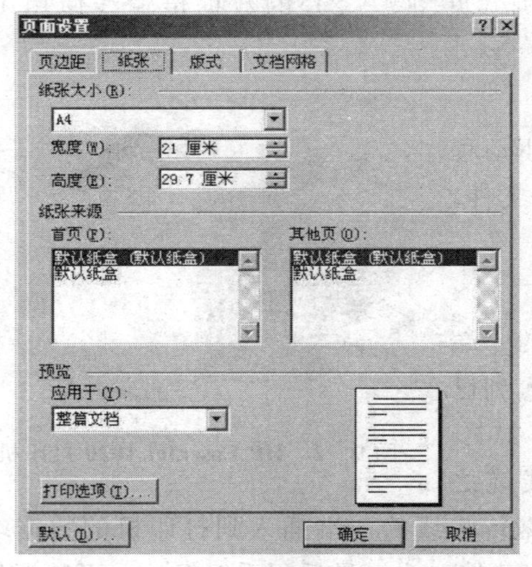

图 9－3　选择纸张

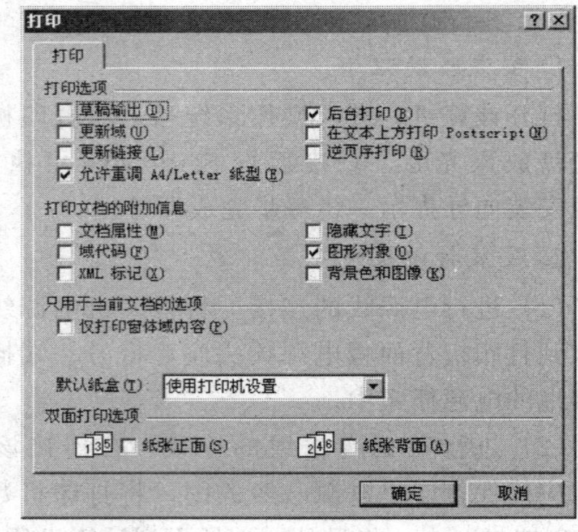

图 9－4　“打印”对话框

4. 开始打印

所有设置完成后，单击“确定”按钮，开始打印，同时弹出如图 9－5 所示的提示框。打印完一面后，将纸平行取出，逆向放入送纸器（不要翻转页面）继续打印。

四、打印机的日常维护和保养

激光打印机、喷墨打印机、针式打印机在使用和维护上有共同之处，又有各自的特点。

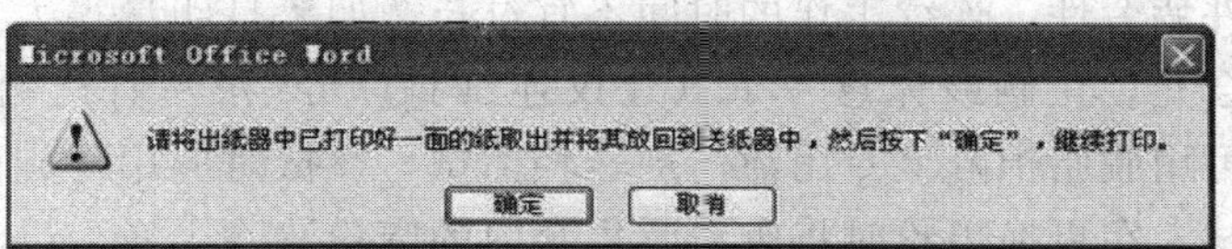

图 9－5 双面打印提示

1. 三类打印机使用和维护的共同点

(1) 正确使用打印机电源。在关闭总电源前先关掉打印机的电源开关。因为电源开关除了控制电源外，还起到打印部件（如喷墨打印机的喷头、针式打印机的针头）复位的作用。如果不关闭打印机电源而直接断电，这些打印部件可能不复位，久而久之会造成机械故障和打印耗材不必要的挥发。

(2) 正确放置打印机。首先，打印机（尤其是喷墨打印机）的放置位置一定要水平，如果倾斜的话会影响打印效果，而且还会损害打印机的内部机械结构。更不能放在地面上，即使是铺有高级的地板也不行。其次，给打印机出纸口处空出一个空间，既能防止出纸受到外力的阻碍后发生卡纸故障，也能防止打印部件受损，如针式打印机的断针、喷墨打印机的墨头移位等。

(3) 做好防尘工作和防止异物落入打印机。有些用户为了使用方便，把打印机原配的防尘盖束之高阁，虽然使用是方便了，可是灰尘却乘虚而入，久而久之便使打印机内部积满了灰尘。还有一些用户喜欢将小东西（如回形针、小夹子之类）放在打印机机盖上，稍有不慎这些东西就有可能掉入打印机内部，造成打印机的故障。

(4) 改掉一些不良的打印习惯。打印时迫不及待，用手拉着打印纸，希望能打得快一些。其实这样做不但不能加快打印速度，还会造成打印机送纸部件的损伤。打印纸放置随意，造成打印过程中打印机走纸偏离，从而造成卡纸。而卡纸后又不按规定的方法解决，随意地硬拉硬抽。在打印过程中打开打印机机盖，甚至随意扳动打印部件等都可能造成打印故障。

2. 三类打印机各自独特的使用和维护要点

(1) 针式打印机。针式打印机在日常使用中首先应注意保持色带框转动顺畅。如果发现色带框的转动发生阻碍，可用手转动色带框，转动不畅的话就打开色带框检查是否有异物，如果有，设法清除。其次要注意保持打印针头的清洁，经常检查打印针头是否有污垢，如果有，拆下打印针头用酒精浸泡清洗。

(2) 喷墨打印机。首先要注意正确安装和更换墨盒。不同的喷墨打印机更换墨盒的方法也不尽相同，例如：有的要求在通电的情况下更换墨盒，而有的则要求在断电的情况下更换。更换墨盒时一定要先看一下说明书，不要凭经验做事。同时更换墨盒时不要用手触摸墨水出口处，不要摔撞墨盒，不要让水沾到墨盒的电路板上。对于打开后不用的墨盒应保存在避光无尘处。其次，应注意对打印喷头的清洗。大多数的喷墨打印机都有开关机时自动清洗的功能。自动清洗往往不够彻底，因此每隔一段时间应根据说明书上的要求和方法进行手动清洗，以保持打印喷头的清洁。

(3) 激光打印机。对于激光打印机来说最重要的维护是对硒鼓而言的。作为有机硅光导体，硒鼓有部件疲劳性，连续工作的时间不宜过长。如果打印量很大，应在连续输出一段时间后暂停一会儿，让硒鼓休息一下（建议连续打印 50 张左右让硒鼓休息 10 分钟）。清洁硒鼓表面时可用脱脂棉蘸上专用清洁剂轻轻擦拭，擦拭时应用螺旋画圈法，而不应横向或纵向直接擦拭。在更换墨粉时将废粉收集仓内的废粉清除干净，以免废粉过多发生漏粉现象。对硒鼓的所有维护操作尽量在避光的环境下进行（不是冲印胶卷时的暗房环境，一般只要拉上窗帘，关闭电灯即可）。

五、打印机常见故障的排除

1. 打印机输出空白纸

对于针式打印机，引起打印纸空白的原因大多是色带油墨干涸、色带拉断、打印头损坏等，应及时更换色带或维修打印头；对于喷墨打印机，引起打印空白的原因大多是喷嘴堵塞、墨盒没有墨水等，应清洗喷头或更换墨盒；而对于激光打印机，引起该类故障的原因可能是显影辊未吸到墨粉（显影辊的直流偏压未加上），也可能是感光鼓未接地，使负电荷无法向地释放，激光束不能在感光鼓上起作用。

另外，激光打印机的感光鼓不旋转，则不会有影像生成并传到纸上。断开打印机电源，取出墨粉盒，打开盒盖上的槽口，在感光鼓的非感光部位做个记号后重新装入机内。开机运行一会儿，再取出检查记号是否移动了，即可判断感光鼓是否工作正常。如果墨粉不能正常供给或激光束被挡住，也会出现打印空白纸的现象。因此，应检查墨粉是否用完、墨盒是否正确装入机内、密封胶带是否已被取掉或激光照射通道上是否有遮挡物。需要注意的是，检查时一定要将电源关闭，因为激光束可能会损害操作者的眼睛。

2. 打印纸输出变黑

对于针式打印机，引起该故障的原因是色带脱毛、色带上油墨过多、打印头脏污、色带质量差和推杆位置调得太近等，检修时应首先调节推杆位置，如故障不能排除，再更换色带，清洗打印头，一般即可排除故障；对于喷墨打印机，应重点检查喷头是否损坏、墨水管是否破裂、墨水的型号是否正确等；对于激光打印机，则大多是由于电晕放电丝失效或控制电路出现故障，使得激光一直发射，造成打印输出内容全黑。因此，应检查电晕放电丝是否已断开或电晕高压是否存在、激光束通路中的光束探测器是否工作正常。

3. 打印字符不全或字符不清晰

对于喷墨打印机，可能有两方面的原因：墨盒用尽；打印机长时间不用或受日光直射而导致喷嘴堵塞。解决方法是换新墨盒或注墨水，如果墨盒未用完，可以断定是喷嘴堵塞，取下墨盒（对于墨盒喷嘴不是一体的打印机，需要取下喷嘴），把喷嘴放在温水中浸泡一会儿，注意一定不要把电路板部分浸在水中，否则后果不堪设想。

对于针式打印机，可能有以下几方面原因：打印色带使用时间过长；打印头长时间没有清洗，脏物太多；打印头有断针；打印头驱动电路有故障。解决方法是先调节一下打印头与打印辊间的间距，故障不能排除，可以换新色带，如果还不行，就需要清洗打印头了。方法是：卸掉打印头上的两个固定螺钉，拿下打印头，用针或小钩清除打印头前、后夹杂的脏污，一般都是长时间积累的色带纤维等，再在打印头的后面看得见针的地方滴几滴仪表油，以清除一些脏污，不装色带空打几张纸，再装上色带，这样问题基本就可以解决，如果是打印头断针或是驱动电路问题，就只能更换打印针或驱动管了。

4. 打印字迹偏淡

对于针式打印机，引起该类故障的原因大多是色带油墨干涸、打印头断针、推杆位置调得过远，可以用更换色带和调节推杆的方法来解决；对于喷墨打印机，喷嘴堵塞、墨水过干、墨水型号不正确、输墨管内进空气、打印机工作温度过高都会引起此类故障，应对喷头、墨水盒等进行检测维修；对于激光打印机，当墨粉盒内的墨粉较少，显影辊的显影电压偏低和墨粉感光效果差时，也会造成打印字迹偏淡现象。此时，取出墨粉盒轻轻摇动，如果打印效果无改善，则应更换墨粉盒或调节打印机墨粉盒下方的一组感光开关，使之与墨粉的感光灵敏度匹配。

5. 打印时字迹一边清晰而另一边不清晰

此现象一般出现在针式打印机上，喷墨打印机也可能出现，不过概率较小，主要是打印头导轨与打印辊不平行，导致两者距离有远有近所致。解决方法是调节打印头导轨与打印辊的间距，使其平行。具体做法是：分别拧松打印头导轨两边的调节片，逆时针转动调节片减小间隙，最后把打印头导轨与打印辊调节到平行就可解决问题。不过要注意调节时调对方向，可以逐渐调节，多打印几次。

6. 打印纸上重复出现污迹

针式打印机重复出现污迹的故障大多是由于色带脱毛或油墨过多引起的，更换色带盒即可排除；喷墨打印机重复出现污迹是由于墨水盒或输墨管漏墨所致；当喷嘴性能不良时，喷出的墨水与剩余墨水不能很好断开而处于平衡状态，也会出现漏墨现象；而激光打印机出现此类现象有一定的规律，由于一张纸通过打印机时，机内的12种轧辊转过不止一圈，最大的感光鼓转过2～3圈，送纸辊可能转过10圈，当纸上出现间隔相等的污迹时，可能是由脏污或损坏的轧辊引起的。

任务二　复　印　机

任务要求

使用复印机能够从书写、绘制或印刷的原稿得到等倍、放大或缩小的复印品。它可以提高公文形成的速度，节省大量的等待时间，给办公工作带来极大的方便。复印机复印的速度快，操作简便，与传统的铅字印刷、蜡纸油印、胶印等的主要区别是无须经过其他制版等中间手段，而能直接从原稿获得复印品，复印份数不多时较为经济。复印机的操作是一项技术性较强的工作，很容易因操作不当而损坏机器。

任务实施

一、认识复印机

复印机是从书写、绘制或印刷的原稿得到等倍、放大或缩小的复印品的设备。在日常办公活动中，有大量的资料（文件、图片）等需要复制，以便保留或下发，因此，复印机已成为现代办公活动中重要的设备之一。

1. 复印机分类

复印机的种类很多，按体积可分为大型、中型、小型和微型复印机；按用途可分为办公用、彩色、工程图纸复印机；按外观可分为落地式、台式、便携式复印机；按速度可分为低速（A4 幅面文件 10～30 份/分钟）、中速（A4 幅面文件 30～60 份/分钟）、高速（A4 幅面文件大于 60 份/分钟）复印机；按工作原理可分为光化学、热敏、静电复印机三类。图 9－6 所示为静电复印机。

2. 复印机工作原理

静电复印是现在应用最广泛的复印技术，它是用硒、氧化锌、硫化镉和有机光导体等作为光敏材料，在暗处充上电荷接受原稿图像曝光，形成静电潜像，再经显影、转印和定影等过程而成。静电复印有直接法和间接法两种。直接法是在涂有光导材料的纸张上形成静电潜像，然后用液体或粉末的显影剂加以显影，图像定影在纸张表面之后即成为复印品；间接法则先在光导体表面上形成潜像并加以显影，再将图像转印到普通纸上，定影后即成为复印品。20 世纪 70 年代以后，间接法成为静电复印的主流和发展方向。

图 9－6　静电复印机

3. 复印机性能指标

（1）最大幅面。指复印机最大的扫描或打印尺寸范围。办公型的复印机最大幅面一般在 A3 以上，家用或便携型复印机一般只有 A4，较大的工程复印机一般能达到更大的复印尺寸。

（2）预热时间。指复印机从通电到正常工作需要的时间。时间越短，说明等待的时间越少，复印机性能也就越好。

（3）缩放比例范围。指复印机能对原稿进行的扩大或者缩小的比例。复印比例相差数值越大，说明复印机可缩放的范围越大，性能相对也越好。

（4）连续复印能力。指对同一复印原稿，在不进行多次设置的情况下，复印机可以一次连续完成复印的最大数量，一般数值为 1～99 或者 1～999。

（5）复印分辨率。分辨率是由像素来确定的，如 1024×768，分辨率越高，图像、文件复印品越清晰。

（6）复印速度。复印速度指单位时间内复印机能够连续复印的张数，单位为页/分钟。

（7）内存。内存是数码复印机中用来存储稿件数据的存储器。数码复印机可先将多张稿件扫描至内存，最后再一起复印，以提高效率。内存越大，可存储的稿件张数就越多。

若具备打印功能，大内存也可提高打印速度。

(8) 纸盒。纸盒是用来存放 A4 至 A3 幅面复印纸的容器。纸盒越大存储的纸张数量也就越多，但一个纸盒不能同时存储两种尺寸的纸张。

二、复印机的操作程序

1. 复印前的准备工作

(1) 预热。按下电源开关，开始预热，面板上有指示灯显示，并出现等待信号。如果预热完毕，就会出现可以复印的文字显示信号或者音频信号。

(2) 检查原稿。拿到需要复印的原稿后，大致翻阅一下，做到心中有数。需要注意以下几个方面：原稿的纸张尺寸、质地、颜色，原稿上的字迹色调，原稿装订方式、原稿张数以及有无图片等需要改变曝光量的原稿。对原稿上不清晰的字迹、线条应在复印前描写清楚，以免复印后返工；可以拆开的原稿应拆开，以免复印时不平整出现阴影。

(3) 检查机器显示。机器预热完毕后，看一下操作面板上的各项显示是否正常。主要包括以下几项：可以复印信号显示、纸盒位置显示、复印数量显示为“1”、复印浓度调节显示、纸张尺寸显示，一切显示正常才可进行复印。

2. 复印

(1) 放置原稿。根据稿台玻璃刻度板的指示及当前使用纸盒的尺寸和横竖方向放好原稿。

(2) 设定复印份数。按下数字键（本例中为“20”）设定复印份数。若设定有误可按 C 键，然后重新设定。

(3) 设定复印倍率。一般复印机的放大仅有一档，按下放大键即可，缩小倍率多以 A3 - A4、B4 - B5 或百分比等表示，了解了复印纸尺寸，即可很容易地选定缩小倍率（本例中复印文稿时无须放大、缩小，不按任何键；复印图纸时需按下缩小倍率 A4）。

(4) 选择复印纸尺寸。根据原稿尺寸、放大或缩小倍率按下纸盒选取键。如机内装有所需尺寸纸盒，即可在面板上显示出来；如无显示，则需更换纸盒。

(5) 调节复印浓度。根据原稿纸张、字迹的色调深浅，适当调节复印浓度。原稿纸张颜色较深的，如报纸，应将复印浓度调浅些. 字迹较浅、不十分清晰的，则应将浓度调深些。复印图片时一般应将浓度调淡。

(6) 按下复印开始键，机器便开始运转，数秒钟后纸张进入机内，经过充电、曝光、显影、转印、定影等工序即可复印出复印品。

(7) 本例中文稿是双面复印，所以在印完正面的 20 份后，将文稿取出，重新放入纸盒再印反面。

三、复印机特殊功能的利用和必要的复印技巧

1. 自动送稿器的使用

使用自动送稿器可以提高复印效率，避免每次放稿都要掀起稿台盖板的麻烦。使用时首先按下自动送稿按键，指示灯点亮，在供稿台放上原稿。自动送稿器会一页一页地放上

原稿。原稿放好后，机器即自动开始复印。应当注意，卷曲、折皱、折叠的原稿，带书钉、曲别针的原稿，有胶带或浆糊未干的原稿，背面发黑的原稿，粘在一起或装订的原稿和过薄的原稿不能自动送入。

但是，利用一些特殊复印技巧，仍可自动送入较薄的或不十分平整的原稿。方法是在将易卡住的原稿一页一页送入时，打开左侧原稿回转盒，进行半自动送稿复印，即用右手送入原稿，用左手接住印过的原稿，这样，原稿几乎不会卡住。

2. 插入复印和停止键的使用

插入复印键又叫暂停键，它是用来中断正在复印的多份文件，临时加进一个更为急用的文件的。复印过程中按下此键，机器立即停止复印，复印数量显示变为“1”，重新设定一个复印数值即可复印急用的文件，复印完后机器又回到原来中断时的显示状态，可继续进行原来的多份复印。如果错按插入复印键，要恢复中断前的复印数量，按下停止键即可。

停止键主要是在多份复印时遇到了所需份数或原稿放置不正确等意外现象时使用的。按下此键后机器停止运转，复印份数回到“1”，再复印时需重设。有些小型机将停止键和复印份数清除键设为一个键，其功能相同。

3. 双面复印

双面复印的用途很多，如广告、磁带等的说明书、名片、表格以及页数过多需要减小厚度的文件。有些高档复印机有自动双面复印的功能，而绝大多数机器要双面复印仍需将复印品重新装入纸盒后再印第二面。在双面复印之前，应使复印纸间充分进入空气，防止出现双张现象。先印单数页码，再根据所使用机器的类型，将复印品装入纸盒，复印双数页码的一面。有的机器应将第一次复印品上下两端位置不变地调过来，文字面朝下，装入纸盒，再复印第二面；有的则原封不动地装入纸盒。前者是直线进纸的机型；后者是曲线进纸，进纸口与出纸口在机器同侧的机型。

4. 遮挡方法的使用

复印工作经常遇到原稿有污迹、需要复印原稿局部、去原稿阴影等情况，需利用遮挡技巧来去掉不需要的痕迹。最简便的办法是用一张白纸遮住这些部分，然后放在稿台上复印。复印书籍等厚原稿时，常会在复印品上留下一条阴影，也可以用遮挡来消除。方法是在待印一页之下垫一张白纸，即可消除书籍边缘阴影。如果还要去掉两页之间的阴影，可在暂不印的一页上覆盖一张白纸，并使之边缘达到待印一页字迹边缘部分，即可奏效。

四、复印机的日常维护与保养

1. 保持盖板及稿台玻璃的清洁

由于接触各种原稿和被手抚摸，盖板的塑料衬里或传送带容易变黑，造成复印件的边角出现黑色污迹。可以用棉纱布蘸些洗涤剂反复擦拭，然后用清水洗净，再擦干即可。不要用酒精、乙醚等有机溶剂擦拭。要避免用手直接接触稿台玻璃，如有装订，应将原稿上的大头针、曲别针、订书钉等拆掉，并放在指定位置。涂改后的原件一定要等到涂改液干了以后再复印。稿台玻璃上涂有透光涂层和导电涂层，这些涂层不溶于水，而溶于有机物质，清洁稿台玻璃时，也应避免用有机溶剂擦拭。

2. 正确放置复印纸张

在复印机处于连续工作状态时，只有做好持续地供纸，才能确保复印效率，防止卡纸故障。正确放置复印纸张，包括按照说明将复印纸张放在进纸盒中，以及使用高质量的复印纸。在将复印纸放置到进纸盒中时，要注意位置的平整性，并且确保纸张不要放得太满，另外进纸盒的导轨应该调到与纸一样宽。如旲发现有纸张卡在复印机内部，应该先关闭复印机电源，再打开复印机面盖，将卡住的纸慢慢从复印机中取出来，而不要强行将卡住的纸张拉扯出来，在取出卡纸的时候，不要将感光鼓划伤。

3. 清除废旧墨粉

将从感光鼓上清除下来的废墨粉收集到一只废粉瓶内，装满后会在面板上显示出信号，有些机器废粉过多与墨粉不足使用同一个信号，这就更应当注意检查，当废粉装满时要及时倒掉，小心地清除废旧墨粉，以防墨粉充斥在空气中过多地被人体吸入。

五、复印机常见故障的原因和排除方法

1. 卡纸故障

卡纸现象是每台静电复印机都可能遇到或经常发生的。通常，机器只要有搓纸动作，而由于某种原因，纸张并未被搓出纸盒进入纸路．由于时序控制器的时间检测，纸张不到位或没有通过纸路上的几个检测传感器，就被认为是卡纸而出现卡纸信号，机器便停止运转。这时，需要打开机门（断掉电源）排除卡纸，并按下复位按钮，关好机门，才能继续复印；有些大型机，排除卡纸后还需预热一二分钟。如果不属于以上原因，则按下列情况处理。

（1）供纸部位卡纸。首先测试纸张，检查纸张重量、尺寸、干燥程度。如不是纸张问题，则可能是纸盒的问题。测试方法：在纸盒里只放几张纸，然后走纸，如果搓不进或不到位，可判定是搓纸轮或搓纸离合器的问题；如果搓纸到位，但纸不能继续前进，则估计是对位辊打滑或对位离合器失效所致。有些机型，搓纸出现歪斜，可能是纸盒两边夹紧力大小不等引起的。另外，许多操作人员在插放纸盒时，用力过大，造成纸盒中上面几张纸脱离卡爪，也必然会引起卡纸。

（2）走纸部位卡纸。可能是传送带、导纸轮出了问题，这些位置可以借助于门开关压板观察，如果没问题，则很可能是分离机构出问题了。

（3）定影部位卡纸。检查定影辊分离的尖端磨钝或小弹簧是否疲劳失效、出纸口的输纸辊是否磨损以及定影辊是否严重结垢，这些都容易造成卡纸。

检查出故障的原因后，需要及时更换已磨损的零部件，或请维修人员进行检修，以保证机器的正常运转。当清理卡纸时，一定要将卡纸全部取出来，包括分散卡在各部位的碎片，如有残留，对复印质量有极大的影响，严重的会损坏设备。

2. 复印件全黑

（1）曝光灯管损坏。首先观察曝光灯是否发光，不发光时可检查灯脚接触是否良好。是否为曝光灯管损坏、断线或灯脚与灯座接触不良等原因。

（2）曝光灯控制电路故障。检查各处电压是否正常，无电压时应检查控制曝光灯的电路是否有故障，必要时更换此电路板。

（3）光学系统故障。如果是复印机的光学系统被异物遮住，使曝光灯发出的光线无法到达感光鼓表面，要及时清除异物。如果是反光镜太脏或损坏，以及反光角度改变，光线偏高，无法使感光鼓曝光，要清洁或更换反光镜，调整反光角度。

（4）充电部件故障。检查充电电极的绝缘端是否被放电击穿，电极与金属屏蔽罩连通（有烧焦痕迹），造成漏电。

3. 复印件全白

（1）首先检查复印纸是否潮湿，潮湿则换纸。

（2）检查光导体是否转动，是损坏还是疲劳，供电线路是否正常，检查充电电极丝是否被严重污染，感光鼓是否转动，扫描灯是否够亮，显影剂是否用完等。

（3）排除了以上因素后，还是全白，则检查出问题部位，正常运行复印机，开机走纸，当纸输送到感光鼓下方时，关掉机器，卸下感光鼓，检查鼓上是否有图像，如有图像，说明问题出在转印部分；如无图像，说明问题出在主带电器部分和显影部分，然后再在相应的部分检查原因，查不出就得请厂家修理。

4. 复印件出现底灰

（1）原稿反差太小。

（2）复印纸受潮。

（3）曝光不足。原因包括曝光灯老化，照度下降；光缝开得太小，曝光量小。调整曝光电压、光缝或更换曝光灯。

（4）显影偏压过低或无显影偏压。调整显影偏压、检修显影偏压电路。

（5）显影器中载体比例小，墨粉比例过高，造成均匀的底灰，而且比较浓。要重新调整载体与墨粉的配比。

（6）墨粉、载体受潮，电阻率下降，墨粉与载体的带电性变差，造成显影效果不良。更换墨粉或载体。

（7）感光鼓疲劳。清洁或更换感光鼓。

（8）机器所接电源电压过低，应保证电压不低于220V。

5. 复印件图像清晰度差，分辨率低

（1）复印时曝光量过大所致。调整曝光电压或光缝。

（2）复印镜头、反光镜的聚焦不良的缘故。调整镜头与反光镜的距离与角度。

（3）感光鼓工作时间过长，表面污染，残留墨粉过多或产生氧化膜。清洁或更换感光鼓。

（4）墨粉颗粒太大，显影图像表面粗糙，造成分辨率下降。如出现由于图像发黑而造成不清晰，应考虑可能是显影器下墨粉太多。

6. 复印件图像上有污迹

（1）感光鼓上的感光层划伤。

（2）感光鼓污染，如油迹、指印、余落杂物等。

（3）显影辊上出现固化墨粉。

（4）采用热辊定影的机器，由于加热辊表面橡胶老化脱落、有划痕，或定影辊清洁刮板缺损使辊上局部沾上污物，形成污迹。

（5）搓纸辊上受墨粉污染，搓纸造成污迹。

（6）显影器中墨粉漏出洒落在纸上或感光鼓上。

任务三　扫　描　仪

任务要求

扫描仪是一种能够捕获图像和将原始的线条、图形、文字、照片、平面实物等转换成可以编辑及可以加入文件中的设备，由扫描头、控制电路和机械部件组成。扫描过程很简单，把要扫描的材料放在扫描仪的玻璃台面上，运行扫描软件，扫描仪就将图像扫描到图像编辑软件中，并以文件格式存储。本例中使用的扫描仪是 Epson Perfection 1260 扫描仪。

任务实施

一、认识扫描仪

扫描仪是一种通过捕获图像并将之转换成计算机可以显示、编辑、存储和输出的数字化输入设备。照片、文本页面、图纸、美术图画、照相底片、菲林软片，甚至纺织品、标牌面板、印制板样品等三维对象都可作为扫描对象。

1. 扫描仪分类

按照扫描幅面可分为小幅面手持式、中等幅面台式和大幅面工程图扫描仪；按照扫描速度可分为高速、中速和低速扫描仪；按照结构特点可分为手持式、平板式、滚筒式、馈纸式、笔式扫描仪；按照应用范围可分为底片、名片、3D、工程图纸、实物、条形码扫描仪；按照接口形式可分为 EPP 接口、USB 接口和 SCSI 接口扫描仪。图 9－7 所示为平板式扫描仪。

2. 扫描仪工作原理

办公中常用的扫描仪是平板式（又称台式），其获取图像的方式是先将光线照射到扫描的材料上，光线反射回来后由 CCD 光敏元件接收并实现光电转换。当扫描不透明的材料如照片、打印文本以及标牌、面板、印制板实物时，由于材料上黑的区域反射较少的光线，亮的区域反射较多的光线，而 CCD 器件可以检测图像上

图 9－7　平板式扫描仪

不同光线反射回来的不同强度的光，通过 CCD 器件将反射光波转换成为数字信息，用 1 和 0 的组合表示，最后控制扫描仪操作的扫描仪软件读入这些数据，并重组为计算机图像文件。而当扫描透明材料如制版菲林软片、照相底片时，扫描工作原理相同，有所不同的是此时不是利用光线的反射，而是让光线透过材料，再由 CCD 器件接收，扫描透明材料需要特别的光源补偿——透射适配器（TMA）装置来完成这一功能。

3. 扫描仪主要技术指标

（1）分辨率。分辨率是扫描仪最主要的技术指标，单位为 DPI（Dots Per Inch），通常用每英寸长度上扫描图像所含有像素点的个数来表示。目前大多数扫描仪的分辨率在 300～2400DPI 之间。DPI 数值越大，扫描图像的品质越好，但这是有限度的，当分辨率大于某一特定值时，只会使图像文件增大而不易处理，并不能对图像质量产生显著的改善。对于丝网印刷应用而言，扫描到 6000DPI 就已经足够了。

扫描分辨率一般有两种：真实分辨率（又称光学分辨率）和插值分辨率。光学分辨率就是扫描仪的实际分辨率，它决定了图像的清晰度和锐利度。插值分辨率则是通过软件运算的方式来提高分辨率的数值，即用插值的方法将采样点周围遗失的信息填充进去，因此也被称作软件增强的分辨率。例如扫描仪的光学分辨率为 300DPI，则可以通过软件插值运算法将图像提高到 600DPI。

（2）灰度级。灰度级表示图像的亮度层次范围，级数越多，扫描仪图像亮度范围越大、层次越丰富，目前多数扫描仪的灰度为 256 级。

（3）色彩位数。色彩位数是扫描仪对采样来的每一个像素点提供的不同通道的数字化位数的叠加值，反映了扫描仪对扫描图像色彩范围的辨析能力和扫描图像的色彩逼真度，是衡量一台扫描仪质量的重要技术指标。色彩位数越多，图像表达越真实，当色彩位数精度增加时，扫描设备可以捕捉的色彩细节也会增多，但图像文件大小也会增加。色彩位数一般采用 RGB 三通道的数值总和来表示，常见的有 24 位、36 位等。

（4）扫描速度。扫描速度有多种表示方法，因为扫描速度与分辨率、内存容量、磁盘存取速度以及显示时间、图像大小有关，通常用指定的分辨率和图像尺寸下的扫描时间来表示。

（5）扫描幅面。表示扫描图稿尺寸的大小，常见的有 A4，A3，A0 幅面等。

二、扫描仪的安装

（1）将扫描仪平放在桌面上，轻轻翻转 90°，检查底板下面的锁扣装置，拨动开关将其置于“UNLOCK（解锁）”位置。

（2）重新将扫描仪水平放好，连接扫描仪的电源线，打开扫描仪电源开关。

（3）安装扫描仪驱动程序。打开计算机，进入操作系统后，将扫描仪驱动光盘放入光驱。通常此类光盘都属于自启动光盘，插入光驱后可以自动运行。如果没有自启动功能，可以双击光盘驱动器图标，进入光盘目录列表，找到名为“Setup. exe”的可执行程序图标，双击启动安装程序，按照指导步骤进行安装即可。

（4）驱动程序安装完毕后，计算机重新启动。

（5）将扫描仪数据线（USB 线）的一端插入扫描仪，另一端插入计算机的 USB 端口。

（6）USB线连接完成后，计算机屏幕上会出现“找到新的硬件向导”对话框，在该对话框中选择“自动安装软件”选项，并选择与该硬件最佳匹配的驱动程序（本例中是GW1200U扫描仪）。

（7）软件安装完成后，单击“完成”按钮，关闭向导。这时在计算机桌面的右下角会弹出“发现新硬件”提示，扫描仪安装成功。

三、使用扫描仪

安装Photoshop、ACDSee软件，运行软件，执行文件菜单下的输入→扫描仪名，来连接扫描仪，启动扫描仪。

1. 安装扫描仪驱动程序

以EPSON扫描仪为例，需安装TWAIN兼容应用程序，可通过网络下载。TWAIN是图像输入设备（如扫描仪）和控制图像输入设备的应用程序之间的应用程序接口标准（API）。

使用TWAIN兼容的应用程序和TWAIN兼容的扫描仪（装有TWAIN兼容的驱动程序），用户可以用相同的方式操作任何扫描仪。

2. 放置扫描纸稿

将扫描仪放置在平整、稳固的面上。插上扫描仪的电源。打开计算机并确保扫描仪上的启动按钮发出绿光。打开文稿盖或集成TPU，并确保扫描头上的荧光灯变亮。

3. 使用全自动模式

在全自动模式下，图像会自动得到优化。可简易快捷地进行扫描而不必更改任何复杂的设置。注意：在全自动模式下，可以扫描彩色透明材料，如彩色胶片。如果您要扫描单色负片，请切换至手动模式。扫描透明材料时一定要使用胶片支架。

（1）扫描。请按下列步骤在全自动模式下扫描反射文稿或透明材料。

1）启动TWAIN兼容的应用程序。（此处使用的示例为Photoshop）。

2）单击获取照片按钮，然后单击主屏幕上的数字相机/扫描仪按钮。

3）从选择来源列表中选择EPSON TWAIN 5，单击获取按钮（适用于Windows用户）以打开EPSON TWAIN。

4）EPSON TWAIN自动预览图像并识别文稿来源和类型。如果您要进行更多设置，请单击取消，然后单击自动模式按钮（适用于Windows用户），以打开全自动模式的自定义菜单。如果您要切换至手动模式，请单击取消，然后单击手动模式按钮，以打开手动模式窗口。

（2）保存已扫描的图像处理。扫描完成后在Photoshop中生成一个图片文件，可以进行编辑后保存，保存格式根据需要定。

4. 手动模式下的扫描

在手动模式下，有许多其他的选项能够更好地控制扫描。在手动模式下进行扫描之前，可以清晰化、校准、增强或预览图像。

（1）选择图像类型。使用图像类型列表来选择各种预定义或用户自定义的设置，或使用图像类型按钮对设置进行详细更改并保存自定义设置。

(2) 彩色照片。4位彩色，最佳质量，该设置在扫描彩色照片时很有用。

(3) 彩色文稿。24位彩色，最佳质量并去除网纹从而去除波纹图案，该设置在用彩色扫描杂志或目录时很有用。

(4) 黑/白照片。8位灰色，最佳质量，该设置在扫描黑白照片时很有用。

(5) 黑/白文稿。8位灰色，最佳质量并去除网纹从而去除波纹图案，该设置在用黑白扫描杂志或目录时有用。

(6) 插图。24位彩色，最佳质量带色彩平滑，该设置在扫描大范围纯色（如徽标、插图和图表）时很有用。

(7) 文本/线画。黑白，草稿质量，在扫描只有字符的文本或不带色彩的线条画时该设置很有用。

(8) 文本（去除背景）。黑白，最佳质量，文本增强技术，只用于 Perfection 1660 Photo 和 2400 Photo，该设置可用于 OCR（光学字符识别）。

(9) 图像类型按钮。图像类型按钮可打开图像类型对话框，您可从中自定义本部分中所述的图像类型设置。

(10) 图像类型名称。预定义设置和已保存的所有自定义设置的名称出现在图像类型名称列表中。

(11) 像素浓度。从下列色彩中选择扫描色彩：48位彩色、24位彩色、16位灰色、8位灰色、黑白。

(12) 扫描模式。使用此设置在速度和质量之间进行选择。最佳提供最佳质量的图像，而草稿提供较快的扫描速度，但质量有所下降。

(13) 去除网纹。选择开或关。当选择开时，将自动从扫描图像中去除波纹图案，但扫描时间会更长。

(14) 色彩平滑。选择开或关。当选中开时，图像中的颜色与有限数量的索引颜色有关。这在扫描大范围纯色（如徽标、插图和图表）时很有用。

(15) 自动曝光选项。允许指定自动曝光功能所作的各种调整。当选中照片时，自动曝光激活并优化摄影图像源的图像增强。当选中文档时，自动曝光优化印刷品（如小册子、杂志或报纸）的图像增强。当扫描照片或扫描含高质量图像的照片或文稿时，请选择照片。当扫描印刷文本时，请选择文稿。单击自动曝光按钮可以看到自动曝光选项的设置。

(16) 忽略颜色。对彩色原件进行黑白扫描时减去一种颜色。正确应用忽略颜色可提高黑白扫描的质量。可用的忽略颜色选项有：无、红、绿和蓝。

(17) 黑/白选项。当扫描文本或灰阶图像时，这些选项很有用。可从下列选项中选择：

1) 文本增强技术、自动区域分割或无。

2) 文本增强技术（TET）：要提高 OCR（光学字符识别）扫描时识别的精确度，请选择此选项。此功能可在扫描中消除文稿的背景。

(18) 选择目标设备。目标设备设置允许指定扫描图像显示或输出所要使用的应用程序或输出设备。可使用目标设备列表选择预定义或用户定义的目标设备，或使用目标设备按钮来自定义目标设备设置。

手动模式下的扫描过程如下：启动TWAIN兼容的应用程序；在应用程序中打开EPSON TWAIN 5；在EPSON TWAIN手动模式窗口中，选择文稿来源、图像类型和目标设备，然后单击“完全预览”按钮。预览图像将在手动模式窗口中右侧的预览窗口中显示出来；在预览窗口中进行其他的调整，然后单击扫描按钮，图像即被扫描；保存所扫描的图像。

5. OCR应用

从扫描仪扫描（OCR方式，分辨率为300像素/英寸）扫描的图片保存，也可以是截图生成的图片，必须满足分辨率为300像素/英寸，可用Photoshop编辑成OCR允许分辨率。

安装图片文字提取（OCR）软件，清华紫光OCR、尚书OCR文字识别等。

启动文字识别软件，导入需要提取的图片，利用OCR软件的区域选择功能选择区域，有利于图片文字的分离，之后就可以提取文字了。之后保存起来。

扫描仪的使用并不困难，需要的是你在实践中多摸索多用，不断地总结使用过程中的经验，最后你一定可以得心应手地使用你的扫描仪。另外摄像头、数码相机也可用于OCR处理。

四、扫描仪的日常维护

1. 保护好光学部件

扫描仪在扫描图像的过程中，通过一个叫光电转换器的部件把模拟信号转换成数字信号，然后再送到计算机中。这个光电转换设备非常精致，光学镜头或者反射镜头的位置对扫描的质量有很大的影响。因此在工作过程中，不要随便改动这些光学装置的位置，同时要尽量避免对扫描仪的震动或者倾斜。遇到扫描仪出现故障时，不要擅自拆修，一定要送到厂家或者指定的维修站去；另外大部分扫描仪都带有安全锁，在运送扫描仪时，一定要把扫描仪背面的安全锁锁上，以避免改变光学配件的位置。

2. 定期做保洁工作

扫描仪中的玻璃平板以及反光镜片、镜头，如果落上灰尘或者其他一些杂质，会使扫描仪的反射光线变弱，从而影响图片的扫描质量。所以一定要在无尘或者灰尘尽量少的环境下使用扫描仪。当长时间不使用时，还应当定期对其进行清洁。

3. 使用前预热

扫描仪在刚开启的时候，光源的稳定性较差，且光源的色温也没有达到扫描仪正常工作所需的色温，因此扫描输出的图像往往饱和度不足。最佳的扫描时间是在扫描仪预热20分钟以后再开始扫描。在使用过程中也不必在间隙时间中关机，这样扫描图像的品质就比较稳定。

五、扫描仪常见故障排除

确定故障的方法可以使用观察法，观察产生故障的原因，确定有问题的部件，例如扫描仪没有响应，可以考虑电源线有没有接好；也可以使用测试法，进行测试，确定有问题的地方，例如扫描一张图片，发现扫描的图像不够清晰；还有筛选法，当使用观察法发现可能导致故障有几个部件的时候，可以使用筛选法进一步确定故障部位。确定了故障的源头，就可以寻求解决的办法。

1. 找不到扫描仪

先用观察法看看扫描仪的电源及线路接口是否已经连接好，然后确认是否先开启扫描仪的电源，然后才启动计算机。如果不是，可以单击 Windows“设备管理器”的“刷新”按钮，查看扫描仪是否有自检，绿色指示灯是否稳定地亮着。假如答案肯定，则可排除扫描仪本身故障的可能性。如果扫描仪的指示灯不停地闪烁，表明扫描仪状态不正常。这时候可以再重新安装最新的扫描仪驱动程序。同时，还应检查“设备管理器”中扫描仪是否与其他设备冲突（IRQ 或 I/O 地址），若有冲突就要进行更改。这类故障无非就是线路问题、驱动程序问题和端口冲突问题。

2. 扫描仪没有准备就绪

打开扫描仪电源后，若发现 Ready（准备）灯不亮，先检查扫描仪内部灯管。若发现内部灯管是亮的，可能与室温有关，解决的办法是让扫描仪通电半小时后关闭扫描仪，一分钟后再打开它，问题迎刃而解。在冬季气温较低时，在使用前先预热一段时间，这样就可避免开机后 Ready 灯不亮的现象。

3. 扫描出来的画面颜色模糊

首先通过观察法看看扫描仪上的平板玻璃是否脏了，如果是的话将玻璃用干净的布或纸擦干净，注意不要用酒精之类的液体来擦拭，那样会使扫描出来的图像呈现彩虹色。如果不是玻璃的问题，检查扫描仪使用的分辨率是多少，如 300dpi 的扫描仪扫 1200dpi 以上的影像会比较模糊。另外，检查显示器设置是否为 16 位色或以上。如果是扫描一些印刷品，有一定的网纹造成的模糊是可以理解的，可以用扫描仪本身自带的软件，也可以用 Photoshop 等图像软件加以处理。

4. 输出图像色彩不够艳丽

首先可以调节显示器的亮度、对比度和 Gamma 值。Gamma 值越高，感觉色彩的层次就越丰富。当然，为了取得较好的效果，也可以在 Photoshop 等软件中对 Gamma 值进行调整，但这属于“事后调整”。在扫描仪自带的软件中，如果是普通用途，Gamma 值通常设为 1.4；若是用于印刷，则设为 1.8；网页上的照片则设为 2.2。扫描仪在使用前应该进行色彩校正，否则就极可能使扫描的图像失真；此外还可以对扫描仪驱动程序对话框中的亮度/对比度选项进行具体调节。

任务四　光盘刻录机

任务要求

通过光盘刻录机将硬盘上的视频文件刻录到光盘上，就可以在普通的 VCD 或 DVD 机上播放了。通过光盘刻录机将硬盘上的重要数据备份到廉价、安全的光盘上，也是目前非常有效的保护数据的方法。当然，要刻录光盘，不但需要光盘刻录机，还需要刻录软件。刻录机根据外形的不同，分为内置式和外置式。我们平时常见的多为内置式，它的外形与光驱一样，安装在计算机机箱内部，占用机箱面板的一个 5.25 英寸的扩展槽。光盘刻录软件中，Nero 无疑是市场占有率最高的一款。Nero 支持中文长文件名刻录，支持数据光盘、音频光盘、视频光盘、启动光盘、硬盘备份以及混合模式光盘刻录，操作简便并提供多种可以自定义的刻录选项，是一个相当不错的光盘刻录软件。

任务实施

一、认识光盘和光盘刻录机

1. 光盘

光盘，即高密度光盘（Compact Disc），是一种不同于磁性载体的光学存储介质，用聚焦的氢离子激光束处理记录介质的方法存储和再生信息，又称激光光盘。

光盘主要分为两类：一类是只读型光盘，包括 CD - Audio，CD - Video，CD - ROM，DVD - Audio，DVD - Video，DVD - ROM 等；另一类是可记录型光盘，包括 CD - R，CD - RW，DVD - R，DVD＋R，DVD＋Rw，DVD - RAM，Double layer DVD＋R 等各种类型。根据结构，光盘主要分为 CD、DVD、蓝光光盘等几种类型。常见的 CD 光盘非常薄，只有 1.2mm 厚，容量大约是 700MB；DVD 盘片单面 4.7GB，最多能刻录约 4.59GB 的数据；蓝光（BD）的容量则比较大，单面单层 25GB，双面 50GB。

2. 光盘刻录机

光盘刻录机是一种能够将信息刻录到光盘上的设备，其外形如图 9 - 8 所示。刻入数据时，利用高功率的激光束反射到盘片，使盘片上发生变化，模拟出二进制数据 0 和 1。

图 9 - 8　光盘刻录机

光盘刻录机的性能指标有以下几项。

（1）读写速度。包括数据的读取传输速度和数据的写入速度，理论上速度越快性能就越好，但由于技术的限制，光盘刻录机的写入速度远比它的读取速度要低得多。目前一般读取速度可以达到 24 倍速，而写入速度通常只有 2 倍速、4 倍速、6 倍速、8 倍速等，速度越高它的写入时间越短，优势是显而易见的，但实际由于盘片、刻录软件以及兼容性的限制，高速的写入速度很可能引起“飞盘”现象，导致刻录失败。

（2）接口方式。光盘刻录机的接口一般有3种：SCSI接口、IDE接口和并口。SCSI接口在CPU资源占用和数据传输的稳定性方面要好于另外两种接口，系统和软件对刻录过程的影响也低很多，因而它的刻录质量最好。但SCSI接口的刻录机价格较高，还必须另外购置SCSI接口卡。IDE接口的刻录机价格较低，兼容性较好，可以方便地使用主板的IDE设备接口，数据传输速度也不错，刻录质量要稍逊于SCSI接口的产品。并口有SPP，EPP，ECP三种模式，其中，EPP，ECP为高速模式，在这两种状态下，刻录机能达到6倍速读、2倍速写的要求。目前采用并口方式的刻录机除了HP公司的部分产品外，其余基本趋于淘汰。

（3）缓存容量。刻录时数据必须先写入缓存，刻录软件再从缓存区调用要刻录的数据，在刻录的同时后续的数据再写入缓存中，以保持要写入数据良好的组织和连续传输。如果后续数据没有及时写入缓冲区，传输的中断将导致刻录失败。因而缓存的容量越大，刻录的成功率就越高。市场上的光盘刻录机的缓存容量一般在512KB～2MB之间。

衡量一台刻录机的性能还有许多方面，如盘片兼容性、放置方式和进盘方式、Firmware版本等。

二、刻录光驱的配置与使用

刻录光驱即能刻录光盘的光盘驱动器，分为内置式（台式机、笔记本）和外置式（移动光驱）。

1. 刻录光驱的安装

（1）内置式：安装到电脑主机内的光驱位，并连接SATA数据线和供电线。

（2）外置式：用USB线连接到电脑的USB接口，计算机就会识别出。

（3）安装刻录软件：有的操作系统自带刻录软件，可不必安装。推荐使用刻录光驱推荐的软件，如Nero，只需安装其中的Nero StartSmart即可。

2. 刻录光盘

分为数据盘、音频盘、视频盘、复制备份和其他类，实用的是数据盘和光盘复制类，如图9-9所示。

（1）刻录数据类光盘操作过程如图9-10～图9-12所示。

刻录需注意问题：CD类文件最多不能超过700MB，DVD类文件最多不能超过4.4GB，刻录速度最好选择中等速度。不要选择允许以后添加文件和刻录后检验光盘数据。

（2）将映像文件刻录到光盘操作过程如图9-13～图9-16所示。

刻录需注意问题：根据原始文件的大小和类型选择CD类还是DVD类，刻录速度要求中等速度。

更新
DVD
CD
数据
创建数据光盘来存储您的文件和文件夹。或添加到现有的数据光盘。
制作数据光盘
制作可引导光盘
制作UDF光盘
制作UDF/ISO光盘
高级模式

更新
DVD
CD
复制和备份
复制光盘
将映像刻录到光盘上
备份文件
备份硬盘驱动器
恢复备份
时序表备份
高级模式

更新
DVD
CD
其它
获取系统信息
控制驱动器速度
测试驱动器
光盘信息
擦除光盘
安装Disc Image
制作标签或封面
高级模式

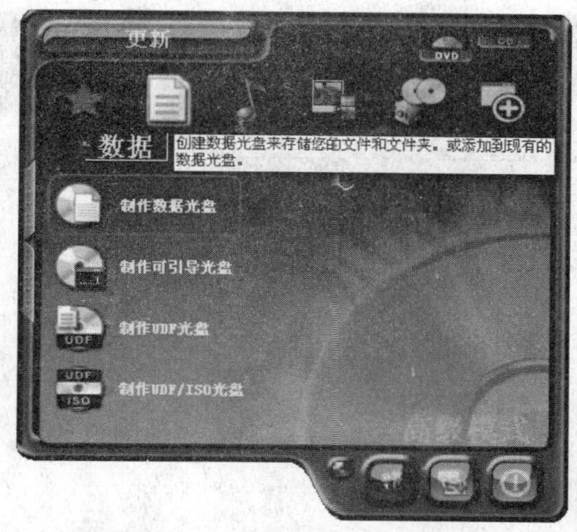

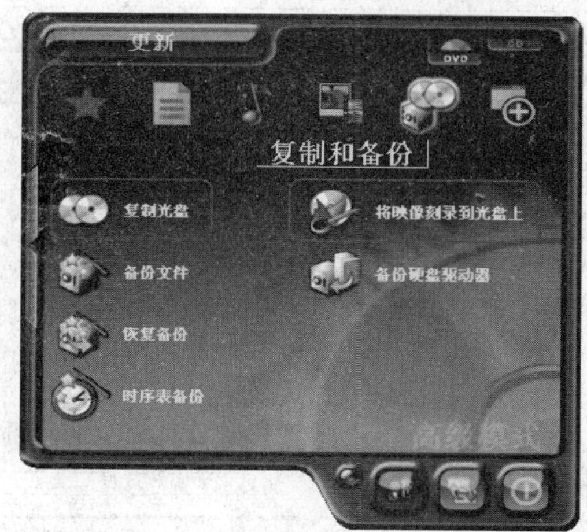

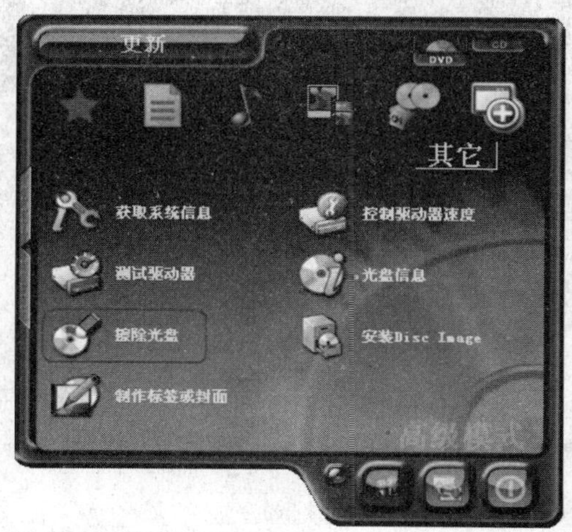

图 9－9　Nero 界面

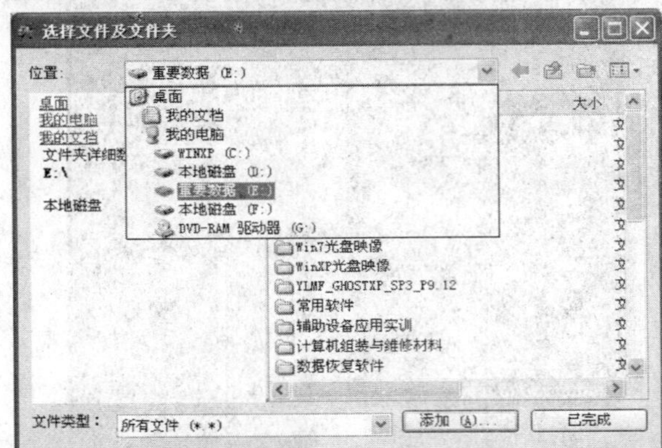

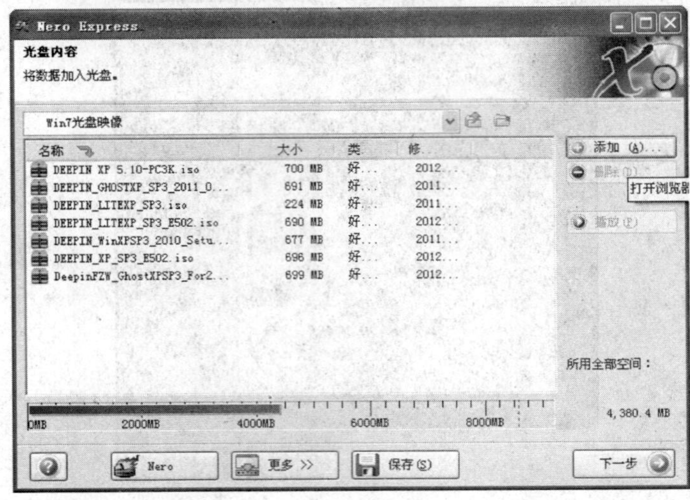

图 9－10　刻录数据光盘添加文件界面

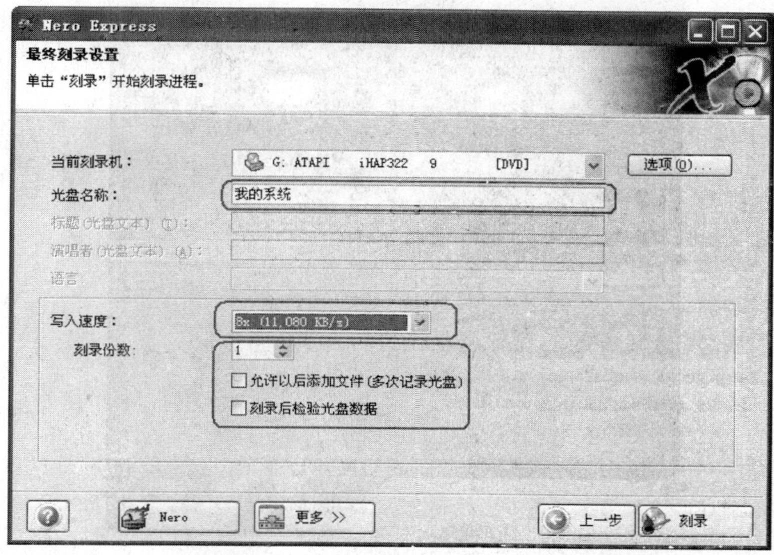

图 9－11　刻录光盘参数设置

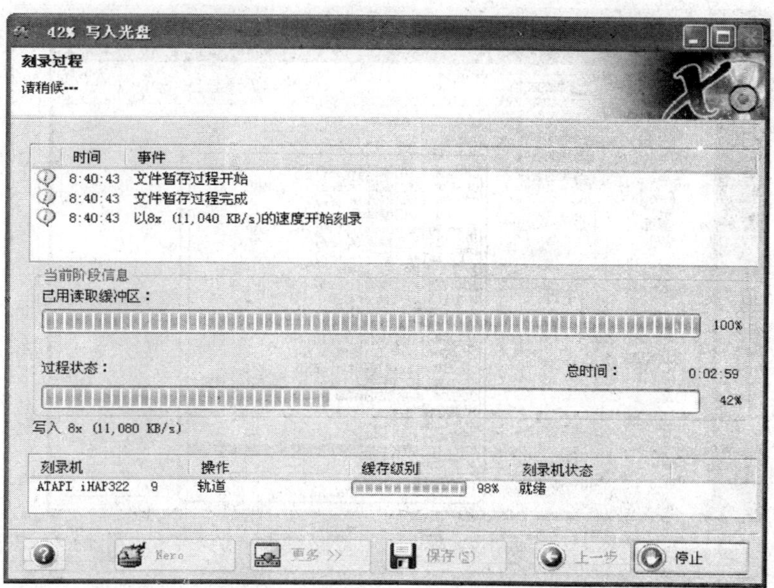

图 9－12　刻录进行中

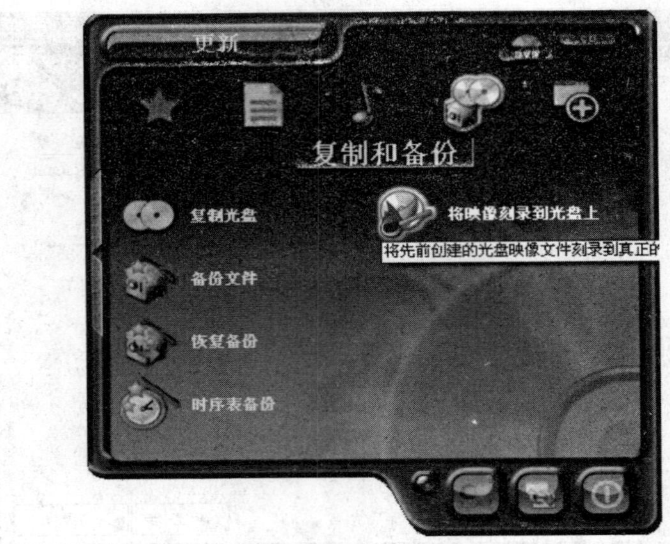

图 9－13　选择映像刻录方式

图 9－14　选择映像文件类型

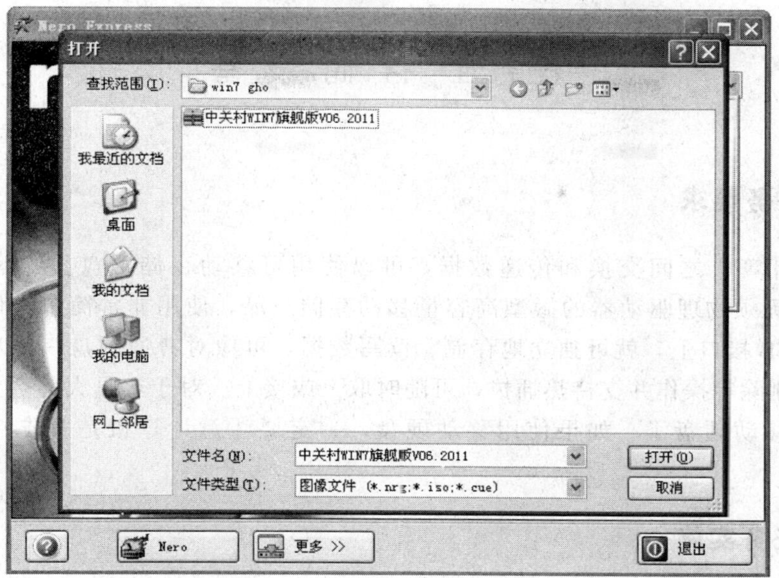

图 9－15　选择映像文件

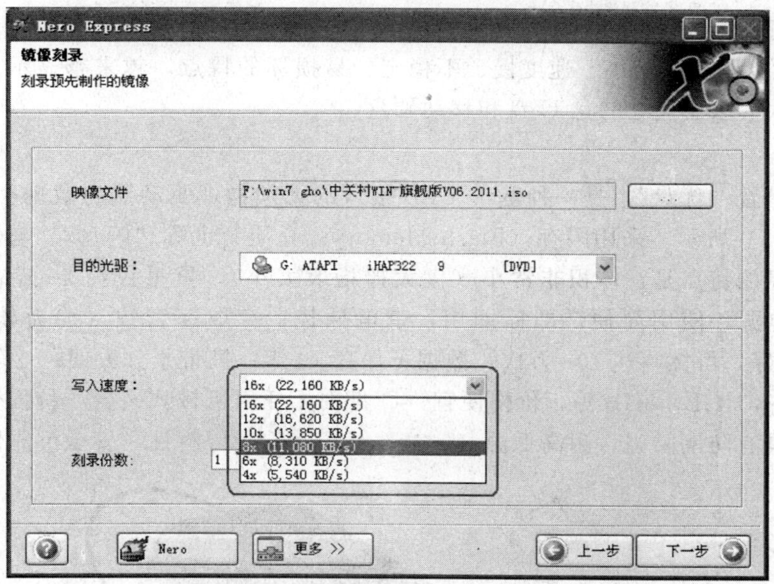

图 9－16　设置刻录速度

任务五　存 储 设 备

任务要求

在不同计算机之间交换和传递数据，可以使用可移动存储磁盘。U 盘是一种采用 USB 接口的无须物理驱动器的微型高容量移动存储产品，使用非常简单方便，只要插到计算机的 USB 接口上，就可独立地存储、读写数据，可像对普通硬盘一样对其进行格式化、复制、删除等操作并支持热插拔，可随时取下或接上。对于容量大的数据，最好的方法就是使用移动硬盘了。如果使用移动硬盘，一定要注意计算机是否支持移动硬盘的接口。

任务实施

一、可移动磁盘

早期的可移动磁盘是软盘，面对日益庞大的多媒体文件以及对数据备份的需求，1.44MB 的软盘因其容量小、速度慢、不稳定、易损坏的特点，越来越显示出局限性，已经逐步被淘汰，取而代之的是 U 盘和移动硬盘。

1. U 盘

U 盘（谐音“优盘”）是一种基于 USB 接口的无须物理驱动器的微型移动存储设备，如图 9-17（a）所示。采用闪存（Flash Memory）介质，也称“闪盘”。与传统的存储设备相比，U 盘的特点是：体积非常小（仅大拇指般大小），重量仅约 20 克；不需要驱动器，无外接电源；使用简便，即插即用，带电插拔；存取速度快（约为软盘速度的 15 倍）；可靠性好，可擦写达 100 万次，数据可保存 10 年；携带十分方便；一般的 U 盘容量有 1GB，2GB，4GB，8GB 等，价格便宜；U 盘中无任何机械式装置，抗震性能极强；另外，U 盘还具有防潮防磁，耐高低温（－40℃～＋70℃）等特性，安全可靠性很好。

(a)　　　　(b)

图 9-17　U 盘和移动硬盘

2. 移动硬盘

移动硬盘是一种大容量移动存储设备，如图 9 - 17（b）所示，它的构造其实很简单，即一个外置的硬盘盒里面放置一个普通的硬盘。移动硬盘盒分为 2.5 英寸和 3.5 英寸两种。2.5 英寸移动硬盘盒使用笔记本计算机硬盘，体积小、重量轻，便于携带，一般没有外置电源。3.5 英寸硬盘盒使用台式计算机硬盘，体积较大，便携性相对较差，一般都自带外置电源和散热风扇。

一般移动硬盘的容量为 20GB，40GB，60GB，80GB，120GB，160GB，200GB，250GB 等，3.5 英寸的移动硬盘容量甚至达到了 500GB，640GB，750GB，1TB，随着技术的发展，更大容量的移动硬盘还将不断推出。

目前移动硬盘盒的接口（这里的接口类型是指该移动硬盘所采用的与计算机系统相连接的接口种类，并不是其内部硬盘的接口类型）有四种：并行接口（ATA 接口）、USB 接口、IEEE1394 接口（火线 Fire Wire 接口）、串行接口（SATA 接口）。其中并行接口是最早出现的、比较宽的一种，优点是便宜，数据传输快，但是需要外接电源。USB 接口分两类：USB1.1 和 USB2.0，前者比后者传输速度慢，现在普遍流行的是 USB2.0 接口，数据传输速度快，支持热插拔和即插即用，无须外接电源（使用 USB2.0 接口要注意查看主板是否支持 USB2.0）。IEEE1394 接口只有新款的笔记本电脑支持，如果在台式机上用，需要另购接口卡，价格昂贵，需要外接电源。SATA 接口分 SATA1.0 与 SATA2.0 两种，数据传输速度超高，有纠错能力，支持热插拔，无须外接电源，但是现在的主板大都没有 SATA 外接接口，价格昂贵。

二、移动硬盘和 U 盘的使用方法

本例中使用的移动硬盘和 U 盘（以下简称移动磁盘）都是 USB 接口设备。

1. 使用

轻轻地将移动磁盘的 USB 接口插入到计算机中。尽量避免在系统启动过程中或处理大容量数据信息的时候插入，以免造成 CPU 无法及时响应。如果插入正确，在屏幕右下角会出现一个 USB 设备的小图标。如果是首次使用，系统会在出现此图标之前报告“发现新硬件”，稍后会提示“新硬件已经安装并可以使用了”；非首次使用，系统不再报告。双击打开“我的电脑”，会看到窗口中多出来一个“可移动磁盘”的盘符图标，这时就可以像平时操作文件一样，在可移动磁盘上打开、保存、移动、复制或删除文件。

2. 拔除

可移动磁盘使用完毕后，关闭相应窗口。右击屏幕右下角的 USB 设备图标按钮，会弹出“安全删除硬件”命令。单击“安全删除硬件”命令，在弹出的对话框中选中要退出的移动磁盘，单击“停止”按钮。在弹出的“停用硬件设备”对话框中，再次单击确认一下要停止的设备，然后单击“确定”按钮。稍后，屏幕右下角会提示“USB 设备现在可以安全地移除了”，将移动磁盘从计算机上拔下。

小提示： 无论什么牌子什么型号的移动磁盘，都有可能在某台计算机上不能安全移除，系统总是提示“设备正在使用”，用户没有办法通过右下角的 USB 设备图标进行安全删除。正确的解决办法只有先关闭计算机，然后拔除。

小提示：“U 盘寄生虫”是一个利用 U 盘等移动设备进行传播，并利用 autorun. inf 自动播放文件触发的蠕虫病毒。autorun. inf 文件一般存在于 U 盘、MP3，移动硬盘和硬盘各个分区的根目标下，当用户双击 U 盘等设备的时候，该文件就会利用 Windows 系统的自动播放功能，优先执行所要加载的病毒程序，从而破坏用户计算机，使其遭受损失。建议用户在使用 U 盘前，务必先使用杀毒软件进行扫描，确认无毒后再打开。

三、移动磁盘使用注意事项

1. 避免使用 USB 延长线

在实际使用移动磁盘的时候，考虑到计算机摆放位置等方面的原因，不少人会选用 USB 延长线来连接移动磁盘和计算机。殊不知，延长线的使用，一方面会增加连接线缆的长度，造成数据传输信号的衰减，导致数据传输的不稳定。另一方面，一旦使用了质量比较低劣的杂牌 USB 延长线，移动磁盘的 USB 接口很难与 USB 延长线的接口在尺寸上保持匹配，不是太紧就是太松，都会影响到正常的插拔操作，端口极易出现锈蚀现象。因此，尽量不要使用 USB 延长线进行中转连接；确实需要使用延长线的话，也必须去选购知名品牌、质量好而且长度不能太长的 USB 延长线。

2. 及时移除移动磁盘

不少人为了图省事，无论用还是不用移动磁盘，一旦将它连接到计算机上后，就不记得将它及时从计算机的 USB 接口中拔除下来。殊不知，计算机的操作系统一旦启用了休眠功能，当我们使用该功能将操作系统恢复到正常运行状态时，与计算机时刻保持连接的移动磁盘可能就会受到计算机的“冲击”，一旦冲击次数较多，移动磁盘的反应灵敏度就会下降，严重的话移动磁盘会发生短暂性“休克”现象。另外，来自网络的病毒或木马有可能通过计算机的 USB 接口，来对移动磁盘进行攻击。为此，在长时间不需要使用移动磁盘的情况下，一定要记得将它从计算机上拔下来，这样不但能够确保移动磁盘不受计算机的潜在威胁，还能空出有限的 USB 接口，方便其他 USB 设备的正常工作。

3. 插拔细节不容忽视

尽管 USB 接口的移动磁盘支持热插拔功能，但绝对不能对它进行随心所欲地插拔，为了保证移动磁盘的传输性能始终稳定，必须注意以下几个插拔细节。

（1）在读写数据的过程中不能对移动磁盘进行插拔操作。

（2）对移动磁盘的插拔操作不能太过频繁，防止接口磨损或者发生系统运行错误和死机现象。插拔操作之间一定要保持 5 秒钟以上的时间间隔。

（3）在将移动磁盘插入到计算机中时，千万不要用蛮力。

4. 注意外界使用环境

平时一定要将移动磁盘放置在干燥、通风的环境中，对于长时间不用的移动磁盘也要定期拿出来用一用。使用时应放在平稳的地方，避免受到震动。移动硬盘、闪盘、MP3 这些移动存储设备容易受到磁场和辐射的干扰，必须保持它们远离手机、音箱等强磁场、强辐射。

任务六　投　影　仪

任务要求

多媒体投影仪是一种可以将视频信号与计算机信号等进行显示的大屏幕投影系统设备。它可以同步显示高分辨率的计算机和工作站的图像，又能连接录像机、电视机、影碟机、DVD/VCD以及视频展示台等视频图像信号的输入，已经广泛地应用于教育、办公等领域。

任务实施

一、认识投影仪

1. 投影仪的分类

目前，投影仪产业发展迅速，各品牌的投影仪机型繁多，人们通常按照以下几种方式对其进行分类。

（1）按投影仪的成像技术可分为CRT（阴极射线管）投影仪、LCD（液晶）投影仪和DLP（光阀）投影仪。

（2）按投影仪与屏幕的关系可分为正数式投影仪和背投式投影仪。

（3）按安装适用方式可分为便携式投影仪、吊装式投影仪和便携吊装两用式投影仪。

图9-18所示为LCD投影仪。

2. 投影仪的工作原理

投影仪主要通过3种显示技术实现，即CRT投影技术、LCD投影技术、DLP投影技术，不同的显示技术决定了其不同的工作原理。

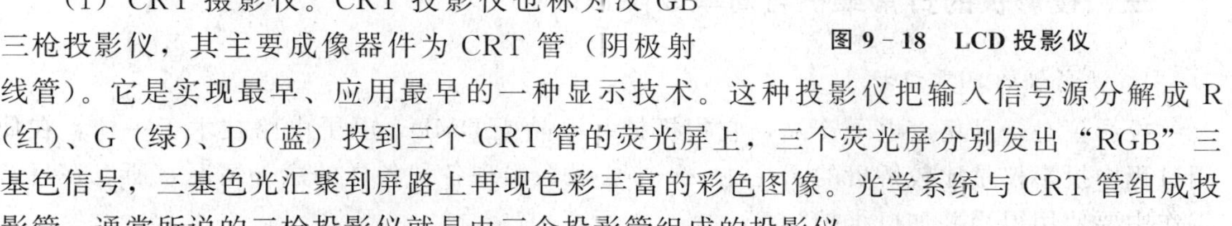

图9-18　LCD投影仪

（1）CRT摄影仪。CRT投影仪也称为汉GB三枪投影仪，其主要成像器件为CRT管（阴极射线管）。它是实现最早、应用最早的一种显示技术。这种投影仪把输入信号源分解成R（红）、G（绿）、D（蓝）投到三个CRT管的荧光屏上，三个荧光屏分别发出“RGB”三基色信号，三基色光汇聚到屏路上再现色彩丰富的彩色图像。光学系统与CRT管组成投影管，通常所说的三枪投影仪就是由三个投影管组成的投影仪。

（2）LCD投影仪是液晶显示技术与投影技术相结合的产物。它由液晶板、光学通路、信号通路照明光源等几部分组成，其工作原理如图9-19所示。

“液晶”是液态晶体的简称。在电场的作用下，液晶分子的排列发生变化，从而影响它的透光性，这种现象称为“电光效应”。利用电光效应，通过控制液晶板上不同位置的电压，达到控制液晶板不同点对不同色的透光能力。液晶板在外来电信号的驱动下，液晶板液晶发生变化，板上出现与外来电信号对应的图案。当强光源发出的光通过液晶板被镜头汇聚于屏幕上时，屏幕上就映出了与液晶板上图案相同的画面。

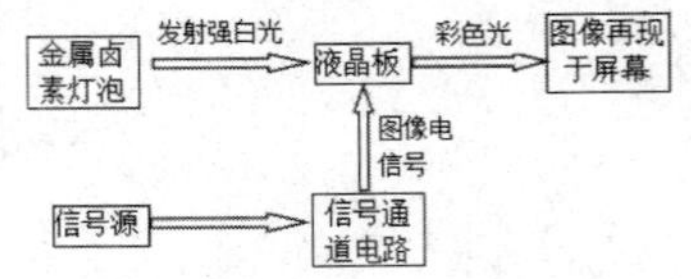

图 9－19　LCD 投影仪工作原理图

（3）DLP 投影仪。DLP 即数字光处理器，这一新的投影技术的诞生实现了数字信息显示。DLP 技术为视频投影显示翻开了新的一页。它以 DMD（Digital Micromirror Device，数字微反射器）作为光阀成像器件。根据所用 DMD 的片效，DIP 投影仪可分为单片机、两片机和三片机。

二、使用投影仪

1. 投影仪与计算机的连接

我们常使用的吊装式多媒体投影仪在和计算机连接时，一般需要通过“电脑显示器分配器”设备将信号分频，使画面通过计算机显示器和投影大屏幕同时显示。当然，投影仪除了与计算机连接外，也可以与电视机、录像机、摄像机、DVD/VCD 机、视频展示台等设备进行视频连接。

2. 投影仪的使用方法

（1）连接好投影仪的电源线。

（2）按遥控器上的待机转换电源开关健“POWER ON/OF”。启动投影仪，投影仪电源指示灯为绿色，投影仪开始工作。

（3）在使用过程中，如需改变投影仪设置，可以通过遥控器上的“MENU”键选择相应的选项，也可以恢复出厂设置。

（4）使用完毕后，按遥控器上的待机转换电源开关键“POWER ON/OF”关闭投影仪，直到投影仪的散热风扇不再转动、闪烁的绿灯变为橙色后，方可切断电源。

小提示：在投影仪机身上有一个“电源总开关”可以切断投影仪整机电源，即灯泡、液晶电路、电风扇的电源同时被切断。但一般用户在使用时只需使用遥控器上的待机转换电源开关键“POWER ON/OF”就可以了。

三、投影仪的日常维护与简单故障排除

1. 投影仪的日常维护

投影仪是一种精密电子产品，它集机械、液晶或 DMD、电子电路技术于一体，在使用过程中投影仪是比较娇贵的，往往一不小心就会出现各种各样的意外情况，所以在日常工作中要使用得当并加以维护。

（1）平时要严防强烈的冲撞和震动，否则会使其损坏；在开机状态下更要严禁震动、搬移投影仪，防止灯泡炸裂。

（2）注意使用环境的防尘，定期清洗进风口处的滤尘网，定期使用专业镜头纸或其他专业清洁剂来清除投影仪镜头上的灰尘。

（3）在不用投影仪时，要随时将镜头盖盖上，如果是长时间不用投影仪，应该将投影

仪放入专用投影仪包中。

(4) 注意通风散热，确保投影仪工作时排风通畅，投影仪周围不要摆放任何影响其通风的障碍物。

(5) 在关机时，一定要让机器散热完成后自动停机，方可切断电源。在机器散热状态下断电造成的损坏是投影仪常见的返修原因之一。

(6) 开、关机操作不要太频繁，否则容易造成投影仪灯泡炸裂或内部电器元件被损坏。在每次开、关机操作之间，最好间隔 3～5 分钟左右的时间，让投影仪充分散热。

(7) 尽量避免投影仪连续工作，如需要长时间工作，建议工作 5 小时左右后，关机让其冷却半小时左右（根据使用的环境而定），然后再进行正常的投影工作。

(8) 投影仪对电源标准有严格的要求，电源插座必须符合投影仪的电压标称值，而且必须要求电源插座可靠接地。同时应该使用厂家专门为投影仪随机附带的电源线。

2. 投影仪的简单故障排除

(1) 投影仪在接通电源后无任何反应故障排除。这说明投影仪的电源供电部分很可能发生了问题，首先应该检查投影仪的外接电源规格是否与其所要求的标准相同，比如说，外接电源插座没有接地或者投影仪使用的电源连接线不是其随机配备的，这都有可能造成投影仪电源输入不正常；如果外接电源正常，就可以断定是投影仪内部供电电路发生了损坏，此时需要重新更换投影仪内部供电电源。

(2) 投影仪在工作过程中突然关机故障排除。主要原因有两种：一是用户在操作时可能不小心切断了投影仪的电源，由于人为因素导致投影仪关闭；二是投影仪本身启动了热保护功能，在投影仪自动关机半小时后，再按照正常的开机顺序打开投影仪，就恢复正常工作了。

(3) 投影画面出现一片白色甚至有蓝紫色斑块现象故障排除。这说明投影仪内部光学系统中的红色偏振片损坏了，这样投影仪投影出来的图像就会出现偏色现象，请专业维修人员重新更换一个新的红色偏振片，或将投影仪送到维修店去更换。

(4) 投影仪与计算机相连接后不能将画面投影出来故障排除。这说明投影仪的连线可能有问题。检查所有信号线是否连接好，连接插头是否松动或接触不良；如果是笔记本电脑，要检查一下与投影仪相连的笔记本电脑是否已经激活了电脑的外部视频端口。一般来说，目前的笔记本电脑都提供了 Fn 功能切换键，按下该键的同时，单击标识为 LCD/CRT 或显示器图标的对应功能键，就能激活计算机的视频端口了。

(5) 投影仪不能投影整个图像内容故障排除。这说明投影仪的显示分辨率有问题，此时可以重新调整计算机的分辨率参数以及投影仪的分辨率参数，让它们的大小相互匹配。

(6) 投影的图像内容变形失真故障排除。一是投影仪主菜单中屏幕调节功能设置被人为调乱，用遥控器重新调整；二是投影仪与投影屏幕之间的位置没有摆正，可以调整投影仪的升降脚座或投影屏幕的位置高度，确保投影在屏幕上的图像呈矩形状。

(7) 投影的图像色彩失真故障排除。一是投影仪的色彩设置出现了问题，可以通过投影仪遥控器或者投影仪控制面板上的“菜单”按钮，选择显示菜单下的“复原”命令来恢复设置；二是检查显示信号线是否有弯曲或折断的插针，如果插针受损，就需要重新更换显示信号线。

（8）投影的文字或图像模糊故障排除。投影仪设置菜单中的焦距调整被人为调乱，进行重新调整；如果是临时使用的场合，则要注意投影仪和屏幕之间的距离要适当，距离固定后再调整焦距，使文字影像清晰；投影仪镜头被灰尘污染，可用专业镜头纸或其他专业清洁剂来消除投影仪镜头上的灰尘；投影仪灯泡工作寿命到期或液晶板老化。

（9）投影屏幕上出现横向或竖向波动条纹故障排除。投影仪周围有信号杂波干扰，如距离过近的日光灯、电风扇、空调，甚至汽车、雷电等有时都会给计算机或投影仪带来干扰信号；计算机至投影仪的信号连接线本身质量不佳、两端插头松动、插头内针脚虚焊、脱焊等也会引起类似故障，台式计算机电源故障，如开关电源输出电压变异、计算机机箱带电；台式计算机显示卡故障、显示属性设置不当；投影仪本身输入电源电压不稳，电源插头线内部间接性断裂，地线和零钱短路等。

项目十

办公安全与系统优化

学习目标

1. 了解办公信息系统安全与保密的含义，了解影响办公信息系统安全与保密的因素，了解加强办公信息系统安全与保密的常用措施。

2. 掌握升级瑞星杀毒软件的方法，能够利用杀毒软件来查杀病毒。

3. 掌握 Windows 优化大师的下载与安装方法，学会查看系统配置的各种软硬件信息，能够对磁盘缓存、开机速度等进行优化，能够对系统注册信息、垃圾文件等进行清理。

4. 了解防火墙的基本知识，了解如何配置防火墙。

任务一　办公信息系统的安全与保密

任务要求

通过下面知识的学习，知道办公信息系统安全与保密的含义以及影响办公信息系统安全与保密的因素，知道如何加强办公信息系统的安全与保密。

任务实施

办公信息系统中输入、处理、输出的是政府部门和企事业单位的有用信息，都有非常重要的经济和实用价值，以及一定程度的保密性要求，在现代开放式的网络办公环境下，系统很容易遭到非法人员、黑客和病毒的入侵，传输的数据也可能被截取、篡改、删除。因此，加强系统安全与保密显得非常重要。

一、办公信息系统安全与保密的含义

办公信息系统的安全与保密是两个不同的概念。安全是指为防止有意或无意的破坏系统信息资源行为的发生以避免企业遭受损失所采取的措施，包括硬件安全、软件安全、数据安全和运行安全；保密是指防止有意窃取信息资源行为的发生，使企业免受损失而采取的措施。

二、影响办公信息系统安全与保密的因素

影响办公信息系统的安全和保密的因素是多方面的，归纳起来有三大类。

1. 人为因素

人为因素是指系统运行中由人的行为造成的不利因素，主要有两类：一类是系统的合法使用者造成的损失，如操作失误、管理不善、录入错误、应急措施不足等；另一类是故意制造的损失，即各种类型的计算机犯罪、计算机病毒制造、信息窃取和篡改等。应该指出的是，在办公信息系统的安全控制中，故意或者恶意的人为破坏可能会极大地危害办公系统，甚至是危害国家利益，必须予以注意。操作失误因素对办公信息系统的危害是每时每刻都可能发生的，其造成的损失同样是不可估量的。

2. 自然因素

自然因素是指各种由自然界、环境等的影响造成的对办公信息系统的不利因素，如水灾、火灾、雷电、地震，以及环境空间中存在着的电磁波等。这一类因素的危害主要针对系统设备、存储介质、通信线路等。

3. 技术因素

技术因素主要涉及3个方面：①物理方面，主要是指计算机系统及各种附加设备的管理与维护，包括主计算机系统的可靠与稳定、存储介质的保管、网络结构的合理与适用、电压的变化或中断故障处理，以及是否有电磁泄漏抑制措施等；②软件方面，主要是指软件（包括系统软件、支撑软件和应用软件）是否有重大缺陷，软件在发生故障或者遭受破坏后是否具有自恢复能力等；③数据方面，主要是指系统的数据保护能力，例如，能否限制和制止数据的恶意或无意的修改、窃取和非法使用，是否有数据的安全性、正确性、有效性、相容性检查与控制等。

三、加强办公信息系统安全保密的常用措施

确保办公信息系统的安全，在系统安全管理和保密控制方面应采取以下4项措施。

1. 严格制度管理

加强管理可以从制度上对办公信息系统的安全起保护作用，它是办公信息系统安全最主要的一道防线。在实际业务中，可以考虑制定如下具体管理制度。

（1）建立计算机管理和监察机构，制定系统安全目标和具体的管理制度。

（2）对计算机系统的关键场所，如主机房、网络控制室、数据介质库房和终端室，应视不同情况进行安全保护，重要部位应安装电视监视设备，有的区域应设置报警系统。

（3）计算机系统启用前进行安全性检查，重要部门的计算机在启用前要报请有关部门进行安全保密检查，例如，有没有计算机病毒或逻辑炸弹等非法程序侵入等。

（4）执行主要任务的机构应该做到专机、专盘、专用，重要数据应定时及时备份。

（5）采用口令识别、分级授权、存取控制等成熟的安全技术。

（6）进行安全审计，掌握非法用户访问或合法用户的非法操作，以便发现潜在的问题，及时制止非法活动或者对刚出现的问题采取补救措施。

(7) 禁止使用来历不明的磁盘，严禁玩游戏。慎重使用共享软件，尽量不从网上下载软件，来历不明的电子邮件不要随便查阅。

(8) 完整地制作系统软件和应用软件的备份，并结合系统的日常运行管理与系统维护，做好数据的备份及备份的保管工作。

(9) 敏感数据应尽可能以隔离方式存放，由专人保管。

2. 加速法制建设

建立完善的计算机信息系统安全法律体系是系统安全的法律基石，主要包括两个方面：一是由国家最高领导机关组织制定计算机安全方针、政策并颁布法令；二是建立计算机安全法律体系，加快信息系统法制化的进程。

3. 加强宣传教育

开展计算机信息系统安全的宣传和教育工作，使社会全体人员了解计算机信息系统安全的重要性，提高个人修养，加强职业道德，是保障信息系统安全、杜绝隐患的重要工作内容。

4. 开展技术研究

加强办公信息系统安全和保密方面的技术研究工作，选择其中的关键性技术，有计划、分层次地研究防护措施，是确保系统安全保密的重要途径。这包括：进行办公信息系统有关风险分析，确定影响系统安全的各个要素；研究系统安全理论与有关政策，以建立完整有效的计算机安全体系；加强办公信息系统安全的具体技术研究；加强计算机安全产品的设计与应用，即将有关理论和技术的研究转化为具体的产品。

任务二　使用杀毒软件

任务要求

随着互联网和移动存储设备的普及，各种各样的病毒及其变种也大面积涌现，杀毒软件最主要的功能就是对已知病毒、木马等的查找、清除和实时监控，恢复被病毒感染的文件或系统。请利用计算机上安装的瑞星杀毒软件来完成计算机的杀毒工作。

任务实施

一、软件升级

杀毒软件是由两部分构成的，一部分是软件自身，另一部分就是病毒库。病毒库中记录了所有已知病毒的特征码，当杀毒软件工作时，会把计算机中任何可疑的软件代码和病毒库中的病毒特征码作比较，如果这两种代码一样，就说明这是一个病毒。所以，要及时升级病毒库，把新病毒的特征码添加到原有的病毒库中。这样，当计算机被新的病毒感染时，杀毒软件就能及时发现并清除这个病毒。

1. 启动瑞星杀毒软件

瑞星杀毒软件在最初安装的时候一般设置为随机自启动，在任务栏的右下角通常会有其标志——一个小绿伞（瑞星监控中心），双击即可打开。也可以双击桌面上的快捷方式图标，或者执行“开始”→“程序”→“瑞星杀毒软件”命令来启动。

主程序界面是用户使用的主要操作界面，如图 10－1 所示，此界面为用户提供了瑞星杀毒软件所有的功能和快捷控制选项。

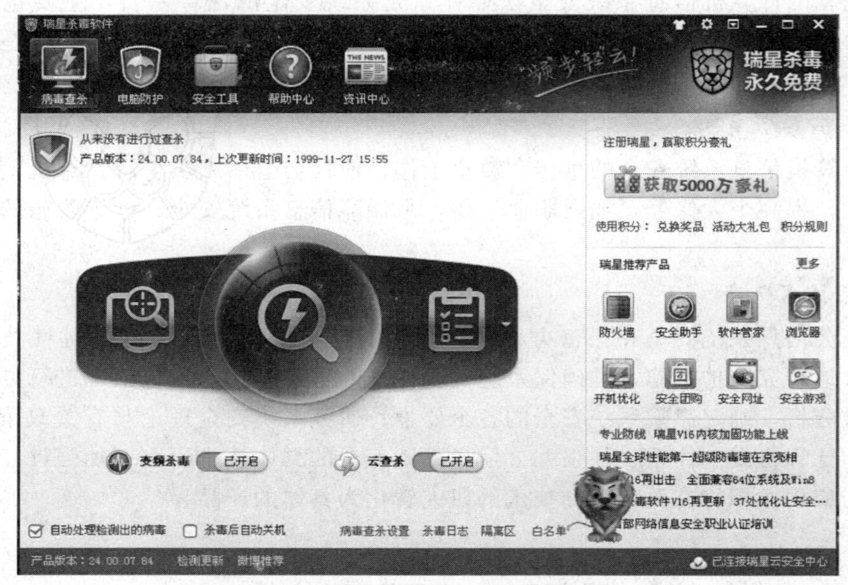

图 10－1　瑞星杀毒软件主程序界面

（1）菜单栏。用于进行菜单操作，包括“操作”“设置”和“帮助”3 个菜单选项。

（2）标签页。菜单栏的下面是 5 个标签页面，分别是病毒查杀、电脑防护、安全工具、帮助中心、资讯中心。

2. 进行网络设置

在通过网络进行升级之前，必须设置好网络，方法如下：

（1）在瑞星杀毒软件菜单中，选择“设置”→“网络设置”命令。

（2）在弹出的“网络设置”对话框中选择上网方式，如“通过局域网或直接连接访问网络”，如图 10－2 所示。如果已经可以浏览网页，说明网络已设置好了，这时直接使用默认值即可。

3. 进行升级设置

在主程序界面中，选择“设置”→“模式设置”命令，进入升级设置界面，如图 10－3所示。升级频率选择“即时升级”选项，在联网条件下检测到服务器有最新版本时，无须用户自己动手，软件会自动升级到最新版本。选中“静默升级”复选项，则升级时不提示用户升级过程。

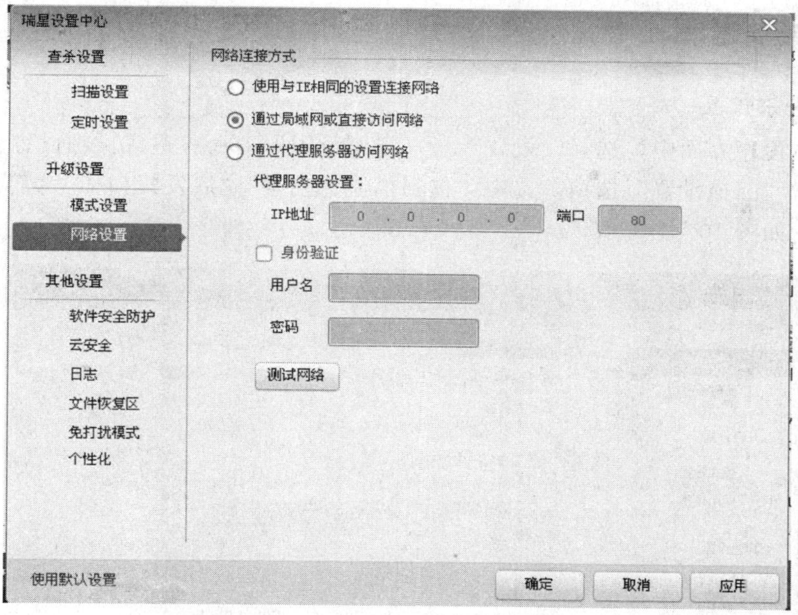

图 10－2　选择上网方式

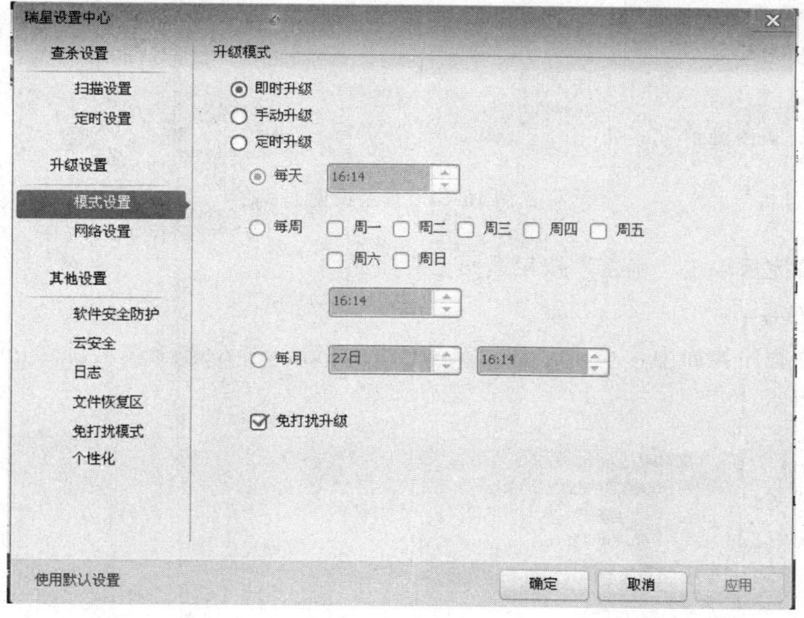

图 10－3　升级设置

4. 完成升级

在主程序界面中，单击“软件升级”按钮完成升级。当然，我们还可以通过右击计算机右下角的小绿伞图标，在弹出的快捷菜单中选择“启动智能升级”命令来完成升级。

二、查杀病毒

1. 进行查杀设置

（1）在主程序界面中，选择“设置”→“详细设置”命令，进入详细设置界面。

（2）单击“扫描设置”选项，选中“仅扫描流行病毒”“启发式扫描”“启用压缩包扫描”复选框，如图 10－4 所示。

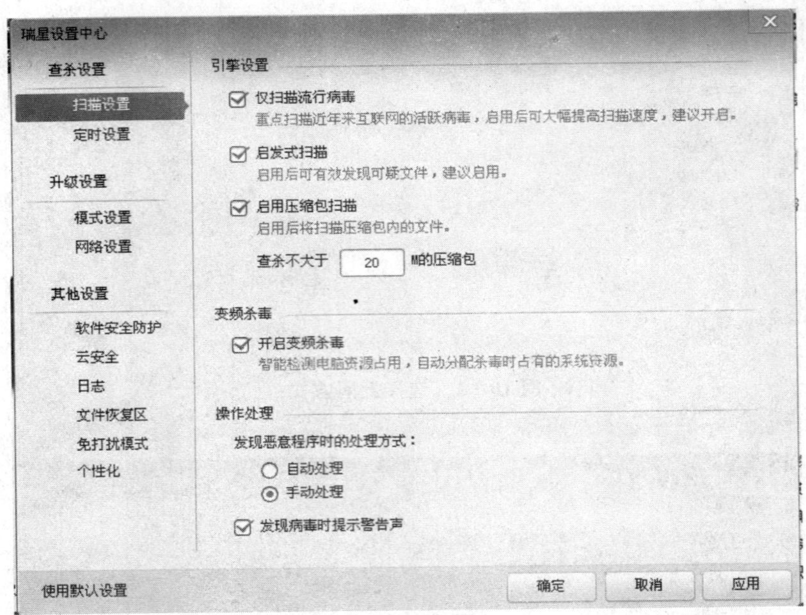

图 10－4　查杀设置

（3）设置完后单击“确定”按钮返回主程序界面。

2. 查杀病毒

（1）在主程序界面中，单击“自定义查杀”按钮，进入选择查杀目录，如图 10－5 所示。

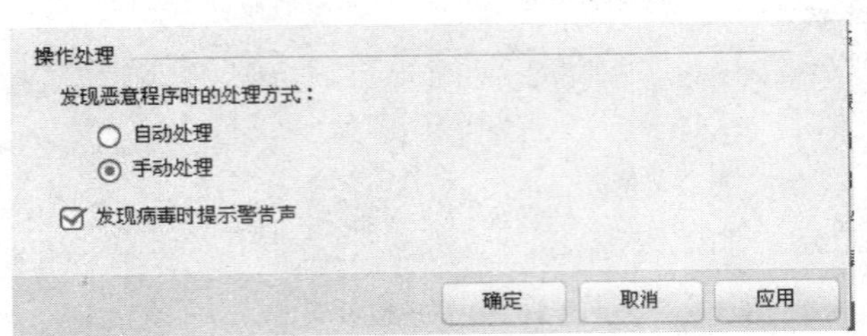

图 10－5　手动查杀设置

（2）确定要扫描的文件夹或者其他目标，在“查杀目标”中进行勾选，“发现病毒时”选择“清除病毒”选项，“杀毒结束时”选择“返回”选项。

（3）单击“开始查杀”按钮开始查杀相应目标，发现病毒立即清除；扫描过程中可随时单击“暂停查杀”按钮来暂时停止查杀病毒；单击“继续查杀”按钮则继续查杀；单击“停止查杀”按钮停止查杀病毒。查杀过程如图 10－6 所示。

图 10－6　查杀过程

查杀病毒过程中，文件数、病毒数和查杀进度条显示在下面，若发现病毒，则会将文件名、所在文件夹、病毒名称和状态以列表显示。

三、开启实时监控和主动防御功能

计算机中病毒后进行查杀只是一种不得已的方法，何况有些病毒不易清除。在日常应用中，最重要的是防患于未然。瑞星杀毒软件的实时监控和主动防御功能，用于实时地监控系统中的操作，进行系统保护、木马行为防御、木马入侵拦截（U 盘拦截和网站拦截），及时发现病毒，阻止恶意程序运行，保护系统安全。

1. 开启实时监控

在主程序界面，单击“电脑防护”标签，进入“防御”页面，开户实时监控，如图 10－7所示。

2. 开启智能主动防御

在“防御”页面，单击左侧“智能主动防御”按钮，在右侧的智能主动防御列表中，分别单击“开启”和“关闭”按钮完成各个功能的打开和关闭，单击“设置”按钮，可以到功能设置界面进行详细设置，如图 10－8 所示。

小提示：右击计算机右下角小绿伞图标，在弹出的快捷菜单中选择“开启所有监控”命令，可以启用所有监控和智能主动防御。

图 10－7　开启实时监控

图 10－8　开启智能主动防御

任务三　使用优化软件提升系统性能

任务要求

由于我们经常安装、卸载软件，会在注册表里留下很多冗余信息，长期的积累，使得注册表过于臃肿，便会影响速度；随着 Windows 系统的使用，硬盘上的垃圾文件越来越多；另外，许多的网页浏览及各种使用记录也会驻留在计算机中。久而久之，计算机变得不堪重负。

作为一个非专业人员，我们是不敢也不会修改注册表的，对于磁盘上的垃圾文件，手工查找和清除起来很困难。其实，只要我们安装了 Windows 优化大师，只需单击几下鼠标，就可以对计算机进行轻松维护。Windows 优化大师是一个小巧且功能强大的工具，可运行于 Windows 2000/XP Vista/7 操作系统，能够为系统提供全面、有效、简便的优化、维护和清理手段，使计算机系统保持最佳状态。熟悉并掌握 Windows 优化大师的使用方法。

任务实施

一、下载、安装与运行 Windows 优化大师

1. 下载与安装

（1）登录 Windows 优化大师的官方网站 www. youhua. com，下载最新版本。

（2）下载到的是一个压缩包，使用 WinRAR 将安装程序解压缩到指定目录。

（3）双击运行安装程序 WoptiFree. exe，按照程序的指示一步一步完成安装。

2. 运行

启动 Windows 优化大师，可执行“开始”→“程序”→“Wopti Utilities”→“Windows 优化大师”命令或双击该程序的桌面快捷方式，打开以后其主界面如图 10-9 所示。

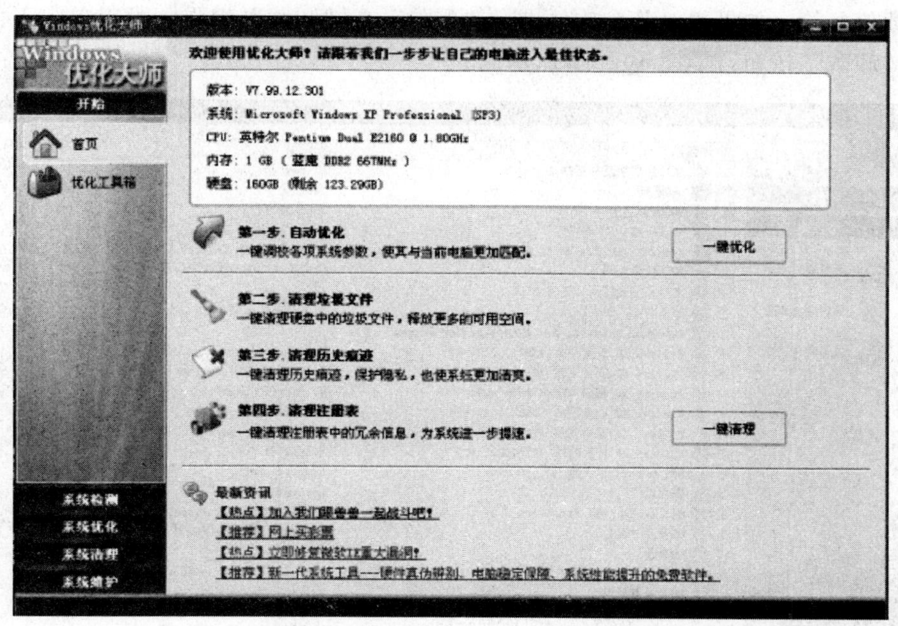

图 10-9　Windows 优化大师主界面

Windows 优化大师的界面简洁，没有其他软件中常见的菜单栏与工具栏，主要分为左、中、右三个区域，分别是系统功能标签、工作区与功能按钮区。

在系统功能标签区域，有“系统检测”“系统优化”“系统清理”“系统维护”四大功能集合。单击功能标签可使用 Windows 优化大师提供的相应功能。

工作区是 Windows 优化大师各项功能与用户之间的交互场所，一般用来显示信息，在部分功能中允许用户再次进行系统参数的设置。

功能按钮区提供了各种功能模块中的具体操作按钮。通过这些按钮，Windows 优化大师将完成用户的各种操作要求。

二、电脑信息检测

Windows 优化大师打开后的主界面首先显示出计算机当前的“系统检测”信息，“系统检测”功能包含有几项子功能。

1. 查看硬件信息

单击“系统信息总览”子功能标签，在二作区中可以看到电脑系统信息的大体情况，如 CPU 的型号、频率，内存大小，安装了何种操作系统等，如图 10-9 所示。

分别单击“处理器与主板”“视频系统信息”“音频系统信息”“存储系统信息”“网络系统信息”“其他设备信息”等子功能标签，在工作区中逐一查看。

2. 查看软件信息

单击“软件信息列表”子功能标签，可以看到计算机中安装的所有软件，同时单击列表中的一个软件名称前面的展开符号，就可以在下面看到软件的版本号、网址、安装日期以及卸载信息等。如果想对某个软件进行“删除”或“卸载”操作，可以单击下面的“删除”或“卸载”按钮，如图 10－10 所示。

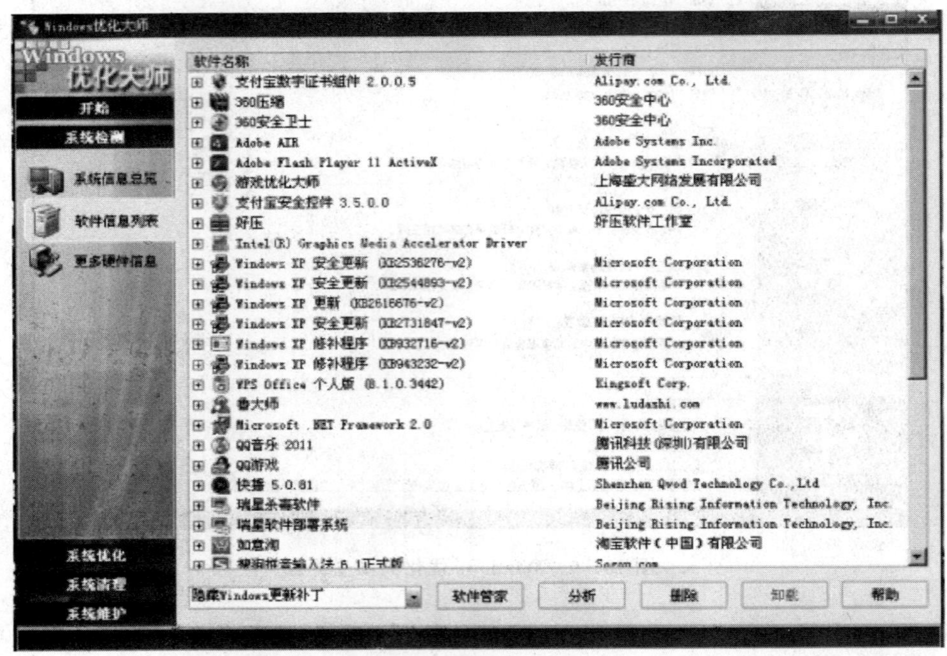

图 10－10　软件信息查看

3. 系统性能测试

Windows 优化大师的系统性能测试功能以分值的形式对计算机的 CPU 和内存、显卡和内存、硬盘性能及总体性能进行综合评定。方法是：单击更多硬件信息标签，在“当前系统”弹出的窗口中选择“性能测试”即可，如图 10－11 所示。

小提示： ①因系统内所运行软件数量会对该值产生影响，所以在测试时尽可能关闭一切不必要运行的程序，以保证测试值的准确性。②对于系统检测功能中的前七项功能，Windows 优化大师提了“自动优化”功能表进行简单的优化，如果想撤销优化，还提供有“自动恢复”功能。

三、系统清理

1. 注册信息清理

（1）单击展开“系统清理”功能项下面的“注册信息清理”标签选项。

（2）选中要扫描的选项，然后单击“扫描”按钮，如图 10－12 所示。

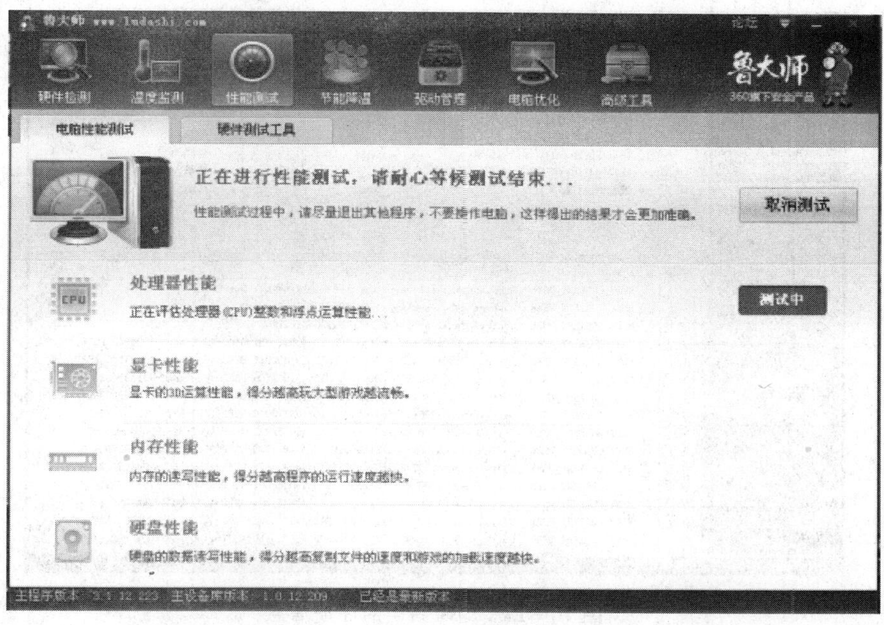

图 10－11　性能测试

图 10－12　注册信息扫描

（3）扫描完成后，检查出来的错误信息会在下面显示出来，单击“全部删除”按钮就可以将错误全部清除了，如图 10－13 所示。当然，也可以删除部分错误的注册信息：选择需删除的注册信息（在复选框中打上“√”），单击“删除”按钮。

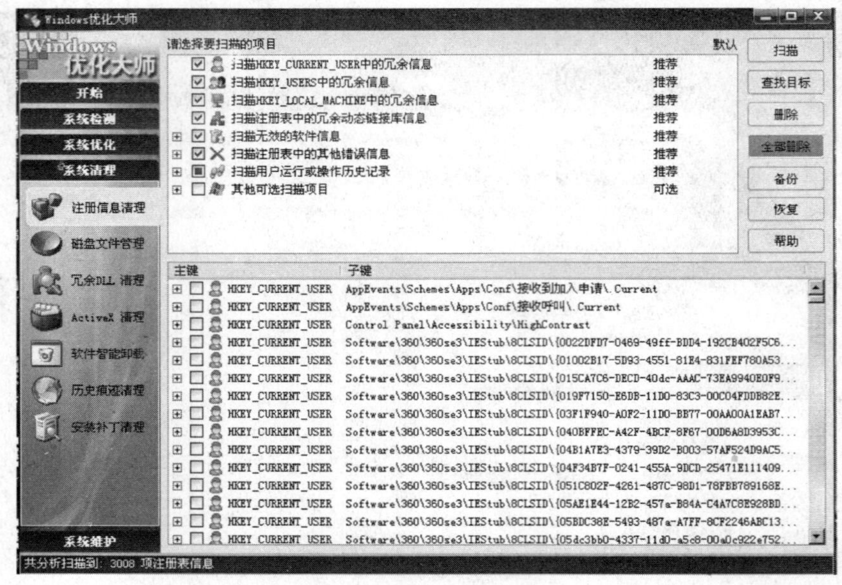

图 10－13　删除错误的注册信息

2．垃圾文件清理

(1) 单击展开“系统清理”功能项下面的“磁盘文件管理”标签选项。

(2) 选中要扫描的磁盘分区，如图 10－14 所示。

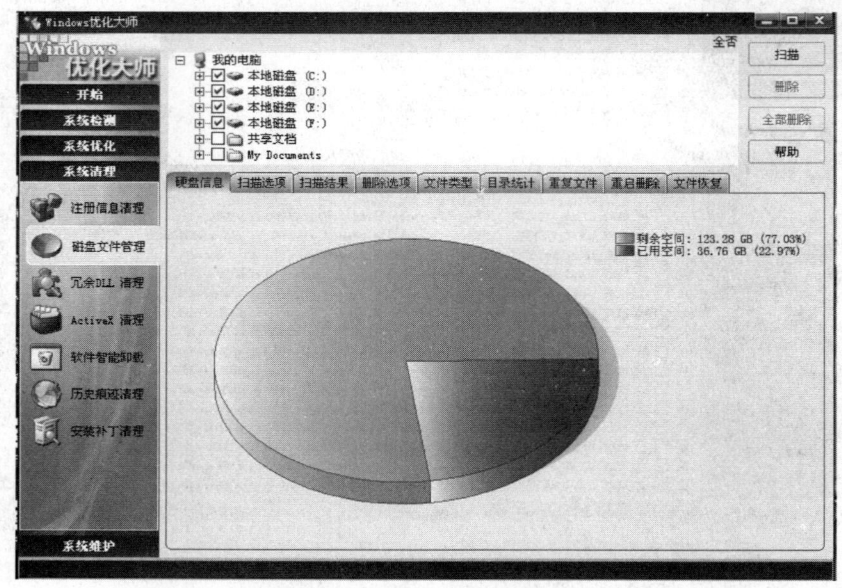

图 10－14　选择磁盘文件扫描分区

(3) 单击“扫描选项”选项卡，选择扫描类型和文件类型，如图 10－15 所示。

(4) 单击“删除选项”选项卡，选择“将文件移送到回收站”，如图 10－16 所示。

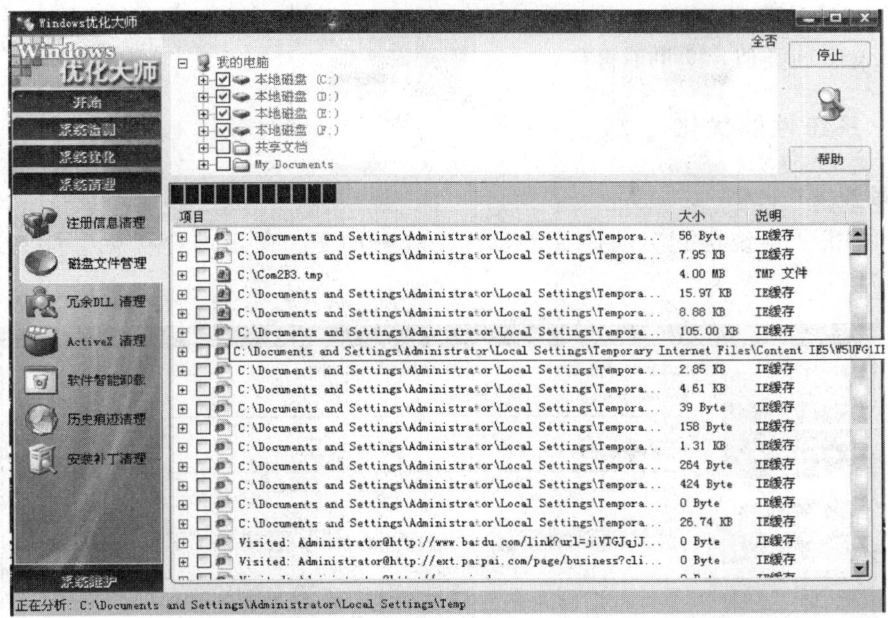

图 10－15　扫描选项

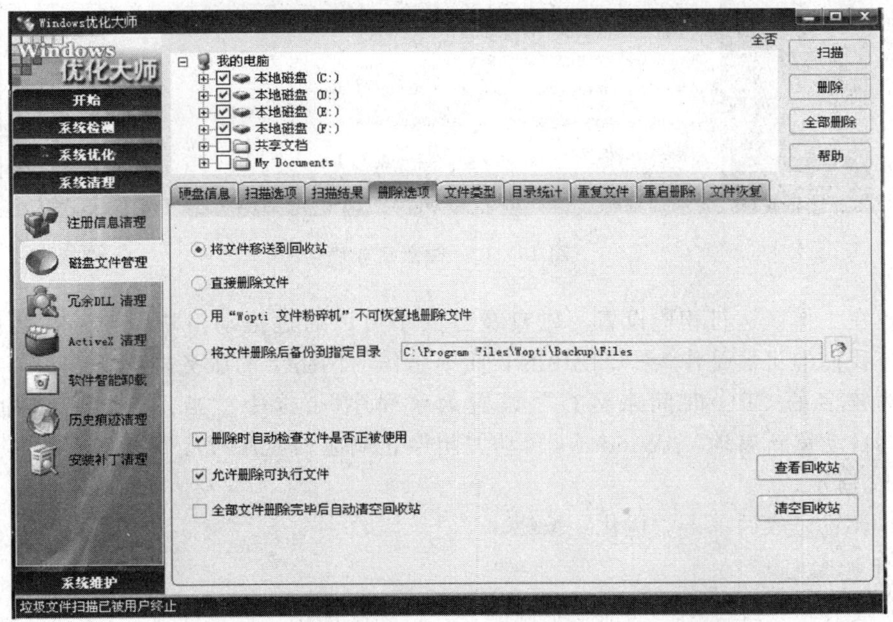

图 10－16　删除选项

(5) 单击“扫描”按钮开始寻找垃圾文件。

(6) 符合扫描选项的内容很快就会在下面的扫描结果中显示出来，单击“全部删除”按钮完成垃圾文件的删除。

3. 历史痕迹清理

方法与上面类似，这里不再赘述。

四、系统性能优化

1. 磁盘缓存优化

（1）单击“系统优化”功能标签，首先展开的是“磁盘缓存优化”标签选项，如图 10－17所示。

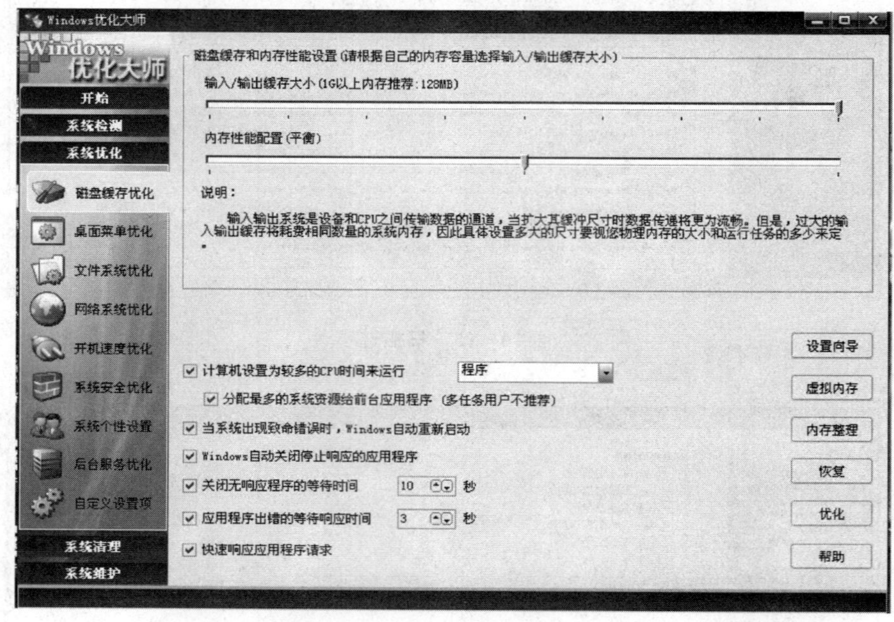

图 10－17　磁盘缓存优化

（2）在工作区进行相应设置。磁盘缓存大小可以通过拖动滑块调整，在此使用推荐值。另外我们的机器是作为 PC 使用的，而不是作为网络上的服务器，所以需要将“计算机设置为较多的 CPU 时间来运行”设置为“程序”。选中“当系统出现致命错误时，Windows自动重新启动”“Windows 自动关闭停止响应的应用程序”复选框，其余设置如图 10－17 所示。

（3）设置完成后单击“优化”按钮。

2. 开机速度优化

（1）展开“系统优化”功能项下面的“开机速度优化”标签选项。Windows 优化大师对于开机速度的优化主要是通过减少启动信息停留时间和取消不必要的开机自动运行程序来实现的。

（2）在工作区进行相应设置。拖动滑块设置“启动信息停留时间”约为 4 秒，“等待启动磁盘错误检查时间”为 2 秒，开机自动运行程序一般只保留输入法和杀毒软件，设置界面如图 10－18 所示。

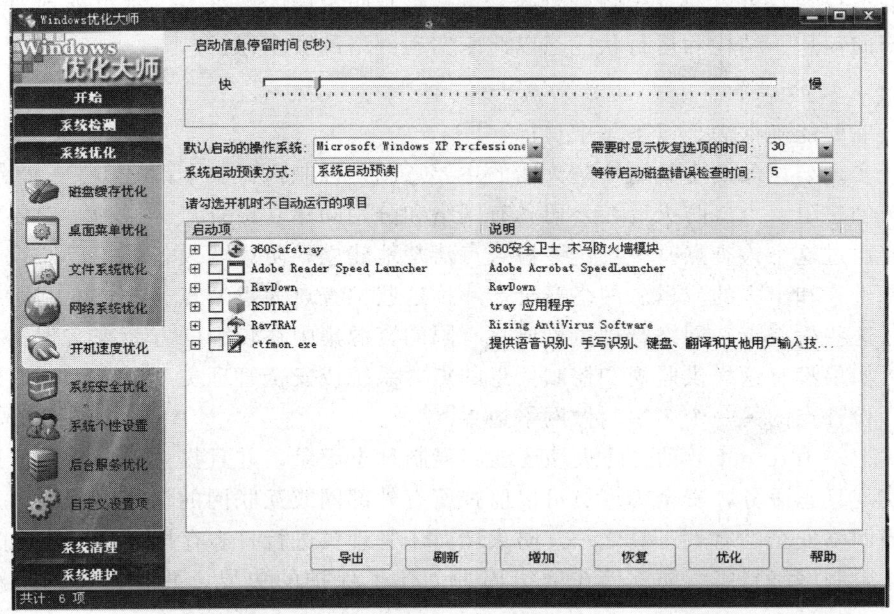

图 10－18　开机速度优化

（3）设置完成后单击“优化”按钮，很快就可以优化好。

注意：因为部分优化设置在重新启动计算机后生效，所以在任务完成后，关闭所有程序，退出 Windows 优化大师，重新启动计算机就可以体验效果了。

任务四　防火墙的使用与配置

任务要求

通过下面知识的学习，掌握防火墙的基本知识，学会配置企业防火墙。

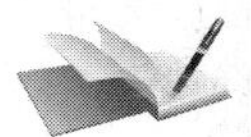

任务实施

一、防火墙的基本知识

1. 防火墙的定义

防火墙（Fire Wall）是保证企业内部网络安全的第一道关卡，为了保证网络安全，防止外部网对内部网的侵犯，常在内部网络与外部公共网络之间设置防火墙。一方面最大限度地让内部用户方便地访问公共网络，另一方面也尽可能防止外部网对内部网的非法入侵。防火墙就是指为了增强内部网络的安全性而设置在不同网络或网络安全域之间的一系列部件的组合。它可以通过检测、限制、更改跨越防火墙的数据流，尽可能地对外部屏蔽网络内部的信息、结构和运行状况，以此来实现网络的安全保护。

2. 防火墙的任务

防火墙要能确保满足以下 4 个目标：

（1）实现公司的安全策略。防火墙的主要意图是强制执行安全策略。

（2）创建阻塞点。防火墙在公司私有网络和分网间建立检查点。这种实现要求所有的流量都要通过这个检查点。一旦这些检查点清楚地建立，防火墙设备就可以监视、过滤和检查所有进来和出去的流量。网络安全产业称这些检查点为阻塞点。通过强制所有进出流量都通过这些检查点，网络管理员可以将有限的资源集中在较少的方面来实现更有效的安全目的。如果没有这样供监视和控制信息的点，系统或安全管理员就要在大量的地方来进行监测。检查点的另一个名字叫做网络边界。

（3）记录 Internet 活动。防火墙还能够强制日志记录，并且提供告警功能。通过在防火墙上实现日志服务，安全管理员可以监视所有外部网或互联网的访问。好的日志策略是实现适当网络安全的有效工具之一。防火墙对于管理员进行日志存档提供了很多的信息。

（4）限制网络暴露。防火墙在网络周围创建了保护的边界，并且对公网隐藏了内部系统。

3. 防火墙的相关术语

防火墙的相关术语见表 10－1。

表 10－1　防火墙的相关术语

术语名称	说　明
筛选路由器	筛选路由器的另一个术语就是包过滤路由器并且至少有一个接口是连向公网的，如 Internet。它是对进出内部网络的所有信息进行分析，并按照一定的安全策略——信息过滤规则对进出内部网络的信息进行限制；允许授权信息通过，拒绝非授权信息通过。信息过滤规则是以其所收到的数据包头信息为基础的
包过滤	包过滤是处理网络上基于 packet－by－packet 流量的设备。包过滤设备允许或阻止包，典型的实施方法是通过标准的路由器。包过滤是几种不同的防火墙类型之一
壁垒主机	壁垒主机是一种被强化的可以防御进攻的计算机，被暴露于互联网之上，作为进入内部网络的一个检查点，以达到把整个网络的安全问题集中在某个主机上解决，从而省时省力，不用考虑其他主机的安全的目的。壁垒主机是网中最容易受到侵害的主机，所以壁垒主机也必须是自身保护最完善的主机
网络地址转换	网络地址转换（NAT）是用于将一个地址域（如专用 Intranet）映射到另一个地址域（如 Internet）的标准方法。NAT 允许一个机构专用 Intranet 中的主机透明地连接到公共域中的主机，无须内部主机拥有注册的（以及越来越缺乏的）Internet 地址
强化操作系统	防火墙要求只配置尽可能少量的服务。为了加强操作系统的稳定性，防火墙安装程序要禁止或删除所有不必要的服务

续表

术语名称	说明
网关	网关（Gateway）又称为网间连接器、协议转换器。网关在传输层上以实现网络互联，是最复杂的网络互联设备，仅用于两个高层协议不同的网络互联。网关的结构也和路由器类似，不同的是互联层。网关既可以用于广域网互联，也可以用于局域网互联
非军事化区域	非军事化区域（DMZ）是一个小型网络，存在于公司的内部网络和外部网络之间。这个网络由筛选路由器建立，有时是一个阻塞路由器。DMZ 用来作为一个额外的缓冲区以进一步隔离公网和个人的内部私有网络。DMZ 另一个名字叫做 Service Network，因为它非常方便。这种实施的缺点在于存在于 DMZ 区域的任何服务器都不会得到防火墙的完全保护
阻塞路由器	阻塞路由器（也叫做内部路由器）保护内部的网络使之免受 Internet 和周边网的入侵。内部路由器为用户的防火墙执行大部分的数据包过滤工作。它允许从内部网络到 Internet 的有选择的出站服务
代理服务器	代理服务器代表内部客户端与外部的服务器通信。虽然电路级网关也可作为代理服务器的一种，但这个术语通常是指应用级的网关

4. 防火墙的原理

防火墙是近年来新兴的保护计算机网络安全技术性措施，它是一种隔离控制技术，在某个机构的网络和不安全的网络（如 Internet）之间设置屏障，阻止对信息资源的非法访问，也可以用来阻止专利信息从企业的网络上被非法输出。防火墙是一种被动防卫技术，由于它假设了网络的边界和服务，因此对内部的非法访问难以有效地控制。防火墙最适合于相对独立的与外部网络互联途径有限、网络服务种类相对集中的单一网络。

防火墙一般有两个以上的网卡，一个连到外部，另一个连到内部网络。当打开主机网络转发功能时，两个网卡间的网络通信能直接通过。当有防火墙时，它好比插在网卡之间，对所有的网络通信进行控制。防火墙主要通过一个访问控制表来判断，它的形式一般是一连串的规则：

Accept from＋源地址，端口 to＋目的地址，端口＋采取的动作。

deny…www. 022a. com…（deny 就是拒绝）

nat…www. 022a. com…（nat 是地址转换）

防火墙在网络层（包括数据链路层）接收到网络数据包后，就从其上的规则列表一条一条地匹配，如果符合，就执行预先安排的动作；若不符合，则拒绝。

二、企业防火墙的配置

1. 防火墙的基本组件

防火墙是一个由软件和硬件组成的系统，所以又称为防火墙系统。构成一个防火墙系统的基本组件有屏蔽路由器（Screening Router）、壁垒主机（Bastion Host）、应用网关（Application Gateway）。

（1）屏蔽路由器。屏蔽路由器是根据安全的需要，对所有要通行的 IP 包进行过滤和路由的一台路由器。如图 10－19 所示，屏蔽路由器防火墙最多能做一些简单的流量的记录，所以只能提供简单的、机械的安全防范功能。

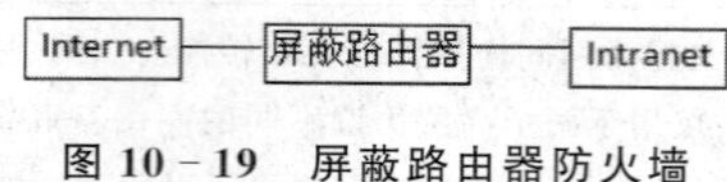

图 10－19　屏蔽路由器防火墙

（2）壁垒主机。壁垒主机是内部网络上外界唯一可以访问的站点，如图 10－20 所示，是整个网络安全的关键点，在整个防火墙系统中起着至关重要的作用。

（3）应用网关。应用网关是在一台双目主机上的运行应用网关代理服务程序，如图 10－21所示。代理某种 Internet 网络服务并进行安全检查，每一个应用网关代理服务器程序都是为一种网络应用服务而定制的程序，如 FTP 代理、Telnet 代理、SMTP 代理等。应用网关是建立在应用层上的具有协议过滤和转发功能的一种防火墙。

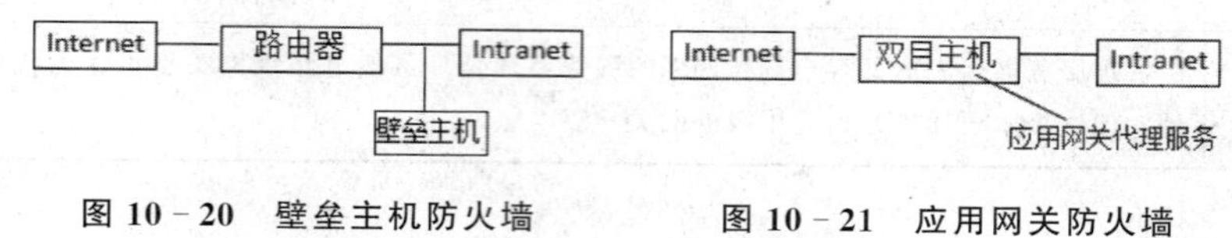

图 10－20　壁垒主机防火墙　　　图 10－21　应用网关防火墙

2. 日志和告警

防火墙的日志本身并不能预防攻击，它只能如实反映防火墙受到的攻击和防火墙对攻击拦截的处理情况，用户可以根据这些日志对计算机和网络作相应的调整，从而达到预防的目的。

除了一些软件防火墙，Windows 自带的防火墙也同样支持日志功能（几乎所有的防火墙都有日志信息）。查看防火墙日志的方法是：在设定了防火墙的连接上右击，选择“属性”命令，在“连接属性”窗口里选择“高级”选项，然后在防火墙已经打开的前提下，单击下面的“设置”按钮。在“高级设置”窗口里选择“安全日志”选项即可查看。防火墙还可以预先配置对不期望的活动作何种响应。防火墙两种最普通的响应是中断 TCP/IP 连接或自动发出告警。相关的告警机制包括可见的和可听到的告警。

三、防火墙的应用技术

从实现原理上分，防火墙的技术包括四大类网络级防火墙（也叫包过滤型防火墙），应用级网关、电路级网关和规则检查防火墙。它们各有所长，具体使用哪一种或是否混合使用，要看具体需要。

1. 网络级防火墙

网络级防火墙一般是基于源地址和目的地址、应用、协议以及每个 IP 包的端口来作出通过与否的判断。一个路由器便是一个“传统”的网络级防火墙，大多数的路由器都能通过检查这些信息来决定是否将所收到的包转发，但它不能判断出一个 IP 包来自何方，去向何处。防火墙检查每一条规则直至发现包中的信息与某规则相符。如果没有一条规则能符合，防火墙就会使用默认规则。一般情况下，默认规则就是要求防火墙丢弃该包。其次，通过定义基于 TCP 或 UDP 数据包的端口号，防火墙能够判断是否允许建立特定的连接，如 Telnet，FTP 连接。

2. 应用级网关

应用级网关也叫做应用层网关（ALG，Application Layer Gateway），是由一个扩增防火墙或计算机网络应用或 NAT 的安全部件组成的一类防火墙。它允许合法应用数据通过防火墙的安全检测。另外，将严格限制不符合其有限过滤标准的运输流。应用级网关可以工作在 OSI 七层模型的任一层上，能够检查进出的数据包，通过网关复制传递数据，防止在受信任服务器和客户端与不受信任的主机间直接建立联系。应用级网关能够理解应用层上的协议，做复杂一些的访问控制，并做精细的注册。通常是在特殊的服务器上安装软件来实现的。

3. 电路级网关

电路级网关用来监控受信任的客户或服务器与不受信任的主机间的 TCP 握手信息，这样来决定该会话是否合法。电路级网关是在 OSI 模型中会话层上来过滤数据包，这样比包过滤防火墙要高两层。另外，电路级网关还提供一个重要的安全功能：网络地址转移（NAT），即将所有公司内部的 IP 地址映射到一个“安全”的 IP 地址，这个地址是由防火墙使用的。有两种方法来实现这种类型的网关，一种是由一台主机充当筛选路由器，而另一台充当应用级防火墙；另一种是在第一台防火墙主机和第二台之间建立安全的连接，这种结构的好处是当一次攻击发生时能提供容错功能。

4. 规则检查防火墙

该防火墙结合了包过滤防火墙、电路级网关和应用级网关的特点。同包过滤防火墙一样，规则检查防火墙能够在 OSI 网络层上通过 IP 地址和端口号，过滤进出的数据包。它又像电路级网关一样，能够检查 SYN 和 ACK 标记和序列数字是否逻辑有序。当然它也像应用级网关一样，可以在 OSI 应用层，检查数据包的内容，查看这些内容是否能符合企业网络的安全规则。规则检查防火墙虽然集成前三者的特点，但是不同于一个应用级网关的是，它并不打破客户端-服务器模式来分析应用层的数据，它允许受信任的客户端和不受信任的主机建立直接连接。规则检查防火墙不依靠与应用层有关的代理，而是依靠某种算法来识别进出的应用层数据，这些算法通过已知合法数据包的模式来识别进出数据包，这样从理论上就能比应用级代理在过滤数据包上更有效。

参考文献

[1] 吴鸿娟，鄢沛，徐家良．高效办公自动化实用技术［M］．北京：北京：清华大学出版社，2015.
[2] 王洪海，张健．办公自动化及应用［M］．合肥：中国科学技术大学出版社，2011.
[3] 杨青，郑世珏．大学计算机基础教程［M］．北京：清华大学出版社，2010.
[4] 黄培周，江速勇，陈加元．办公自动化任务驱动教程［M］．北京：中国铁道出版社，2015.
[5] 何国斌，孙宝刚．办公自动化教程［M］．重庆：重庆大学出版社，2013.
[6] 郝拉柱，郭艳光，鲁晓波．办公自动化软件实用教程［M］．北京：北京邮电大学出版社，2012.
[7] 陈万金，孟庆荣．办公自动化实用教程［M］．北京：清华大学出版社，2008.
[8] 刘杰，朱仁成．计算机应用基础 WINDOWS 7＋OFFICE 2010［M］．西安：西安电子科技大学出版社，2013.
[9] 李云峰，李婷．计算机科学导论学习辅导与技能实训［M］．北京：中国水利水电出版社，2015.
[10] 许大盛，吴永春．办公自动化［M］．北京：中国水利水电出版社，2015.
[11] 贺丽娟，丛威．Office 2010 办公应用典型实例［M］．北京：清华大学出版社，2015.
[12] 陈晓颖，向萍．PowerPoint 2010 商务办公应用典型实例［M］．北京：清华大学出版社，2015.
[13] 李翠梅，曹风华．大学计算机基础：Windows 7＋Office 2013 实用案例教程［M］．北京：清华大学出版社，2014.
[14] 李振华．计算机工具软件实用教程［M］．北京：清华大学出版社，2015.
[15] 覃艳．常用软件基础［M］．成都：四川大学出版社，2014.
[16] 罗涛华，阮冰，杨建红，等．大学计算机基础实训教程［M］．北京：北京邮电大学出版社，2010.
[17] 伍雪梅．信息检索与利用教程［M］．2 版．北京：清华大学出版社，2014.
[18] 向华．多媒体技术与应用［M］．北京：清华大学出版社．2015.
[19] 胡艳蓉，刘新竹．办公自动化技术［M］．武汉：武汉大学出版社，2009.
[20] 丁亚明，何永太．办公自动化实用案例教程［M］．北京：中国水利水电出版社，2015.
[21] 单永杰．办公自动化实用教程［M］．北京：清华大学出版社，2012.